三维点采样模型的几何处理和形状造型

缪永伟 肖春霞 著

科学出版社

北京

内 容 简 介

本书是介绍三维点采样模型数字几何处理的一本专著。全书对三维点采样模型几何处理和形状造型的一些核心领域进行了详细介绍，包括点采样模型几何处理中的基本问题、点采样模型的参数化方法、点采样模型的分片方法、点采样模型的光顺去噪方法、点采样模型的简化重采样方法、点采样模型的形状修复和纹理合成方法、点采样模型的形状造型方法、点采样模型的形状变形方法等，这些内容构成了一个较完整的点采样模型数字几何处理框架，书中所提出算法下实现的大量应用实例验证了算法的有效性、实用性和通用性。

本书可以作为高等学校计算机、应用数学、机械工程、电子工程、航空、造船、轻工等专业高年级本科生或研究生的参考书，也可供计算机图形学、计算机辅助设计、数字娱乐、文物保护等领域的科技人员阅读。

图书在版编目(CIP)数据

三维点采样模型的几何处理和形状造型 / 缪永伟，肖春霞著.
—北京：科学出版社，2014.9
ISBN 978-7-03-041894-4

Ⅰ. ①三… Ⅱ. ①缪… ②肖… Ⅲ. ①计算机图形学
Ⅳ. ①TP391.41

中国版本图书馆 CIP 数据核字(2014)第 211409 号

责任编辑：任 静 闫 悦 / 责任校对：张怡君
责任印制：徐晓晨 / 封面设计：迷底书装

科 学 出 版 社 出版
北京东黄城根北街 16 号
邮政编码：100717
http://www.sciencep.com

北京厚诚则铭印刷科技有限公司 印刷
科学出版社发行 各地新华书店经销
*
2014 年 9 月第 一 版 开本：720×1 000 1/16
2018 年 3 月第二次印刷 印张：12 3/4 插页：10
字数：242 000
定价：**88.00 元**
(如有印装质量问题，我社负责调换)

序

栩栩如生、神态各异的角色和动漫形象使计算机动画和游戏充满了神奇的魅力。同样,在游览历史遗迹时,人们也常常为文物历经千年风雨仍留存的丰富细节所惊叹。如何构建具有复杂细节的角色外形?如何记录和保存历史文物的沧桑外貌?上述问题对基于曲线、曲面表示的传统几何造型技术构成了极大的挑战。

随着三维扫描技术的日益普及和广泛采用,人们可通过精细的三维扫描设备获取物体表面的大量三维采样点,然后基于这些采样点准确地重构物体表面细节。新的建模技术使得数字几何处理技术诞生并发展。

在复杂外形建模的众多方法中,网格模型是目前最流行的表示方法。在该模型中,采集到的表面离散采样点被连接成覆盖物体外形的三维网格。经过多年的发展,网格模型在光顺去噪、形状编辑、分片及参数化、多分辨率表示、实时绘制等方面形成了一整套成熟的技术,并被广泛采用。但对网格模型进行数字几何处理时需要时刻维持模型的拓扑一致性;对具有丰富细节的物体,其网格模型的构建将导致极为庞大的数据结构,所占用的存储量和计算量十分惊人。在这种形势下,直接基于离散点的三维物体表示方法因其造型简洁、表达能力强成为人们关注的热点。

与基于连续面片表示的网格模型不同,点表示模型仅仅在物体表面的离散采样点处记录了物体的几何信息。因此点表示模型面对的基本问题是如何基于这些离散的采样点重构表面的局部几何形状,如何估计离散采样点处表面的微分几何性质(如法向、曲率等),如何对点模型表面进行分片和参数化,如何对其进行形状调节和几何编辑等。此外,由于在点采样过程中不可避免地存在噪声、空洞以及局部信息缺失,对点采样信息的预处理也是一个十分重要的问题。

本书对三维离散点采样模型几何处理和形状造型的基本理论和算法做了较全面的介绍,不仅涉及点采样模型的微分属性估计、参数化、分片、光顺去噪、重采样、形状修复、多尺度分析、几何编辑和形状变形等问题,而且涉及采样点邻域选取、特征分析和检测、表面细节迁移与调控等深层次问题,书中给出的大量实验图例展示了所介绍方法的有效性和实用性。本书作者长期从事数字几何处理方面的研究,书中的许多内容反映了他们多年的研究积累和成果。

尽管数字几何处理研究已开展近二十年，但国内关于这一领域的系统性的学术专著仍十分鲜见。希望本书的出版能帮助读者全面掌握点采样模型数字几何处理的基本理论和方法，激发新的学术思想，推动本领域的继续发展。

彭群生

浙江大学 CAD&CG 国家重点实验室

2014 年 9 月

前　言

随着工业界应用需求的不断增加和数字化生产与消费的长期驱动，三维数字几何模型大量出现并得到了广泛使用，推动了学术界对三维数字模型的获取和存储、几何处理、形状造型、真实感绘制等方面开展研究，促进新的研究领域——数字几何处理（Digital Geometry Processing，DGP）的产生和快速发展。这门从 20 世纪 90 年代中后期发展起来的学科，已成为计算机图形学、计算机辅助设计、计算机视觉、数字信号处理等学科的研究热点。

随着三维数字扫描仪几何获取能力的不断增强，将现实世界中高度复杂的物体数字化成三维几何模型已经成为可能。现代三维扫描设备，如激光测距扫描仪和光学扫描仪，能够获取模型表面大量的离散采样点数据。由三维扫描仪获取的数字几何在医学辅助诊断、数字娱乐、工业设计、医药卫生、航天模拟、电子商务、文物保护等方面获得了广泛的应用。为了构建理想的三维场景，通常需要对从现实世界获取的或手工生成的原始数据进行处理，这就涉及三维物体曲面表示的几何处理和形状造型。

面向以离散采样点为表面表达方式的三维点采样模型的数字几何处理，由于三维采样点数据获取方便、数据结构简单等优点，已成为计算机图形学中的一个重要的研究领域。在作者多年来从事基于点的图形学研究与应用的基础上，结合其研究成果，本书对三维点采样模型几何处理和形状造型的一些核心领域进行了详细介绍，构成了一个较完整的点采样模型数字几何处理框架，书中所提出算法下实现的大量应用实例验证了算法的有效性、实用性和通用性。

本书受国家自然科学基金项目（61272309、61070126）和浙江省自然科学基金项目（Y1100837）资助出版。在本书的编写过程中，得到浙江大学彭群生教授、冯结青教授、金小刚教授等的大力支持和指导。在此，特向多年来关心和支持我们开展图形学研究的专家和学者表示衷心感谢。

由于作者水平有限，书中的疏漏在所难免，望读者能够给予批评指正。

作　者

2014 年 5 月于杭州

目　　录

第 1 章 绪 论

继 20 世纪 70 年代出现数字声音，80 年代出现数字图像和 90 年代早期出现数字视频之后，90 年代晚期出现的三维数字几何已经成为工业界和学术界广泛关注的第四种数字化媒体。随着获取三维数据的计算机硬件设备和软件技术的不断发展，加上与计算机网络技术的日益融合，三维数字几何在医学辅助诊断、数字娱乐、工业设计、医药卫生、航天模拟、电子商务、文物保护等领域获得了广泛的应用，产生了越来越深远的影响。面向三维几何数据的数字几何处理已成为计算机图形学、计算机辅助设计、计算机视觉、数字信号处理等学科的研究热点。在这一领域中，新概念、新理论、新技术、新算法、新工具正在不断涌现、方兴未艾，人们有理由相信三维数字几何作为一种崭新的数字化媒体将改变现代数字多媒体和网络通信的基础结构，进而影响到社会生活的各个方面。

继以三角网格模型为研究对象的网格数字几何处理之后，以离散采样点为表面表达方式的三维点采样模型由于其数据获取方便、数据结构简单等优点，已成为计算机图形学中的一个重要的研究领域(胡国飞, 2005; 苗兰芳, 2005; 肖春霞, 2006; 缪永伟, 2007, 2009)。三维点采样模型数字几何处理的深入研究和广泛应用，迫切需要从理论到实践的升华、迫切需要对新概念的确切理解和学术认同来获取成熟实用的新算法、新技术。然而作为新的几何曲面表达形式，与传统的数字图像处理和视频处理等相当成熟的技术相比，点采样模型的数字几何处理尚处在一个发展阶段。本书从几何处理和形状造型两个角度，对三维点采样模型数字几何处理的一些核心领域进行了介绍和深入研究，初步构成了一个完整的点采样模型数字几何处理框架，书中所提出算法下实现的大量数字几何处理应用实例验证了算法的有效性、实用性和通用性。

1.1 三维数字几何数据的表达方法

在数字几何处理中一个基本的问题是如何选取合适的曲面表示方式，即通过什么样的数学描述方式在计算机上表示一个三维物体的表面。在过去的数十年中，面向不同的应用领域，研究者提出了多种不同的曲面表示方式。例如，在汽车和飞机等机械设计领域主要采用非均匀有理 B 样条曲面(NURBS) (Farin, 2002)；在医学应用领域通常采用水平集(level set) (Museth et al., 2002)、径向基函数(radial base function) (Velho et al., 2002)等隐式曲面表示方法；然而在游戏、电影等工业领域人们则主要采用曲面的多边形表示方法。在这些表达方法中，曲面的三角网格表示方法由于其数据结构相对简单，处理方便而占有主导地位(DeRose et al., 1998; Botsch et al., 2007)。然而，曲面的离散采样点(点元)表示方法作为一种最新的三维几何表面表示方法获得了学术界和工业界的广泛关注(Gross et al., 2007)。下面分别对这两种表示方法进行介绍。

1.1.1　三角网格表示

在许多工业应用和商业软件(如 Alias、Softimage、Maya 和 3DMAX 等)中，三角网格是一种常用的几何物体表面的表示形式，特别是在处理性能要求较高的应用中，三角网格已取代了传统的 NURBS 曲面等曲面表示形式，主要原因有以下几个方面。

(1)三角网格具有强大的物体表面表示能力，任何拓扑和任意形状的模型外表面都能用三角网格进行表示，而且这种表示方式不需要满足复杂的片内光滑条件。

(2)对三角面片的几何处理和绘制已得到高速图形硬件的支持。

尽管三角网格作为一种简单实用的曲面表示方式在几何造型等领域中表现出其特有的优势，然而，随着现在实际使用的三角网格模型数据量越来越大，所表现的几何模型越来越复杂，三角网格表示方法也表现出了其局限性和不足，有些甚至是难以克服的困难。

(1)三角网格模型需要基于三维扫描仪等设备的原始采样点数据进行曲面重建而获得，由于采样点数据含有噪声，采样曲面包含裂缝，加上原始数据量巨大，有的甚至有数亿个点(Levoy et al., 2000)，所以现有的曲面网格重建算法难以取得满意的效果而且计算量巨大。

(2)大多数三角网格的几何处理算法需要维护二维流形表面的拓扑一致性，从而使这些算法变得复杂。例如，在网格模型简化时，对删去一个顶点的空洞区域需要进行重新三角化；而频繁变形的模型表面则需进行动态的局部网格重建来避免极度变形后出现的网格过度拉伸和扭曲现象(Kobbelt et al., 2000; 周昆, 2002)。

(3)从绘制的角度来看，由于三维网格模型的数据量越来越大，而显示器的分辨率却没有以相应的速度跟进，数百万个三角形的网格模型投影到计算机屏幕上后，一个屏幕像素可能含有多个待绘制的三角形，此时采用传统的累加光栅化三角网格算法进行绘制已失去了意义，导致现有的高速网格图形硬件难以发挥其优势。对于高度复杂的几何模型基于采样点的绘制将是一种更好的绘制算法。

由于三角网格模型建模和绘制的上述缺点，研究者提出了一种基于离散采样点的三维模型表面表示方法(Gross et al., 2007)。

1.1.2　离散采样点(点元)表示

在计算机图形学领域，离散采样点(点元)表示作为一种新的曲面表示方法引起了学术界的极大关注，对三维点采样模型的有效表示、几何处理、形状造型和绘制已有了相当多的研究。例如，国际电气和电子工程师协会(IEEE)和欧洲图形学学会(Eurographics)联合主办的基于点的图形学研讨会(Symposium on Point-Based Graphics)

已经连续举行了多届。人们之所以对三维点采样模型产生了极大兴趣，除了三角网格表示方法所面临的困境，主要还有如下四个原因。

（1）在当前计算机图形学应用中涉及的三角网格模型的数据量呈几何数增长。利用计算机进行有效管理、处理、操作如此庞大数量级的网格模型的拓扑连接关系需要巨大的开销，使得人们开始质疑三角网格作为三维图形基本表示单元的前景。

（2）先进的三维数字照相机和三维扫描仪系统不仅能获取现实世界中复杂物体的几何信息，还能获取表面外观属性（appearance）如物体表面颜色纹理信息等，通过这些技术生成巨大数量的表面采样点。犹如图像中像素作为其基本的数字单元一样，这些表面采样点便构成了三维物体几何和外观属性的基石。人们希望直接基于这些离散采样点来表示复杂的三维几何模型，并能直接对点采样模型进行编辑造型，从而避免通过烦琐的曲面重建来获得三角网格模型。

（3）点采样模型已拥有成熟的绘制技术，例如，Qsplat 方法、椭圆加权平均（Ellipse Weighted Average, EWA）方法等，它们已经能够快速生成高质量的绘制效果，可支持交互式编辑和造型操作，这使得学术界更加坚信点元作为曲面表示基元的巨大前景。

（4）基于稠密采样和成熟的绘制技术，点采样模型可以比网格模型表示更加丰富的表面细节。尤其在处理一些复杂三维模型（如三维雕塑模型）时，采用点采样模型是一种更理想的表示方法。

三维点采样模型通常采用离散的采样点集来表示连续的三维物体外表面。具体地说，在连续的模型外表面上，按一定的规则（如均匀采样、基于曲率变化的采样等）进行采样，产生一系列称为曲面采样点的三维点坐标 $\boldsymbol{p}_i\,(i=1,2,\cdots,n)$，其中 n 为采样点数目，每一采样点 $\boldsymbol{p}_i$ 可能附加有法向量、表面外观属性（如纹理颜色）和其他材料属性等。这样的曲面称为点采样曲面（point-sampled surface）或点集曲面（point set surface），由离散采样点集表示的模型称为点采样模型或点集模型，也简称为点模型（point-sampled model 或 point-sampled geometry）。三维模型表面的三角网格和点元表示如图 1.1 所示。

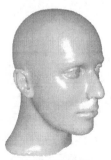 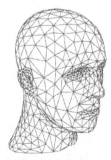 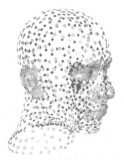 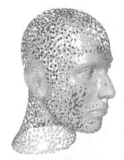

(a) 三维模型	(b) 三角网格表示	(c) 点元表示	(d) 高分辨率点元表示

图 1.1　三维模型表面的三角网格和点元表示

下面将介绍三维点采样模型在计算机中的生成流程，包括三维数据获取、曲面重建和表示、几何处理和形状造型、基于点的绘制等。

1.2　点采样模型的计算机生成流程

一般地说，有两种方式可以获取三维数据：一种方法是通过交互的曲面造型软件和算法构建；另一种方法即采用三维扫描仪等设备对物理模型进行离散采样。随着所需三维几何模型越来越复杂，由于第一种方法耗时且难以构建现实世界中的物理模型，第二种方法逐渐占据主导地位。市场上大量出现的各种档次的三维扫描仪的几何获取能力和数据质量已足以满足实际应用的需求。

基于三维扫描技术的点采样模型计算机生成流程如图 1.2 所示（Pauly, 2003）。首先三维扫描仪对物理模型进行数字化采样获得该模型的原始扫描数据，然后通过适当的曲面表示方法对这些原始数据进行局部重建以获取局部几何信息，并方便后续的几何处理和形状造型，最后采用适当的绘制方法将造型结果绘制并显示在计算机屏幕上。在后续各小节中将对这些步骤加以详细论述。

 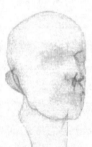   

(a) 原始物理模型　　(b) 原始扫描数据　　(c) 重建曲面表示　　(d) 编辑造型结果　　(e) 绘制结果

图 1.2　三维点采样模型的计算机生成流程

1.2.1　三维数据获取

尽管几何造型技术已经发展了多年，但手工制造几何模型的烦琐过程大大阻碍了三维几何模型的应用。由于各种档次的三维扫描仪提供的三维数据获取能力的大大发展，把现实世界中的物体数字化成三维几何模型已经不再困难。这个领域由于商业上实用的硬件和软件技术使得获取三维数据和几何外观属性变得更容易。三维扫描设备作为获取物理模型表面数字化表示的广泛使用的工具，常用的扫描仪包括激光测距扫描仪（Levoy et al., 2000）和结构化的光学扫描仪（structured light scanners）（Gruss et al., 1992）。三维扫描仪应用的一个著名例子是斯坦福大学的数字米开朗基罗计划（Levoy et al., 2000）（图 1.3），该项目通过一整套三维扫描硬件和三维重建软件系统完成了一些大型雕塑(如 David 模型)的数字化过程,整个工程动用了 22 人和 480 个扫描仪,主扫描仪高 7.5m,重达 800kg,最高扫描精度为 0.29mm,完成 1080 人时工程量,扫描生成的 David 雕塑模型包括 400 万个采样点,总数据量达到 32GB。

 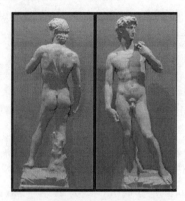

(a) 3D 实物扫描示意图   (b) David 雕塑模型包括 400 万个采样点

图 1.3 斯坦福大学的数字米开朗基罗计划

采用扫描仪获取的数据通常为离散的采样点集,基于不同的采样设备,每个点通常还包含一些属性,如颜色、材质和测量自信度等。对高度复杂的模型(如自交、卷曲的模型)进行扫描时,由于扫描设备的局限性,获取的几何模型可能不完整,即模型会包含孔洞和裂缝等缺陷,相应的表面颜色纹理也会有所缺失;此外获取的模型可能包含外围线(outlines)、浮游点或偏离于原始曲面的噪声等,如图 1.4 所示。因此获取的原始数据需要进行预处理(Weyrich et al., 2004)以获得满意的结果,便于随后的几何处理和绘制等。

图 1.4 三维扫描仪获取的有缺陷的扫描数据

1.2.2 曲面重建和表示

由于扫描获取得到的数据是离散点云和附在点上的相关属性,需要将离散点转化为适当的表现形式,例如,三角网格模型表示和点采样模型表示等,才能将原始数据在计算机上显示出来。

曲面重建是几何造型和计算几何中的一个重要研究领域(Hoppe et al., 1992;

Curless et al., 1996; Eck et al., 1996; Amenta et al., 1998)。假设原始曲面是一个二维光滑流形，曲面重建的目标是为这些离散的采样点云构建一个连续的曲面。基于点元的几何表示方法其基元是离散点集，包括每个点的三维坐标 p_i、对应的法向 n_i 和附有的颜色与材质属性等，下面介绍几种典型的点采样模型表示方式。

1. 基于纯采样点元的表示

在基于纯采样点元的表达方式中，三维模型表面的采样点是纯几何意义上的点，即只有几何位置、法向，但没有点的面积。点的法向也可通过对采样点邻域内采样点集合的协方差分析法(covariance analysis)计算得到，再通过最小生成树方法(Hoppe et al., 1992)为所有点元获取全局一致的法向，其中采样点邻域可通过采样点的层次空间剖分技术(K-D 树、BSP 树和八叉树等)来计算。根据逼近理论，点云实际上是真实物体表面的一种分片常数的表面逼近，相对于每个坐标分量函数，如果在模型表面采样点之间具有平均空间，则其逼近误差为 $O(h)$ (Davis, 1975)。这意味着表面几何形状的逼近误差由采样点之间的空间距离决定，因此采样率必须与表面面积相适应，即使在平坦表面区域也与边、角点等曲折区域有着同样采样密度。相同面积内采样点数越小，其平均空间越大，其逼近误差也越大。事实上，采样点数与逼近误差的平方成反比。基于纯采样点元的表达方法首先被 Grossman 等(1998)用到点采样模型绘制中，但由于其巨大的存储量和其他缺点(Kobbelt et al., 2004)，人们需要一种更好的点采样模型表示方法。

2. 表面面元 Splats 表示

对于由离散采样点表示的三维模型，为了绘制出视觉上连续的图像，Zwicker 等 (2001a)提出了面向绘制的表面面元 Splats 表示，这种面元在相邻采样点之间架起一座桥梁。在这种方式中，每个采样点与它的法向、半径定义了物体空间中的一个圆盘，如图 1.5 所示。

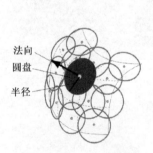

法向
圆盘
半径

(a) 点元的面元表示方法　　　　(b) 为了表达明显特征，在表示特征的　　(c) 图 1.5(b) 的局部放大结果
　　　　　　　　　　　　　　　裁剪线上对每个面元进行裁剪

图 1.5　点元的面元 Splats 表示(Zwicker et al., 2001a)

椭圆面元提供了一种相对于表面曲率的自适应局部优化表示，这种面元由两个切向轴和它们各自相应的半径所定义。如果这两个轴和表面主曲率方向一致并且其半径

反比于对应的最小和最大曲率，则能达到局部优化逼近。切向量能随相应的椭圆半径缩放，因此如果满足条件：

$$(\boldsymbol{u}_i^{\mathrm{T}}(\boldsymbol{q}-\boldsymbol{p}_i))^2 + (\boldsymbol{v}_i^{\mathrm{T}}(\boldsymbol{q}-\boldsymbol{p}_i))^2 \leqslant 1$$

则由 $\{\boldsymbol{p}_i, \boldsymbol{u}_i, \boldsymbol{v}_i\}$ 所确定平面中的任意一点 $\boldsymbol{q}$ 必定落于面元内部。根据微分几何知识，一个局部椭圆对于光滑表面是最好的线性逼近，从这种意义上说基于面元的表面表示优于基于三角网格的表面表示。既然面元是分片光滑的线性表面元，与三角网格一样都是二次逼近阶，因此点的采样率也可随表面曲率变化。高度细节的区域应取较高的采样密度，平坦的区域则可稀疏采样。由于面元不需要像三角网格那样 C^0 连续，而只要求 C^{-1} 连续，所以面元表示与纯采样点元表示具有相同的拓扑灵活性。

3. 径向基函数方法

作为一种隐式曲面表示方式，Carr 等 (2001) 提出的基于径向基函数 (Radial Basis Function，RBF) 的曲面重建方法是一种全局的隐式曲面重建方法，该方法利用径向基函数 $\phi(r)$ 从非均匀分布点云中重构出光滑流形表面：

$$s(\boldsymbol{x}) = p(\boldsymbol{x}) + \sum_{i=1}^{N} \lambda_i \phi(\|\boldsymbol{x} - \boldsymbol{x}_i\|)$$

径向基函数曲面重建中需要求解一个大型的线性方程组，其计算代价非常高。通常的一个加速方法是构造一个稀疏矩阵。基于局部性的要求，可以只考虑附近一小片区域内的采样点，因此可以采用具有紧支撑的径向基函数重构出光滑流形表面 (Ohtake et al., 2003b)。径向基函数方法不仅可应用在曲面重建中，还可以用在采样不足的数据模型的修补和光顺等。

4. 移动最小二乘方法

Levin (1998, 2004) 提出的移动最小二乘 (Moving Least Square, MLS) 方法提供了一种以多项式曲面局部逼近离散采样点集的途径。Alexa 等 (2001, 2003) 将该方法成功应用于点采样模型表面重建中，利用定义在模型表面附近采样点上的移动最小二乘投影算子 $\psi: \boldsymbol{B} \to \boldsymbol{R}^3$，点采样模型的移动最小二乘曲面定义为上述移动最小二乘投影操作的不动集：$\boldsymbol{S} = \{\boldsymbol{x} \in \boldsymbol{B} : \psi(\boldsymbol{x}) = \boldsymbol{x}\} = \mathrm{range}(\psi)$。

对于点采样模型附近的任意一点 $\boldsymbol{p}$，移动最小二乘投影操作将其投影到 $\boldsymbol{p}$ 点附近的局部逼近多项式表面上，利用投影的不动点集定义光滑的二维流形表面来表示点云。移动最小二乘曲面已广泛地用于基于点元的造型和绘制中，还用来进行加密采样和简化采样、模型光顺等。

5. 多层次剖分方法

Ohtake 等 (2003a) 提出了一种称为多层次剖分 (Multi-level Partition of Unity，MPU)

方法的点采样模型隐式曲面表示方式。该方法对大规模数据点采用多层次剖分方法进行基于局部的曲面重建，对采样点集根据其采样点数目和法向误差值进行八叉树自适应剖分，然后在每一个八叉树单元中根据采样点的法向判断是否具有明显特征(如棱边、尖角等)的存在，继而进行相应的曲面拟合和重建处理。

1.2.3　几何处理和形状造型

　　获取了指定曲面表示的三维点采样模型后，就可以对点采样模型进行各类数字几何处理操作。点采样模型数字几何处理的内容包括几何处理(geometry processing)和形状造型(shape modeling)。对三维点采样模型的几何处理主要有曲面特征分析、参数化、模型分片、光顺去噪、简化重采样、形状匹配、特征提取等；形状造型的研究内容主要包括形状修复、形状造型、形状变形、纹理映射、表面着色、纹理合成等。点采样模型的数字几何处理是一个十分广泛的研究领域，学术界已在该领域开展了大量的工作，关于点采样模型几何处理和形状造型的相关工作将在 1.3 节中详细论述。

1.2.4　基于点的绘制

　　对点采样模型进行相应的数字几何处理后，需要将处理结果快速、高质量地在显示设备上显示出来。自从 Levoy 等(1985)首先提出使用点元作为一种新的图元，用大量离散采样点表示物体表面并进行绘制这一思想以来，研究人员提出了许多基于点的绘制技术和绘制方法(Pfister et al., 2000; Rusinkiewicz et al., 2000; Zwicker et al., 2001a, 2001b)，对于采样稠密的点采样模型，这些方法可以生成高质量的绘制结果，如图 1.6 所示。

(a) 黄蜂的绘制　　　　　　　　　　　　　　(b) 陡峭山峰的绘制

图 1.6　点采样模型的绘制(Pfister et al., 2000; Zwicker et al., 2001a; Zwicker et al., 2001b)

　　一个具有代表性的基于离散采样点的绘制系统是由 Rusinkiewicz 等给出的 Qsplat 系统(Rusinkiewicz et al., 2000)，该系统使用层次包围球数据结构，这种层次结构可以用于视域裁剪、背面剔除和细节层次绘制，层次包围球中每个节点自身可以看成是在一定分辨率下的表面重采样点，而这个节点代表了其局部区域所有采样点的信息。在不影响绘制精度或绘制实时性更为重要的情况下，可用该节点代替对其所属所有子节点的绘制，从而提高绘制效率。为了绘制含有上亿采样点的大规模场景，将绘制的点作为一个具有半径的形状即圆形面元来绘制，绘制过程可以在层次树中的任一层次处停止，该层次上的节点可以取该节点的球体半径作为圆盘半径。在交互式绘制时，可以选取适当的层次来获取交互式帧率，当用户停止漫游时则反复细化绘制质量，直至达到叶节点。

　　Pfister 等(2000)提出了表面 Surfels 的点采样模型绘制算法。表面 Surfels 存储位置信息和法向信息，在绘制过程中，将表面 Surfels 投影到屏幕上，使用可见性 Splatting 进行"空洞"检测，并用高斯滤波进行图像重构。物体空间中 Surfels 的相互交叠保证了图像空间中表面的连续绘制，但相互交叠的表面 Surfels 往往导致图像空间中灰度变化的不连续。为了消除这种走样，研究者提出了很多方法，其中有模糊 Splats 加权混合和椭圆加权平均(EWA)(Zwicker et al., 2001a, 2001b)。由于椭圆形面元 Splats 与三角网格有相同的逼近阶，且椭圆面元的轴能根据主曲率的方向进行调节，加上面元不需要受连续的约束，比三角网格更灵活，所以通常比三角网格能获得更好的逼近效果。图 1.7 所示为不同的绘制方法所得到的绘制效果，从图中可以看出椭圆形曲面面元绘制效果更好。

(a) 采用不规则三角网格绘制　(b) 采用调整后的规则三角网格绘制　(c) 采用圆形曲面 Splats 绘制　(d) 采用椭圆形曲面 Splats 绘制

图 1.7　点采样模型绘制方法比较(Kobbelt et al., 2004)

1.3　点采样模型几何处理和形状造型

　　多媒体经历了从声音、图像到视频的三次数字化浪潮，每次浪潮都是由数据获取能力、计算机运算能力、存储容量和传输带宽的增长而引起的。每一种数字化媒体都需要新的处理工具。典型的处理工具有去噪、压缩、传输、增强、检测、分析、编辑等。基于适当的数学表达形式、计算方法，这些多媒体的数字信号处理已获得了爆炸式的研究成果。从某种意义上说，数据类型的易获取和有用性将会刺激人们为充分利用这些数据开发出新的处理算法；反过来，算法的突破性进展又会支持对该类数据的应用。

同样，对于点元(离散采样点)表示的三维数字几何模型，也亟须开发新的处理工具来支持其应用。在获取原始的点采样模型数据后，接下来需要对其进行预处理、存储、传输、变形等一系列的操作。点采样模型几何处理和形状造型的研究目标是为几何数据开发有效的操作工具和实用算法，以及为相关应用提供坚实的数学理论基础。

广义的点采样模型数字几何处理主要包含以下几个分支：获取数据的前期预处理、曲面特征分析、模型参数化、模型分片、光顺去噪、简化重采样、形状匹配、特征提取、形状修复、形状造型、形状变形等；再通过纹理映射、表面着色、纹理合成等方法给模型表面赋予顶点颜色、光泽度和透明度等属性值，从而可以让计算机生成的物体达到以假乱真的真实感效果，这称为点采样模型的外观造型(appearance modeling)。

点采样模型的数字几何处理研究领域十分广泛，很难精确地对其进行分类，将其大致分为如下几个方面进行介绍。

1.3.1　三维扫描数据点的获取

三维扫描设备是获取物理模型表面数字化表示的广泛使用的工具，常用的扫描仪包括激光测距扫描仪、结构光扫描仪等。浙江大学 CAD&CG 国家重点实验室从 Polhemus 公司购买的 FastSCAN 三维手持式数字扫描仪如图 1.8 所示，是一种非接触式的光学扫描系统。该系统主要由系统电子单元(SEU)、三元电磁卷组件组成的传感器和手持激光扫描器等部件组成，并通过激光三角测量的原理获取采样点的几何位置。自带的 FastSCAN 软件主要功能包括模型的导出导入、模型格式的转换、光顺、模型的简化和径向基函数拟合等功能。

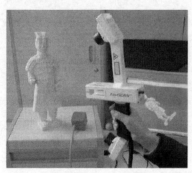

(a) FastSCAN 扫描示意图　　　　(b)扫描得到的秦始皇兵马俑包括 90 万个采样点

图 1.8　浙江大学的 FastSCAN 数字扫描仪(胡国飞, 2005)

1.3.2 点采样模型预处理

由深度扫描仪或采用基于图像的重建方法获取的原始扫描数据由于物理测量上的误差和模型表面材料反射特性等,不可避免地包含外围线、浮游点,或偏离于原始曲面的噪声,必须进行去噪处理;在扫描过程中由于重复扫描,所产生的模型表面采样点数据产生重叠,必须进行有效配准;此外,由于模型表面的自遮挡和表面材料等,扫描生成的模型表面出现大块的空隙,这就需要对模型进行修复。点采样模型的预处理过程主要包括原始采样点数据的光顺去噪、模型的配准、模型的修复等。

1. 光顺去噪

在对扫描点数据进行去噪的过程中,一个重要的问题是在去除噪声的同时,如何能有效地保持模型的特征,防止采样点漂移,保持模型的体积等。Pauly 等(2001)通过将点采样模型表面先分成块,然后对每一块通过局部高度场逼近进行重采样,进而把傅里叶谱分析方法应用于采样点几何,实验结果表明该方法能很好地进行光谱分析和滤波,达到去噪的目的。Alexa 等(2001)采用移动最小二乘方法逼近原始点集模型,然后将采样点移到其对应的曲面上来消除噪声,但由于求解移动最小二乘曲面需要解非线性优化问题,所以该方法的效率不高。常用的一种保特征去噪方法是基于双边滤波器的去噪方法,该方法由 Fleishman 等(2003)和 Jones 等(2003)分别提出,他们将图像双边滤波去噪函数扩展用于二维流形表面上,由于该方法不需要模型的拓扑连接信息,同样也适用于点采样模型的去噪应用中,并能在去噪的同时有效保持模型的特征。Hu 等(2006)提出了各向异性的点采样模型去噪算法,该方法将顶点法向和曲率作为特征分量,顶点坐标值作为空间分量,通过均值移动(mean shift)过程寻找其局部模式,进行自适应聚类和邻域的自适应选取,在此基础上提出顶点估计的三边滤波器,在获得去噪效果的同时有效地保持了特征。

2. 模型的配准

在扫描三维几何模型的过程中,由于模型自身的遮挡,扫描者视线的限制等,通常需要对模型多次扫描,然后基于多次扫描的结果组合成一个连贯的三维模型,这就需要对产生的模型采样点数据进行有效配准(Liu et al., 2003; Krishnan et al., 2005)。

常用的模型配准方法有局部配准方法(按顺序配准)和整体配准方法(同时配准)。顺序配准方法,如 ICP(iterated closest point)方法(Besl et al., 1992),逐次将模型的两片扫描数据进行配准,再把配准的结果组合成整个模型。这种方法由于在配准过程中误差的积累和传播,难以找到最优的一种匹配结果。整体匹配通过优化方法同时匹配所有的扫描片,使匹配误差达到极小,通常能够得到更好的结果(Krishnan et al., 2005),如图 1.9 所示。

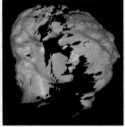

图 1.9　点采样模型的配准(Krishnan et al., 2005)

3. 模型的修复

用三维扫描仪对实体模型表面进行扫描时，模型表面的自遮挡和镜面材料等，会产生空洞和裂缝的情况；同样，在对点采样模型数据进行大规模形变的编辑处理时，模型也会出现裂缝等现象。模型修复成为三维数据获取或编辑之后的一个重要处理过程。Weyrich 等(2004)提出了对扫描数据进行预处理的工具，利用该工具可以对某些反射困难的材料或具有纹理的模型外表面加以检测。而在此之前，Carr 等(2001)提出采用基于径向基函数的隐式曲面重建的方法对上述采样不足的表面区域进行修补，但经该方法修补之后，空洞成了光滑区域，这对于那些具有凹凸纹理的模型表面显然就不适合了。对模型修复来说，不仅要对采样不足的空洞、裂缝等进行修复，同时修复好的区域要尽可能复现类似于周围区域的细节。基于此目标，Sharf 等(2004)提出了一种基于上下文的点采样模型表面补洞方法，该方法是基于邻域相似的原则，在点采样模型的其他地方寻找与空洞周围匹配程度最高的采样点区块作为填补空洞的几何块，这种补洞方法获得很好的效果，避免了因填充区域过分光滑而产生的表面失真(图 1.10)。但该方法需要采用 MPU(multi-level partition of unity)局部重建曲面，计算量大且不稳定。对于有颜色纹理的表面模型，不仅需要修复其几何结构还需要修复出模型表面的颜色纹理信息。Park 等(2005)中通过为待修复的区域进行局部参数化，并将图像泊松(Poisson)方程推广到点采样模型上，获得了几何和纹理颜色的修复结果。

(a) 原始模型　　　(b) 深色区为移走的采样点　　(c) 用光滑面片所补的　　(d) 基于内容的方法所修复
　　　　　　　　　　 区，该区域需要修复　　　　　表面　　　　　　　　的模型表面

图 1.10　点采样模型中的几何修复补洞(Sharf et al., 2004)

1.3.3　表面属性分析

在点采样模型的建模和绘制中，模型的表面几何属性常起着非常重要的作用。各个采样点处的几何属性，包括法向、曲率和主曲率等，往往是必不可少的信息。在利用光线跟踪方法绘制点采样模型时，需要利用各点的法向来估计光线的传播方向 (Adamson et al., 2003)；在点采样模型的特征提取中，可以根据点采样曲面中各点的曲率大小来提取特征点或特征线 (Pauly et al., 2003a)；在点采样模型的快速绘制中，可以先根据点采样模型各点处的局部平坦度来对点采样模型进行简化，从而达到加速绘制的目的 (Pauly et al., 2002)；为了得到高质量的点采样模型绘制效果，可以在离散的采样点上附加法向和曲率等局部微分几何属性，从而提高重建曲面和绘制曲面时的精确性，得到高质量的绘制效果 (Kalaiah et al., 2001)。

Hoppe 等 (1992) 基于主成分分析方法 (Principal Component Analysis, PCA)，用最小二乘拟合平面的法向来估计采样点的法向，并对法向进行一致化处理。Gopi 等 (2000) 提出了基于奇异值分解 (SVD) 的法向估计方法，上述两种方法都应用到散乱点的三角网格重建上。Pauly 等 (2002) 提出利用移动最小二乘核卷积改进主成分分析方法，从而使得采样点处的法向和曲率估计更加稳健，具有更好的抗噪声能力，但这种方法简单地利用采样点处的曲面变分 (surface variation) 代替采样点处的曲率大小，只能反映点采样模型的曲率变化情况，并不是采样点处曲面的真正曲率大小。Kalaiah 等 (2003a) 基于微分几何理论计算采样点处的曲率、主曲率和主方向等内蕴几何量，将曲率信息应用于点采样模型简化应用中。基于 Levin 的移动最小二乘隐式曲面定义，Alexa 等 (2004) 利用局部隐函数的梯度计算法向信息，提出了有效的正交投影算子。Lange 等 (2005) 将 Taubin (1995a) 提出的针对网格的形状算子推广到点采样模型上，提出了估计离散点采样模型的主曲率和主方向的方法，然而这种方法计算比较复杂、耗时。Pauly 等 (2006) 对点采样模型进行了多尺度分析，首先定义了一个低通滤波算子获取点采样模型不同尺度的曲面逼近，然后定义一个分解算子，将几何细节剥离出来进行相应的几何编辑，如图 1.11 所示。

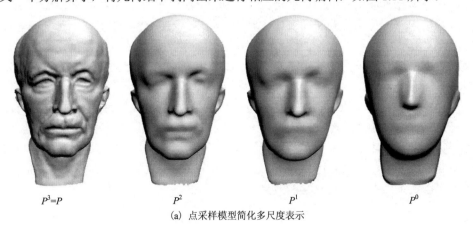

$P^3=P$　　　　　　　P^2　　　　　　　P^1　　　　　　　P^0

(a) 点采样模型简化多尺度表示

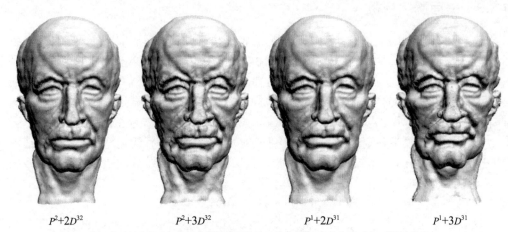

P^2+2D^{32}　　　　　　P^2+3D^{32}　　　　　　P^1+2D^{31}　　　　　　P^1+3D^{31}

(b) 基于尺度的几何细节获得的编辑效果。其中 D^{ij} 定义为曲面 P^i 和 P^j 的位移差

图 1.11　点采样模型简化多尺度表示和编辑(Pauly et al., 2006)

1.3.4　特征提取

特征提取是许多科学领域如计算机视觉、医学图像处理、计算流体动力学等共同关注的问题。大部分研究是在欧氏空间中进行的，如在二维图像中的特征检测，三维体数据的特征分析等。然而，在三维空间中流形曲面上的特征检测和提取方面，已有的工作并不多。模型的特征通常认为是人们用来认知不同物体的重要区域，这是非常主观的一种定义方式，通常可以用一些具体的几何属性来表示模型的特征，比较多的是根据模型的曲率大小定义特征(Gumhold et al., 2001; Pauly et al., 2003a)，根据法向的变化情况来定义特征(Lee et al., 2002)等。

针对三角形网格模型，Hubeli 等(2001)提出网格特征提取的多分辨率框架，他们利用各种分类算子选出模型的特征边，并从所选的边中提取模型的线型特征。Lee 等(2002)基于相邻三角面片的法向变化，利用几何 Snake 来提取特征。几何 Snake 方法要求用户交互式指定初始特征曲线，将特征曲线所在的局部区域参数化到平面上，并在平面上根据内力和外力的作用进行演化，最后将演化后的特征线通过局部参数化重新投影到曲面上得到最终模型的特征线。

对于点采样模型，Gumhold 等(2001)提出利用平均曲率进行曲面分类，并对高曲率特征点集计算最小生成图来确定特征线。基于曲面曲率可用来获取几何的特征区域，Pauly 等(2003a)提出了点采样模型的特征检测算法，该算法首先基于多尺度的协方差分析得到点采样模型的特征区域，然后采用最小生成树算法将这些特征区域连接起来，最后给出了特征线的非真实感绘制效果，见图 1.12。

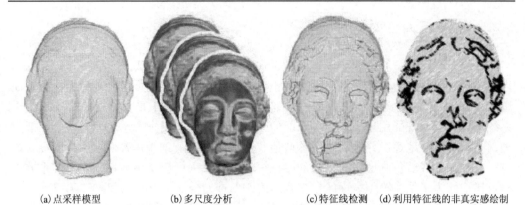

(a)点采样模型   (b)多尺度分析   (c)特征线检测   (d)利用特征线的非真实感绘制

图 1.12 点采样模型的特征检测(Pauly et al., 2003a)

1.3.5 曲面简化和重采样

由于采样时需要尽可能捕捉物体表面的细节，获取的数据模型通常具有很高的复杂度。为了使大规模数据模型适合于几何处理和绘制(例如可视化、曲面压缩、曲面分析、累进数据传输等)，必须对数据模型进行相应的简化。Alexa 等(2003)采用贪心策略从原始模型上迭代移动采样点的位置，算法的贪心属性使得不能简化的采样点均匀分布在整个模型上。Moenning 等(2003)基于 Fast Marching 策略，提出了采样密度可控的均匀简化和特征敏感的简化方法。Pauly 等(2002)将原来的面向网格简化的顶点聚类方法、基于二次误差的累进顶点删除算法和模拟粒子的重新网格化等应用到点采样模型表面上，得到了适用于点采样模型的增长聚类、层次聚类、迭代简化、粒子模拟等简化方法，取得了较好的简化效果。但应用这些方法时并不能像网格模型表面那样预先用一个全局误差去控制简化过程，也没有对面元 Splat 的几何(主要是半径)加以考虑，也就是说，在简化过程中研究者只是将点作为纯几何意义上的点而已。对此，Wu 等(2004)提出了面向表面面元(Splat)的简化方法，该方法完全考虑表面面元的线性几何，并能用确定的全局误差控制面元的形成和简化，同时也给出了一种高质量的面元分布。

在点采样模型的造型过程中，缺乏拓扑结构的点采样模型在过度拉伸下会撕裂扭曲，在形状编辑和变形过程中需要解决变形剧烈和拉伸过度而产生的采样不足的问题。Pauly等(2003b)通过将那些过度拉伸的采样点面元一分为二后再进行局部切向松弛(使用粒子系统和移动最小二乘投影)解决了采样点云的动态重采样问题。以相同的原理，采用有向粒子表示的变形表面也能容易地实现拉伸、分裂和连接，而基于斥力的粒子模拟还能在整个造型过程中实现分布均匀且足够稠密的表面采样(Witkin et al., 1994)。

1.3.6　形状造型

在点采样模型编辑方面一项重要的工作是 Zwicker 等(2002)提出的 PointShop3D 点采样模型编辑造型系统，该系统类似于 PhotoShop 图像处理系统，可对采样点表面进行纹理绘制、参数化、位移映射、雕刻等多种操作，如图 1.13 所示(见插页)。由于系统中采样点元既能用来表示模型表面的几何位置，又能用来表示表面材料属性或纹理，所以可容易地逐个修改和编辑这些值。例如，采取雕刻操作改变点的几何位置，进行纹理光顺或着色画图以改变点的颜色等。由于点采样模型由无拓扑连接关系的采样点构成，为了能在模型表面绘制任意精度细节或对点进行移位或拉伸变形操作，常需要对采样点局部区域进行重采样(Zwicker et al., 2002)。此外，对点采样模型表面进行着色的方法是由 Adams 等(2004a)提出来的，该方法提供了一种类似于触觉的反馈信息并能从物理上模拟真实的画笔。该方法通过实时地提高影响区域的局部采样率，以实现用户在模型表面绘制任意精度细节的目的。

(a)带纹理绘制效果　　(b)低失真的参数化和纹理映射效果　　　　(c)雕刻效果

图 1.13　PointShop3D 提供了各种各样的点采样模型操作(Zwicker et al., 2002)

由于采样点同时具有几何位置、法向和表面在该点处的颜色属性，从而大大简化了点采样模型表面着色工具的使用。相反，对于三角网格模型，由于不存在几何面片和纹理面片之间的一一对应关系，必须对三角网格进行参数化以完成纹理映射，而为了绘制细节，还必须动态地细化这个纹理图片(Carr et al., 2004)，所以在三角网格模型表面上着色比在点采样模型表面上着色复杂许多。

形状变形是另一个具有挑战性的研究课题。在各种不同的自由变形方法中，体自由变形似乎最适合于采样点几何模型。这种变形技术首先产生一个位移函数 $d: R^3 \rightarrow R^3$，然后对表面上的每个采样点 $\overline{p}$ (即网格顶点或者面元中心)根据位移函数进行移动，即 $p \rightarrow d(p)$，即可达到变形的目的。

对几何模型进行变形操作时，会出现各种问题。例如，在对三角网格模型进行极度变形时，某些三角形呈现出过度拉伸和畸变，从而引发数值计算的不稳定和视觉上的图形走样，此时必须通过三角网格的重构来消除这些三角形(Welch et al.,

1994; Kobbelt et al., 2000; Lawrence et al., 2004)；而对于点采样模型，问题将变得更严重，因为没有拓扑连接关系的点采样模型在过度拉伸下会撕裂，而采用有向粒子表示时变形表面也能容易实现拉伸、分裂和连接，基于斥力的粒子模拟还能在整个造型过程中获得均匀分布且足够稠密的表面采样(Szeliski et al., 1992; Witkin et al., 1994)。在点采样模型中，呈现过度拉伸的采样面元 Splat 可以通过查看雅可比位移函数而容易地加以检测。Pauly 等(2003b)通过使用粒子系统和移动最小二乘投影将那些过度拉伸的表面面元(Splat)一分为二后再进行局部切向缩放，很容易地解决了点采样模型变形后的动态重构问题，从而解决了点采样模型的极度变形所带来的走样现象，如图 1.14 所示(见插页)。

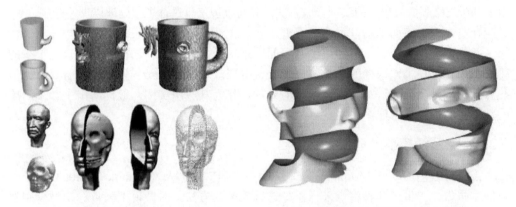

(a)　点采样模型形状造型(Pauly et al., 2003b)　　　(b)　点采样模型布尔操作(Adams et al., 2004b)

图 1.14　点采样模型几何造型

构造实体几何造型(Constructive Solid Geometry, CSG)是一种基于简单实体的布尔运算构造复杂模型的技术。由于这种技术需要对一个实体的局部区域相对于另一实体进行内、外测试，所以对采用隐式函数表达的模型是最适合的(Hoffmann, 1989)。对于点采样模型，通过移动最小二乘投影算子 ψ 引入移动矢量 $p - \psi(p)$ 就能很容易地从模型表面重构出这样一种实体的曲面隐式函数表达。

两个光滑物体的交接处可能产生尖锐的特征边界，为了避免走样，对这些区域的采样点几何需要进行重采样。Pauly 等(2003b)提出了一种基于牛顿迭代方法的技术将尖锐的边界区域附近每一组相邻的采样点元对两两求交，并在绘制时将相交的点元绘制成两个相互裁剪的面元 Splat。另一种很有效的交互式 CSG 的计算方法是由 Adams 等(2003)提出来的，在这种方法中，实体表面由许多具有一定半径的面元 Surfel 所组成，在进行实体的布尔运算时，只对处于相交状态的面元 Surfel 进行重采样，以生成适合于相交边界的尖锐特征表示。Adams 等(2004b)还实现了基于 GPU 加速的 CSG 实体操作，更适合于 CSG 的交互式使用。

1.3.7 　纹理合成

将二维平面上的纹理合成方法予以推广，可以实现三维几何表面上的纹理映射和纹理合成。Turk(2001)和 Wei 等(2001)将基于像素生长的平面纹理合成方法扩展到三维几何表面上，在纹理合成时按照一定的顺序，根据顶点邻域提供的约束，给每个顶点赋予相应的纹理颜色。Zhang 等(2003)在文献(Turk, 2001)的基础上给出了能控制纹理方向和尺度渐变的纹理合成算法，他们还提出 Texton Mask 方法完成了两块不同纹理图案之间的渐变过渡。Soler 等(2002)将基于块的合成方法扩展到三维表面的纹理合成，但该算法无法直接控制纹理合成的方向变化。Magda 等(2003)和 Zelinka 等(2003)各自提出了基于三维表面三角形的纹理合成方法，并对纹理信息进行了预处理以加速绘制。

在三维几何表面上的纹理合成研究工作，主要是在基于面表示的几何物体上进行的，并且在纹理合成算法中利用了其表面表示中所含有的拓扑结构信息，只有很少的研究工作涉及在稠密采样的点元数据上直接合成纹理。Clarenz 等(2004a)研究了如何在点采样模型表面上进行有限元的几何处理，作为其应用实例，他们给出了一个简单的基于像素的纹理合成结果。

1.3.8 　点采样模型的动画

点采样模型的动画 Morphing 技术尚很少有研究者涉及，Cmolik 等(2003)写了一篇技术报告，提供了几种将点采样模型进行聚类的方法，对源模型和目标模型分别建立二叉树，再在两个二叉树的节点间建立对应关系，但该方法在 Morphing 过程中会产生大量的裂缝和小洞。基于连续介质力学(continuum mechanics)的一些思想，Muller 等(2004)提出了基于物理的实体点采样模型造型和动画。由于采样点可同时表示模型表面和实体，所以可以容易地将点采样模型变形时的表面局部重采样的灵活性应用到点采样模型内的实体数据，该方法甚至可以模拟复杂的拓扑改变的情形，如图 1.15 所示(见插页)。

图 1.15 　点采样模型的动画(Muller et al., 2004)

与以往方法不同，Muller 等(2005)基于形状匹配，将物体之间相互作用的能量转化为距离约束和几何约束，提出了基于物理的变形方法(图 1.16(a))。该方法的主要思想是用当前点位置与目标点位置之间的距离来定义能量，而不是如同物理模型通过几何约束和力来定义能量，目标位置可以通过未变形的模型与当前已发生形变的模型之间的形状匹配获取。将无网格模型的处理方法和动态曲面重采样与动态体重采样技术结合，Pauly 等(2005a)模拟了弹性和塑性材料的复杂的破碎效果(图 1.16(b))。基于体隐函数表示，Guo 等提出了基于物理的局部变形造型(Guo et al., 2003)和无网格模型的实时变形的方法(Guo et al., 2005)。Wicke 等(2005)基于薄盘和薄片的 Kirchhoff 理论，模拟了点采样模型的变形效果。基于整体保形参数化，Guo 等(2006)提出了无网格模型的一种物理模拟方法，模拟薄片的弹性变形和破裂效果。

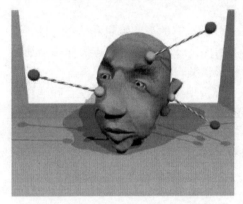

(a) 可变形物体的变形方法(Muller et al., 2005)　　　　(b)弹性材料和塑性材料的破碎效果(Pauly et al., 2005a)

图 1.16　基于物理的点采样模型造型效果

1.4　全书内容组织结构

全书首先给出绪论，然后就点采样模型几何处理和形状造型的若干方面分别介绍相应的研究背景和方法，主要包括以下几个方面。

(1)第1章为绪论部分，介绍三维点采样模型数字几何处理的一般框架，并阐述了三维点采样模型的几何处理和形状造型的研究现状。

(2)第2章介绍点采样模型几何处理中的基本问题，包括三维模型采样点邻域的选取问题和点采样模型微分属性的估计问题等。

(3)第3章介绍点采样模型的参数化问题和方法，分析现有的参数化方法，并结合作者的研究介绍新的方法，介绍基于调和映射的参数化方法和基于统计的参数化方法。

(4)第4章介绍点采样模型的分片问题和方法，分析现有的分片方法，并结合作者的研究介绍新的方法，介绍基于采样点聚类的分片方法和基于水平集(level set)的交互式区域分解方法。

(5)第5章介绍点采样模型的光顺去噪问题和方法，分析现有的光顺去噪方法，并结合作者的研究介绍新的方法，介绍基于动态平衡曲率流的保特征光顺去噪方法和基于非局部几何信号的去噪方法。

(6)第6章介绍点采样模型的简化重采样问题和方法，分析现有的重采样方法，并结合作者的研究介绍新的方法，介绍基于自适应 Meanshift 聚类的自适应重采样方法和基于 Gaussian 球的特征敏感重采样方法。

(7)第7章介绍点采样模型的形状修复和纹理合成方法，分析现有的重采样方法，并结合作者的研究介绍新的方法，介绍点采样模型的基于约束化的颜色纹理和几何修复方法，以及点采样模型的纹理合成方法。

(8)第8章介绍点采样模型的形状造型方法，分析现有的形状编辑和造型方法，并结合作者的研究介绍新的方法，介绍点采样模型的保细节编辑方法和点采样模型细节调控的造型新方法，介绍点采样模型的多分辨率形状编辑造型方法。

(9)第9章介绍点采样模型的形状变形方法，分析现有的形状变形方法，并结合作者的研究介绍新的方法，介绍点采样模型的局部编辑变形和动态形状渐变 Morphing 方法。

(10)第10 章为总结与展望，对全书内容进行总结，并在此基础上提出了该领域研究热点和进一步研究的方向。

第 2 章　点采样模型几何处理中的基本问题

本章首先分析了点采样模型采样点邻域选取的一些方案，包括采样点的欧氏邻域、K-最近点邻域、投影邻域；在此基础上，提出了一种新的自适应邻域选取方法——Meanshift 邻域选取 (胡国飞，2005; Miao et al., 2006)。在分析点采样模型采样点处法向和曲率估计的已有方法基础上，提出了估计采样点处微分属性的两种方法：基于能量极小原理的估计方法 (Miao et al., 2005) 和基于投影方法的微分属性估计方法 (Miao et al., 2007)。本章 2.1 节分析了点采样模型采样点邻域选取方法；2.2 节提出了 Meanshift 邻域的选取方法；2.3 节简要介绍和分析了点采样模型微分属性估计的一些已有方法；在此基础上，2.4 节提出了基于能量极小原理的曲率估计方法；2.5 节提出了基于投影方法的微分属性估计方法；2.6 节是本章小结。

2.1　采样点邻域的选取

在点采样模型几何处理和形状造型中，采样点邻域的选取是至关重要的一步。无论在点采样模型法向和曲率估算、局部几何重建、参数化和光顺去噪中，还是在点采样模型的编辑造型甚至点采样模型的绘制中，邻域的选取都有着非常明显的影响。点采样模型采样点邻域究竟取多大，如何选取最为适宜，这一问题一直是点采样模型数字几何处理中的基本问题。

在三角网格模型中，利用顶点之间的拓扑连接关系，每一个顶点邻域的确定比较简单和直观，可以取顶点的 1-环邻域 (one-ring neighborhood)。对某些特定应用，还可以取顶点的 2-环邻域 (two-ring neighborhood) (Botsch et al., 2007) 等。而对于离散点采样模型，整个模型通常由成千上万的离散采样点组成，每个采样点仅包含几何信息和表面属性信息，由于采样点之间无任何拓扑连接信息，采样点邻域的选取要困难得多。

无论在点采样模型的几何处理，还是在点采样模型的形状造型中，采样点邻域的选取应该有利于正确估计采样点局部区域内的几何属性，较好地反映采样点附近各向异性的几何特征。已有的采样点邻域选取方法通常仅考虑采样点的空间位置关系，取以采样点为中心的一定数量的相邻点作为邻域点集。这类邻域选取方法没有充分考虑采样点附近的局部几何，导致对于一些具有局部相似性的，或者具有几何连贯性的几何特征的处理不够合理。

为解决此问题，本章提出了一种新的自适应邻域确定方法——Meanshift 邻域。Meanshift 方法不仅从空间位置关系来确定邻域点集，并且同时考虑采样点的空间位置和几何属性，以采样点处的法向和曲率作为特征空间分量，以采样点坐标值作为欧氏空间分量，在采样点的特征空间域和欧氏空间域进行聚类，使具有相似内在几何特征的采样点同属一个邻域，达到点采样模型的自适应聚类和采样点邻域的自适应选取。

2.1.1　欧氏邻域

采样点的欧氏邻域是根据采样点间的欧氏距离构造出的邻域。它在以采样点 p 为中心，半径为 ε 的球内的所有采样点定义为该采样点的邻域点 $N_p = \{p_i \| p - p_i \| < \varepsilon\}$。这种方式适合于规则点采样表面，这是因为对于不规则点采样表面，在 ε-球内可能包含过多或过少的点。除此之外，欧氏邻域对于即使均匀规则采样但其局部特征尺寸小于 ε 的采样点分布的邻域估算也会不可靠，例如，对于两个非常接近且又是分开的表面，在其局部特征尺寸小于 ε 时，邻域估算会不可靠。

2.1.2　K-最近点邻域

对于欧氏邻域不能处理的不规则采样表面，K-最近点邻域提供了一种自适应邻域估算的方法(如图 2.1(a))。对于每个采样点 p，将与采样点距离最近的 K 个采样点定义为该采样点的邻域点。设采样点按照与 p 的距离从近到远排序，置换 Π 满足 $\| p_{\Pi(i)} - p \| \leqslant \| p_{\Pi(i+1)} - p \|$，则 K-最近点邻域定义为 $N_p^K = \{p_{\Pi(1)}, p_{\Pi(2)}, \cdots, p_{\Pi(K)}\}$，取 $r_p = \| p_{\Pi(i)} - p \|$ 是 K-最近点邻域的包围球半径。Amenta 等(1998)和 Andersson 等(2004)指出：如果采样点满足一定的采样规则(如对局部特征尺寸的自适应)，则能保证邻域估算的可靠性。

然而，K-最近点邻域仅从与扫描曲面内在几何特性无关的采样点之间的欧氏距离来确定邻域点，无法反映各个采样点的采样密度。改进的 K-最近点邻域考虑了采样点处的不同的采样密度，数目 K 的确定使得各采样点的局部采样密度保持不变 $\rho = \dfrac{K}{r^2}$，其中 r 是采样点 K-邻域的包围球半径。

2.1.3　投影邻域

利用采样点 p 的邻域采样点 N_p^K 在该点处切平面 T_p 上的投影，可以定义采样点的投影邻域。投影邻域的确定可分为 BSP 投影邻域(如图 2.1(b))和 Voronoi 投影邻域(如图 2.1(c))。

若记点 q_i 为邻域采样点 $p_i \in N_p^K$ 在切平面 T_p 上的投影，则投影邻域可确定如下。

BSP 投影邻域：设半空间 $B_i = \{x | (x - q_i) \cdot (p - q_i) \geqslant 0\}$，采样点 p 的 BSP 邻域点集定义为 N_p^B，是指 p 的 K-最近点邻域中其投影点位于半空间的交集，即

$$N_p^B = \{p_i \mid p_i \text{的投影点} q_i \text{属于} \bigcap_{j \in N_p^K} B_j\}$$

Voronoi 投影邻域：设 V 是投影点 $\{q_i, i \in N_p^K\}$ 的 Voronoi 图，定义投影点 q_i 的 Voronoi 胞腔为

$$V_i = \left\{ x \in T_p \, \middle| \, \|x - q_i\| \leqslant \|x - q_j\|, \forall j \in N_p^K, j \neq i \right\}$$

记包含采样点 p 的 Voronoi 胞腔为 V_p，则采样点 p 的 Voronoi 邻域点集 N_p^V 定义为其投影点的 Voronoi 胞腔与点 p 的 Voronoi 胞腔相邻，即

$$N_p^V = \left\{ p_i \, \middle| \, q_i \text{为} p_i \text{的投影点，} V_{q_i} \text{与} V_p \text{相邻，} V_{q_i} \cap V_p \neq \Phi \right\}$$

(a) K-最近点邻域　　　　　(b) BSP 投影邻域　　　　　(c) Voronoi 投影邻域

图 2.1　点采样模型邻域的确定(Pauly, 2003)

2.2　Meanshift 邻域选取

基于采样点的空间位置的两种邻域确定方法——K-最近点邻域和投影邻域完全从采样点空间距离或投影点空间位置关系确定采样点的邻域，而忽略了采样点处的各向异性的内在几何特征。为此，本节提出了基于采样点的空间位置关系和内在几何特征的自适应确定采样点邻域的一种方法——Meanshift 方法(胡国飞, 2005; Miao et al., 2006)。该方法在由采样点处的法向和曲率组成的特征空间域和坐标值组成的欧氏空间域形成的 7 维空间中进行聚类分析，使对于指定几何特征(法向和曲率)具有相似性的采样点形成一个密集区域，每个采样点的密集程度可以度量为相邻采样点密集程度的加权平均，并确定其密集程度的局部极大值作为采样点的局部模式点，所有具有相似局部模式的采样点同属一个类，从而达到点采样模型的自适应聚类和采样点邻域的自适应选取。

Meanshift 聚类是一项成熟的图像处理技术，在计算机图像处理和计算机视觉的各个领域得到了广泛的应用。Meanshift 实际上是一个基于多模特征空间分析的一般性非参数技术。Meanshift 技术中有关数据精简和数据降维等的性质在计算机视觉和计算机图形学等领域得到了应用和推广。例如，Comaniciu 等(2000)利用该技术对视频的非刚体物体运动进行跟踪，Christoudias 等(2002)将该技术应用到图像分割中，DeCarlo 等(2002)利用 Meanshift 生成非真实感图像，Wang 等(2004)进一步应用该技术到视频

分割和卡通动画的生成。Meanshift 对数据点的聚类功能可以推广到生物几何图形学领域，例如，Horn 等提出了量子聚类方法(Horn et al., 2003)，并用量子聚类的方法对 DNA 序列进行分析，Barash 等(2004)使用 Meanshift 方法分析复杂的基因序列。本章将该方法在三维点采样模型的几何处理中进行推广和应用，确定点采样模型各采样点处的邻域点集，以反映采样点处各向异性的几何特性。

Meanshift 过程是一个迭代的过程，在图像应用中该过程的收敛性已经被证明(Comaniciu et al., 2002)。该迭代过程可扩展到任意维数的数据类型，特别地，在空间维数为 7 时也成立。实验结果表明，该 Meanshift 过程为点采样模型提供了一个可靠的局部模式的检测方法。通过运行该过程，每个一般点都将收敛为一个稳定的点，称为局部模式点。具有相近局部模式的采样点的内在几何特征相似。

下面具体介绍基于 Meanshift 的三维邻域的自适应选取的几个过程。

(1) 对于点采样模型的每个采样点 p_i，确定一个 7 维向量 $\overline{p}_i = (x_i, y_i, z_i, n_{xi}, n_{yi}, n_{zi}, H_i)$ 作为聚类的依据。此向量包含欧氏空间域——采样点空间位置信息 (x_i, y_i, z_i)，特征空间域——采样点处的法向信息 (n_{xi}, n_{yi}, n_{zi}) 和曲率信息 H_i。

(2) 在进行 Meanshift 迭代前，基于欧氏距离，先确定采样点 p_i 的 K-空间最近点邻域 $N^S(p_i) = \{q_{i1}, q_{i2}, \cdots, q_{ik}\}$。

(3) Meanshift 过程是一个迭代的过程，在同时考虑采样点欧氏空间域和特征空间域基础上，它将采样点沿着它的最大密度梯度方向移动。对每一个采样点 p_i，其在欧氏空间域和特征空间域上的局部模式点 $M^*(p_i)$ 可以通过下述迭代过程得到

$$M_v(p_i) := \frac{\sum_{j=1}^{k} q_{ij} g\left(\left\|p_i^r - q_{ij}^r\right\|\right)}{\sum_{j=1}^{k} g\left(\left\|p_i^r - q_{ij}^r\right\|\right)} - M(p_i)$$

$$M(p_i) := M(p_i) + M_v(p_i)$$

式中，$g(\cdot)$ 通常为高斯核函数，也可以为 Epanechnikov 核；$p_i^r = (n_i, H_i)$ 为一般点的特征信息部分；$M(p_i)$ 称为点 p_i 的 Meanshift 点(Meanshift point)，在实现中 $M(p_i)$ 的初始值为 p_i，$M_v(p_i)$ 是 $M(p_i)$ 的 Meanshift 向量。

(4) 根据各采样点的 Meanshift 局部模式点确定邻域点集，对于采样点 p_i，其局部模式点为 $M^*(p_i)$，将与 $M^*(p_i)$ 具有相似局部模式的采样点确定为 p_i 的模式最近点邻域 $N^R(p_i)$。最后将模式最近点邻域 $N^R(p_i)$ 和空间最近点邻域 $N^S(p_i)$ 的交集确定为采样点 p_i 处的 Meanshift 邻域点集 $N^{MS}(p_i)$。

图 2.2(见插页)给出了 Bunny 模型 K-最近点邻域(其中 K 取 22)和 Meanshift 邻域的聚类结果，以及在不同邻域确定下的模型的曲率估计。图 2.3(见插页)给出了 Max-Planck 模型 K-最近点邻域(其中 K 取 18)和 Meanshift 邻域的聚类结果，以及在不同邻

域确定下的模型的曲率估计。实验表明，K-最近点邻域仅仅考虑了采样点的空间位置关系，从聚类结果看，该邻域没有反映出模型的几何特征；相反，同时考虑了采样点位置和几何特征的 Meanshift 邻域，能够较好地反映模型几何的各向异性特点。

(a) Bunny 模型

(b) Bunny 模型的 K-最近点邻域 Cluster 结果

(c) Bunny 模型的 K-最近点邻域的局部放大

(d) 基于 K-最近点的曲率估计

(e) Bunny 模型的 Meanshift 邻域 Cluster 结果

(f) Bunny 模型的 Meanshift 邻域的局部放大

(g) 基于 Meanshift 邻域的曲率估计

图 2.2　Bunny 模型的 Meanshift 邻域分析

(a) Max-Planck 模型

(b) Max-Planck 模型的 K-最近点邻域 Cluster 结果

(c) Max-Planck 模型的 K-最近点邻域的局部放大

(d) 基于 K-最近点的曲率估计

(e) Max-Planck 模型的 Meanshift 邻域 Cluster 结果

(f) Max-Planck 模型的 Meanshift 邻域的局部放大

(g) 基于 Meanshift 邻域的曲率估计

图 2.3　Max-Planck 模型的 Meanshift 邻域分析

2.3　点采样模型的微分属性估计

经扫描生成的点采样模型是连续三维物体表面的一种离散逼近，通常表现为无序的离散点云，获取的数据通常是采样点的空间位置信息、采样点的采样半径、采样点处的颜色材质属性等。采样点的法向信息则依赖于三维扫描设备，三维扫描设备可能提供采样点法向信息，也可能不提供。

点采样模型采样点处的微分属性，例如，曲率和法向信息，对于点采样模型的建模和绘制来说往往是不可缺少的。在几何处理和编辑造型中，曲率信息扮演着至关重要的角色。例如，在点采样模型简化中(Pauly et al., 2002)，常基于采样点处的曲率来控制简化后的采样密度，使得在具有小曲率的平坦区域，采样点较稀疏，而在具有大曲率的区域，采样点较稠密。关于点采样模型特征提取，Gumhold 等(2001)利用曲率进行采样点分类，将曲率较大的采样点认定为模型的特征点，并对特征点集计算一个最小生成图来提取模型特征线。Pauly 等(2003a)拓展了该方法，提出基于采样点多尺度邻域的特征检测方法。在点采样模型的绘制中，光线跟踪绘制和辐射度绘制等(Kalaiah et al., 2001; Adamson et al., 2003)都需要利用各采样点的法向信息来计算其光照效果。

Taubin(1995a)提出的 IEM(integral eigenvalue method)和 Meyer 等(2003)提出的方法都是通过将微分几何中的各种曲率算子、曲面上高斯定理、曲面拉普拉斯算子、曲面 Gauss-Bonnet 公式等离散化，得到了适合于三角网格表示的曲面微分属性的估计。然而，该方法强烈依赖于网格顶点之间的拓扑连接信息，这一特点限制了这些估计方法在离散点采样模型上的有效运用。由于点采样模型的采样点之间没有任何拓扑连接信息，而且点采样模型的采样模式通常为非均匀采样，适用于网格的各种估计方法很难推广到点采样模型上。

对于离散点采样模型曲率和法向估计，常用的估计方法是协方差方法(Pauly et al., 2002, 2003a)。协方差方法实质上是利用采样点处的一次平面来拟合邻域点集，以拟合平面法向作为采样点处的法向，以采样点处的曲面变分(surface variation)作为曲率的一种近似。然而，利用协方差方法估计得到的曲面变分不是真正意义上的曲面曲率，它仅反映了曲面曲率的一种大致变化，并不是点采样模型曲面的一个内在量。

协方差方法作为一种主成分分析的方法，是指从一组离散数据中提取出能够充分反映其内部结构的若干因子，从而起到简化数据的目的。对于点采样模型的许多应用，利用协方差方法估计得到的微分属性是非常粗糙和不精确的。然而，在针对点采样模型的逆向工程(Hoppe et al., 1992)、基于模型的形状识别 (Medioni et al., 1984)、点采样模型的特征线(如脊线和谷线)提取(Ohtake et al., 2004)等应用中，点采样模型采样点处的法向和离散曲率的精确估计起着决定性的作用。本章利用二次曲面(密切球)拟合采样点邻域点集，并用能量函数刻画拟合程度的好坏，根据极值理论确定最合适的拟合密切球，从而提出了一种更加精确的点采样模型曲面曲率估计方法。该方法可以提高拟合精度，能够更加细致地反映出曲面的曲率变化。

在利用模型各向异性的几何属性的许多应用中，例如，各向异性光顺（Hildebrandt et al., 2004; Lange et al., 2005）、各向异性重采样（Lai et al., 2007）、点采样模型的绘制（Kalaiah et al., 2001）、模型的基于曲率特征的分割（Yamauchi et al., 2005a）等，都需要利用采样点处的局部微分属性更加细致地分析，需要估计采样点处的主曲率和高斯曲率与平均曲率信息，有时也需要估计采样点处的主方向信息等。利用协方差方法无法得到这些微分属性的细致分析，研究各种微分属性的鲁棒估计是一项非常有意义的工作。本章在分析点采样模型各采样点处法截线曲率的基础上，提出了一种基于投影的估计方法。该投影方法不仅提供了采样点处各种形式曲率的一种估计方法，而且提供了采样点处主方向的一种估计方法。同时，由于该方法仅根据沿着少数方向的法截线离散曲率值确定采样点处的局部微分属性，具有效率高和估计精确等特点。

对于离散点采样模型，Pauly 等（2002, 2003a）提出利用统计上的协方差方法估计采样点处的法向和曲率等微分属性。协方差方法是利用采样点处的一次平面来拟合邻域点集的，使得拟合的误差（邻域采样点到平面的距离和）最小，并借助于最小二乘方法解决。例如，定义一个邻域点集 $\boldsymbol{P}$ 的协方差矩阵 $\boldsymbol{C}$ 为

$$\boldsymbol{C} = \begin{pmatrix} \boldsymbol{p}_1 - \overline{\boldsymbol{p}} \\ \boldsymbol{p}_2 - \overline{\boldsymbol{p}} \\ \vdots \\ \boldsymbol{p}_k - \overline{\boldsymbol{p}} \end{pmatrix} \cdot \begin{pmatrix} \boldsymbol{p}_1 - \overline{\boldsymbol{p}} \\ \boldsymbol{p}_2 - \overline{\boldsymbol{p}} \\ \vdots \\ \boldsymbol{p}_k - \overline{\boldsymbol{p}} \end{pmatrix}^{\mathrm{T}}$$

式中，$\overline{\boldsymbol{p}}$ 是以采样点 $\boldsymbol{p}$ 为中心的邻域点集 $\boldsymbol{P}$ 的重心，由于矩阵 $\boldsymbol{C}$ 是对称半正定的矩阵，其三个特征值 λ_i，$i = 0,1,2$ 为非负实值，所对应的三个特征向量 $\boldsymbol{v}_i$，$i = 0,1,2$ 形成一组正交基，见图 2.4。

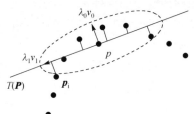

图 2.4　点采样模型协方差分析（Pauly et al., 2002, 2003a）

假设 $\lambda_0 \leqslant \lambda_1 \leqslant \lambda_2$，则平面 $(\boldsymbol{x} - \overline{\boldsymbol{p}}) \cdot \boldsymbol{v}_0 = 0$ 使得 $\boldsymbol{p}$ 周围的邻域点到此平面的距离和为最小，此平面可以近似看成是点集 $\boldsymbol{P}$ 的切平面 Π，$\boldsymbol{v}_0$ 可作为局部曲面在 $\boldsymbol{p}_i$ 点的法向，见图 2.4。为了给点采样模型的采样点获取一个全局一致的法向方向，采用最小生成树算法（Hoppe et al., 1992）。最小特征值 λ_0 为曲面沿法向 $\boldsymbol{v}_0$ 方向的变分，可用来表示曲面采样点集相对于切平面的偏离程度。Pauly 等（2002）定义

$$\sigma_n(\boldsymbol{p}_i) = \frac{\lambda_0}{\lambda_0 + \lambda_1 + \lambda_2}$$

为采样点 $\boldsymbol{p}_i$ 处的曲面变分，曲面变分为缩放不变量，总变分为

$$\sum_{j \in N_p} \left\| \boldsymbol{p}_j - \overline{\boldsymbol{p}} \right\|^2 = \lambda_0 + \lambda_1 + \lambda_2$$

Pauly 等(2002)通过实验表明曲面变分 $\sigma_n(\boldsymbol{p}_i)$ 可以用来衡量采样点 $\boldsymbol{p}_i$ 处的曲率变化，它的值依赖于采样点邻域的大小。

另外，基于 Levin 的 MLS 隐式曲面定义(Levin, 2004)，Alexa 等(2004)利用局部隐函数的梯度计算法向信息，并提出了有效的正交投影算子。Lange 等(2005)将 Taubin(1995a)针对网格的形状算子推广到点采样模型上，提出了估计离散点采样模型的主曲率和主方向的方法，然而该方法计算比较复杂、耗时。

2.4　基于能量极小原理的曲率估计

利用极值理论，引进能量函数，用密切球局部拟合各采样点处的邻域点集。能量函数反映了拟合程度的好坏，对于离散面元(Surfels)，能量函数定义为一维函数，对于离散点云(point cloud)，能量函数则定义为多维函数。基于能量极小的曲率估计方法(Miao et al., 2005)能够反映点采样模型曲面上各采样点曲率的细微变化，更加细致地刻画了曲面的内在几何特征。

2.4.1　基于面元的曲率估计

在获取离散采样点数据时，假设点采样模型的每个采样点不仅赋予了位置信息，而且赋予了法向信息，点采样模型中的采样点可以看成是小的圆盘面元，整个模型实际上是由大量的面元 $\{(\boldsymbol{p}_i, \boldsymbol{n}_i)\}$ 组成的。对于每一个采样点 $\boldsymbol{p}_i$，用合适大小(半径为 r)的密切球拟合邻域点集 N_i，其球心位于 $\boldsymbol{p}_i$ 点的法线方向上，$\boldsymbol{p}_i^0 = \boldsymbol{p}_i - r \cdot \boldsymbol{n}_i$，如图 2.5 所示。

为了更好地用密切球拟合邻域点集，利用一维能量函数(Amenta et al., 2004)刻画密切球拟合程度的好坏。

$$e(r) = \sum_{\boldsymbol{p}_j \in N_i} (d(\boldsymbol{p}_j, \boldsymbol{p}_i^0) - r)^2 \, \theta(\boldsymbol{p}_j, \boldsymbol{p}_i)$$

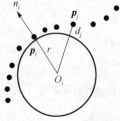

图 2.5　用密切球面拟合采样点的邻域点集

式中，$d(\cdot, \cdot)$ 表示欧氏距离；θ 表示高斯权因子或归一化高斯权因子。上述能量函数是关于密切球半径 r 的一维函数，定义在一维数轴 $(0, +\infty)$ 上。为了获得拟合程度最好的密切球，需要选取合适的球半径，通过对能量函数的极小化，找到拟合程度最好的密切球的半径 r^* 为

$$r* = \mathrm{arglocal\,min}_{r \in (0, +\infty)} e(r)$$

然后以密切球半径的倒数作为该采样点的曲率 K 的一种估计，$K(\pmb{p}_i) = \dfrac{1}{r*}$。在一维能

量函数的极小化过程中，利用 Brent 方法(Press et al., 1992)实现一维非线性优化过程。

　　该方法实质上是用二次曲面(密切球)来拟合采样点的邻域点集，比用一次平面拟合的协方差方法更好，拟合精度更高。在实验中，发现点采样模型局部属性的估计与采样点的局部邻域的大小紧密相关。对于噪声小的数据，小的邻域提供了很好的估计，但是局部微分属性的估计受噪声的严重影响。随着邻域的增大，这些估计对噪声的敏感程度逐渐降低，但是产生了特征弱化的问题。一种折中的方案是对于每一个采样点，使用自适应邻域。使用改进的 K-最近点邻域方法，即使得局部采样率 $\rho = \dfrac{K}{l^2}$ 保持不变，

其中 l 是邻域点包围球的半径。使用不同的 K-最近点邻域方法和自适应邻域，给出了点采样模型的曲率估计，并将基于能量极小的估计结果和协方差方法的估计结果进行一些比较，如图 2.6(见插页)和图 2.7(见插页)。从实验结果看，该估计方法能够更加细致地反映出曲面的局部曲率属性变化。

(a) 原始模型　(b) 协方差方法估计　(c) 根据采样点的不　(d) 根据采样点的不　(e) 由自适应方法确
　　　　　　　　　曲率　　　　同邻域大小，利用能量　同邻域大小，利用能量　定的邻域，用能量极小
　　　　　　　　　　　　　　　极小方法估计曲率的　极小方法估计曲率的　方法估计曲率的结果
　　　　　　　　　　　　　　　结果，邻域大小为 σ_{16}　结果，邻域大小为 σ_{30}

图 2.6　Bunny 模型的曲率估计的比较

(a) 原始模型　(b) 协方差方法估计　(c) 根据采样点的不　(d) 根据采样点的不　(e) 由自适应方法确
　　　　　　　　　曲率　　　　同邻域大小，利用能量　同邻域大小，利用能量　定的邻域，用能量极小
　　　　　　　　　　　　　　　极小方法估计曲率的　极小方法估计曲率的　方法估计曲率的结果
　　　　　　　　　　　　　　　结果，邻域大小为 σ_{16}　结果，邻域大小为 σ_{30}

图 2.7　Santa 模型的曲率估计的比较

2.4.2　基于点云的曲率估计

在许多情形中，当获取离散采样数据时，点采样模型的每个采样点仅赋予了位置信息，没有赋予点的法向信息，整个模型实际上是由无数的点元 $\{p_i, i = 1, 2, \cdots, N\}$ 组成的。在用密切球拟合采样点的邻域点集的过程中，密切球依赖于法向 n 和半径 r。从而，度量拟合程度好坏的能量函数是一个多维函数：

$$e(n, r) = \sum_{p_j \in N_i} (d(p_j, p_i - r \cdot n) - r)^2 \theta(p_j, p_i)$$

上述能量函数是定义在 $S^2 \times R^+$（S^2 表示单位向量空间，即单位球面；R^+ 表示 $(0, +\infty)$），该能量函数与 (n, r) 有关，拟合球面球心为 $p = p_i - r \cdot n$。为了更好地研究密切球拟合，可以把能量函数写成下列多维函数：

$$e(p) = \sum_{p_j \in N_i} (d(p_j, p) - d(p_i, p))^2 \theta(p_j, p_i)$$

式中，$d(p_i, p)$ 表示拟合球面的半径。对定义在三维空间 R^3 的能量函数 $e(p)$，可以采用处理多维非线性拟合的 Powell 方法（Press et al., 1992）。通过能量极小得到拟合密切球球心 p^*，进而估计在采样点 p_i 处的法向 n_i 和半径 r_i 为

$$r_i = d(p_i, p^*), \quad n_i = \frac{p_i - p^*}{r_i}$$

相应地，采样点 p_i 处的曲率为 $K(p_i) = \dfrac{1}{r_i}$。

图 2.8 中给出了 Venus 模型利用多维能量函数进行曲率估计的结果，图 2.9 中给出了 Venus 模型利用多维能量函数进行法向估计的结果，在实验中均采取自适应邻域。为了刻画该法向估计结果的有效性，采用估计法向和原始法向之间的角度偏差来衡

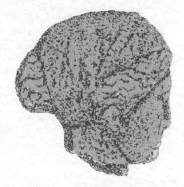

(a) Venus 模型　　　　　　　　(b) 自适应邻域下基于能量极小的 Venus 模型曲率估计

图 2.8　Venus 模型的曲率估计

量，Error $=1.0-\langle n_{\text{estimated}}, n_{\text{original}}\rangle$，实验结果表明，该法向估计算法是有效的，有 98% 的采样点法向估计误差 Error 小于 0.05。

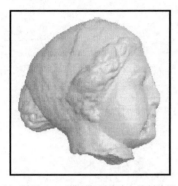

(a) 利用 Venus 模型的原始法向绘制结果　　　　(b) 利用多维能量函数极小估计的 Venus 模型的法向绘制结果

图 2.9　Venus 模型的法向估计

2.5　基于投影方法的微分属性估计

2.5.1　微分几何理论

经典微分几何理论提供了用微分方法研究曲线曲面局部几何的一种途径 (DoCarmo, 1976)。它通常用一阶和高阶微分研究曲面的微分属性，如采样点处的法向、主方向、主曲率、高斯曲率和平均曲率等信息。这些信息有助于我们进行曲面形状的分析和曲面的重建。

一般地，正则曲面(regular surface) S 是指嵌入在三维空间 R^3 中的二维流形，它通常是不自交的可微的曲面，曲面 S 上过点 p 的所有曲线 Γ 在 p 点的切向量在同一张平面上，这一张平面称为曲面在 p 点的切平面 Π_p。曲面在每一个采样点 p 处有唯一的切平面 Π_p，该切平面 Π_p 与曲面在 p 点的法向 n_p 垂直。

对切平面 Π_p 上一个给定的切向量 T_p，由法向量 n_p 和切向量 T_p 所张成的法平面与曲面 S 的交线称为曲面 S 关于切方向 T_p 的法截线。可以计算法截线的 Frenet 标架 $\{T_p, N_p, B_p\}$ 与法截线在点 p 处的曲率 k 和挠率 τ，其中 N_p 和 B_p 分别表示法截线在点 p 处的主法向量和从法向量。法截线的法曲率 $k_n = k\cos\theta$，其中 θ 是法截线法向量 N_p 和曲面法向量 n_p 之间的交角，k_n 值完全由曲面在点 p 处的切方向 T_p 所决定；曲面 S 在点 p 处的法曲率 k_n 的最大值 k_1 和最小值 k_2 称为主曲率；与两个主曲率相应的切方向称为主方向 e_1 和 e_2，如图 2.10(a)。正则曲面 S 的上述局部微分属性具有以下关系 (DoCarmo, 1976)。

（1）曲面在点 p 处主方向 e_1，e_2 和曲面法向 n_p 形成了在 p 处的一个正交标架。

（2）对于任意切方向 $T_p = \cos\theta \cdot e_1 + \sin\theta \cdot e_2$，相应的法曲率为 $k_n(T_p) = k_1 \cos^2\theta + k_2 \sin^2\theta$。

（3）曲面在点 p 处的高斯曲率 K 和平均曲率 H 定义为：$K = k_1 \cdot k_2$，$H = \dfrac{k_1 + k_2}{2}$；高斯曲率 K 和平均曲率 H 反映了曲面在点 p 处的弯曲程度，是曲面的内蕴不变量。

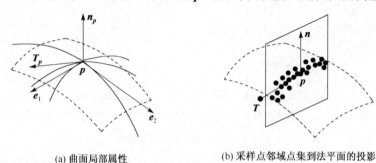

(a) 曲面局部属性　　　　　　(b) 采样点邻域点集到法平面的投影

图 2.10　曲面微分属性分析

2.5.2　主曲率和主方向计算

根据局部微分属性的上述关系，可以利用三个切方向的法截线法曲率 k_α，k_β，k_γ 确定曲面的相应主曲率和主方向 (Jia et al., 2006)。如图 2.11 所示，设曲面在点 p 处的切平面为 Π_p，k_1 和 k_2 为该点的两个主曲率，e_1 和 e_2 为相应的主方向，点 p 处切方向 T_α 与主方向 e_1 夹角为 θ，切方向 T_β、T_γ 和 T_α 夹角分别为 θ_1 和 θ_2。根据法曲率性质，分别得到如下计算法曲率的方程组：

$$\begin{cases} k_\alpha = k_1 \cos^2\theta + k_2 \sin^2\theta \\ k_\beta = k_1 \cos^2(\theta + \theta_1) + k_2 \sin^2(\theta + \theta_1) \\ k_\gamma = k_1 \cos^2(\theta + \theta_2) + k_2 \sin^2(\theta + \theta_2) \end{cases} \tag{2.1}$$

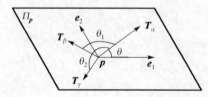

图 2.11　曲面主曲率和主方向分析

利用三角恒等式，不难得到：

$$\frac{k_\alpha - k_\beta}{k_\alpha - k_\gamma} = \frac{\cos(2\theta) - \cos(2\theta + 2\theta_1)}{\cos(2\theta) - \cos(2\theta + 2\theta_2)} = \frac{\sin(2\theta + \theta_1)}{\sin(2\theta + \theta_2)} \cdot \frac{\sin\theta_1}{\sin\theta_2}$$

$$= \frac{\sin\left[(2\theta + \theta_2) + (\theta_1 - \theta_2)\right]}{\sin(2\theta + \theta_2)} \cdot \frac{\sin\theta_1}{\sin\theta_2}$$

则

$$\tan(2\theta + \theta_2) = \frac{\sin(\theta_1 - \theta_2)}{\dfrac{k_\alpha - k_\beta}{k_\alpha - k_\gamma} \cdot \dfrac{\sin\theta_2}{\sin\theta_1} - \cos(\theta_1 - \theta_2)} \tag{2.2}$$

从上述可知，确定曲面在点 p 处的主曲率和主方向的步骤如下。

(1) 从式 (2.2) 可以解出切方向 T_α 与主方向 e_1 的夹角 θ，确定主方向 e_1 和 e_2。

(2) 将解得的 θ 和 θ_1、θ_2，相应的法曲率 k_α、k_β、k_γ 代入线性方程组 (2.1)，可以解出主曲率 k_1 和 k_2。

2.5.3　计算法截线的法曲率

对于相应于每一个切方向的法截线，可以根据传统的曲线拟合的方法估计其离散法曲率的大小。首先，以采样点 p 作为局部坐标系原点，采样点处的法向量作为 Y 轴，给定切方向作为 X 轴，建立局部坐标系 $p\text{-}XYZ$，采样点的邻域点在法平面上的投影点为若干 (x, y) 对，可以利用 n 次多项式曲线局部拟合这些离散数据，从而得到离散曲率的一种估计。然而，由于二次多项式能够反映法曲率的各种情况，例如，凸曲线时应为正曲率，凹曲线时应为负曲率等，可以采用二次多项式局部拟合离散数据。同时，为了使得拟合得到的二次曲线经过原点，取拟合多项式的常数项为零，即取如下的二次拟合多项式：$y = ax + bx^2$。然后，利用最小二乘拟合的途径可以确定拟合多项式系数 a 和 b。最后，法截线的离散曲率 k_γ 可以确定为

$$k_\gamma = \frac{-2b}{(1 + a^2)^{\frac{3}{2}}}$$

法截线的离散曲率可正可负，对于凸的截线其曲率大于零；反之，对于凹的截线其曲率小于零。

2.5.4　投影方法

给定从曲面 S 扫描得到的散乱点集 $P = \{p_i \in \mathrm{R}^3, i = 1, 2, \cdots, N\}$，基于微分几何理论，可以通过分析曲面在一点处各切方向和相应法截线的离散曲率，估计出曲面在该点处的局部微分属性，其步骤如下 (Miao et al., 2007)。

(1) 对每一个采样点，首先采取自适应的方法确定其邻域。在确定邻域时，使各

采样点的采样率 $\rho = \dfrac{K}{l^2}$ 达到均匀,其中 l 是采样点的 K 个最近邻域点的包围球的半径;通常采样点处的法向 $\boldsymbol{n}$ 是已知的,否则可以用协方差方法估计(Pauly et al., 2002, 2003a)。

(2)在采样点 $\boldsymbol{p}$ 的切平面上均匀采样三个切方向,沿每一个切方向,由切方向和法方向建立一张法平面。

(3)沿每一个切方向,将采样点的自适应邻域点集投影到法平面上,取离散投影点的离散曲率作为沿该切方向的法曲率。在法平面上,可以用曲线拟合的方法估计平面离散投影点的离散曲率,见图 2.10(b)。

(4)根据估计得到的沿三个切方向 T_α, T_β, T_γ 的三个法曲率值 k_α, k_β, k_γ,可以根据 2.5.2 节的计算步骤确定第一主曲率 k_1 和第二主曲率 k_2,以及与两个主曲率相应的第一主方向 e_1 和第二主方向 e_2。根据第一主曲率和第二主曲率,可以分别估计出采样点处的高斯曲率和平均曲率。

2.5.5　实验结果

曲面的法向反映了采样点附近曲面的一阶信息,而主曲率和主方向反映了采样点附近曲面的二阶信息。与其他方法不同的是,该投影方法仅根据每个采样点处沿三个切方向的法曲率就可估计出采样点处的各种局部微分属性,特别对大规模点采样模型来说该方法是非常有效的。在配置为 Pentium4(2.0 GHz) 512MB 内存,其程序运行环境是 Windows XP 的 PC 上,基于 Visual C++语言实现了上述估计点采样模型微分属性的投影算法。表 2.1 比较了投影方法和 Taubin(1995a)的 IEM 方法的效率,从中可见投影方法的有效性。例如,对于 Horse 模型,其采样点总数为 48484 个,采取自适应方式确定的采样点邻域大小为 3~99 个,投影方法估计微分属性的时间为 1.27s,IEM方法估计属性的时间则需 3.03s,如图 2.12 所示(见插页)。

表 2.1　投影方法和 IEM 方法的估计效率比较

点采样模型	采样点总数目	邻域采样点数目	微分属性估计时间	
			投影方法/s	IEM 估计方法/s
Bunny	35283	7~27	0.53	0.87
Horse	48484	3~99	1.27	3.03
Rabbit	67038	11~40	1.15	2.38
Fandisk	103570	6~84	1.57	3.02
Venus	134345	9~50	2.25	4.58

由投影方法估计 Venus 模型和 Fandisk 模型局部微分属性的结果分别如图 2.13(见插页)和图 2.14(见插页)。为了可视化,分别用不同颜色表示不同的曲率大小,浅粉色代表高曲率区域,黑色代表低曲率区域,其余类推。对于 Horse 模型,分别采用投影

(a) 原始模型　(b) 模型的第一主曲率估计　(c) 模型的第二主曲率估计　(d) 模型的高斯曲率估计　(e) 模型的平均曲率估计

(f) 原始模型　(g) 模型的第一主曲率估计　(h) 模型的第二主曲率估计　(i) 模型的高斯曲率估计　(j) 模型的平均曲率估计

图 2.12　不同方法估计 Horse 模型微分属性的结果比较

上一行为采用投影方法的估计结果；下一行为采用 Taubin 的 IEM 的相应曲率估计结果

(a) 原始模型　(b) 模型的第一主曲率估计　(c) 模型的第二主曲率估计　(d) 模型的高斯曲率估计　(e) 模型的平均曲率估计

图 2.13　投影方法估计 Venus 模型的局部微分属性

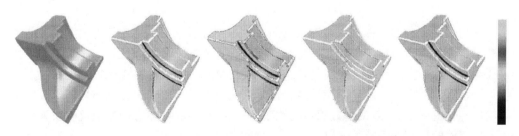

(a) 原始模型　(b) 模型的第一主曲率估计　(c) 模型的第二主曲率估计　(d) 模型的高斯曲率估计　(e) 模型的平均曲率估计

图 2.14　投影方法估计 Fandisk 模型的局部微分属性

方法和 IEM 方法估计各种微分属性并进行比较(图 2.12),从中有力地验证了投影方法的有效性。利用投影方法,可以同时得到采样点处的第一、第二主方向估计,Fandisk 模型和 Venus 模型的主方向估计分别见图 2.15 和图 2.16。

(a) Fandisk 模型　　　　　　(b)模型的第一主方向估计　　　　　(c)模型的第二主方向估计

图 2.15　Fandisk 模型的主方向估计

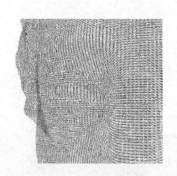

(a) Venus 模型的脸部　　　　(b) 模型的第一主方向估计　　　　(c) 模型的第二主方向估计

图 2.16　Venus 模型的主方向估计

2.6　本　章　小　结

针对点采样模型采样点邻域选取问题,本章在分析已有方法的基础上提出了能够反映采样点处各向异性的内在几何特征的邻域确定方法——Meanshift 邻域。该方法在采样点集的欧氏空间域和特征空间域进行聚类,将具有相似内在几何特征的采样点同属一个邻域,而不仅是从空间距离或投影点空间位置关系来确定邻域点集。实验结果表明,与普遍采用的 K-最近点邻域相比较,Meanshift 邻域能够较好地反映出采样点处各向异性的内在几何特征。

针对点采样模型采样点处微分属性的估计问题,本章提出了估计采样点处微分属性的两种方法:基于能量极小原理的估计方法和基于投影的估计方法。在基于能量极小原理的估计方法中，利用二次曲面——密切球局部拟合各采样点的邻域点集，并用一维或多维能量函数表达拟合程度的好坏，然后根据能量函数的极值点确定采样点处的曲率和法向信息。在基于投影的估计方法中，在分析采样点处的法截线曲率基础上，提出了采样点处局部微分属性的一种估计方法。该方法不仅能够估计采样点处的各种曲率，也可以估计采样点处的主方向。同时，由于该方法仅根据沿着少数方向的法截线离散曲率值确定采样点处的局部微分属性，具有效率高和估计精确等特点。

第3章 点采样模型的参数化方法

本章在分析点采样模型已有参数化方法的基础上，提出了基于调和映射的参数化方法(缪永伟等, 2004)和基于统计的参数化方法(Miao et al., 2007)。本章3.1节分析了数字几何处理中参数化方法的研究背景；3.2节简要介绍和分析了点采样模型参数化的已有方法；在此基础上，3.3节分析了调和映射的球面中值性质，并提出了基于调和映射的点采样模型参数化方法；3.4节提出了基于统计的点采样模型分片参数化方法；3.5节是本章小结。

3.1 三维模型的参数化

三维模型的参数化在计算机图形学的许多应用中都起到非常关键的作用，如纹理映射、曲面重建、编辑变形、形状 Morphing 等。在虚拟现实中，纹理映射对于增加绘制场景的细节和提高场景的逼真性具有明显效果。纹理映射中，最关键的一步是确定所绘制的每一个顶点的纹理坐标，这意味着必须对每一个三维顶点进行参数化。在编辑变形和形状 Morphing 等过程中，可以通过将原始模型和目标模型参数化到统一的参数域上，有效地建立它们之间的对应关系。

正是由于参数化技术在数字几何处理中的重要性，不少学者致力于该问题的研究，提出了一些针对三角网格模型参数化的方法(Floater, 1997; Sheffer et al., 2001; Sorkine et al., 2002; Levy et al., 2002; Desbrun et al., 2002; Gotsman et al., 2003; Gu et al., 2003; Praun et al., 2003)。网格参数化实际上要求建立从三角网格 $M = (V, K)$ 到参数域 Ω(平面或球面)之间的一一映射(Floater et al., 2005)，使得参数域上的网格和原始网格拓扑同构，并谋求在某种几何度量下的变形极小化。通常可以通过一些几何内在属性(如长度、角度和面积等)的变形程度来衡量参数化的好坏。这些问题可以借助于微分几何中的调和映射、等距映射、保角映射、保面积映射等理论来建模，并应用数值分析和有限元分析等工具来求解。

由于三维数字扫描仪的广泛使用和点元表示所具有的内在优势，三维点采样模型受到越来越广泛的重视(Gross et al., 2007)，对点采样模型进行有效的参数化成了基于点的图形学中的一个根本性问题(Floater et al., 2001; Zwicker et al., 2002)。与网格曲面参数化一样，点采样模型参数化的实质是建立从离散点采样模型到参数域之间的一一映射，并要求使得某种意义下度量的扭曲(如距离扭曲)达到极小。但是，点采样模型曲面没有提供类似于三角网格的拓扑结构信息，使得在点采样模型上难以定义角度和面积等概念，从而使得点采样模型的参数化受到了许多限制，增加了难度。点采样模型参数化中，考虑较多的是如何使参数化中的距离扭曲极小，使参数化前采样点之间的距离与参数化后对应参数点之间的距离尽量相同(按照一定比例)。

从原理上讲，三维模型的参数化问题与微分几何中的映射理论紧密相关。从微分几何的角度看，曲面之间的等距映射(isometric mapping)是在模型和参数域之间建立的一对一的映射，实际上它既应是一种保形映射(conformal mapping)，又应是一种保面积映射(equiareal mapping)。在图形学的实际应用中，要达到三维模型和二维参数域之间的严格的等距映射是非常困难的，通常可以通过以下一些方法得到它们之间的近似等距对应。

由于调和映射(harmonic mapping)的保形性，曲面之间的等距映射也应该是一种调和映射，即等距映射 ⇒ 保形映射 ⇒ 调和映射。可以在三维模型和二维参数域之间建立离散调和映射来近似代替参数化的等距对应，同时由于调和映射不仅能保持离散模型到凸参数域之间的映射是一对一的，还具有映射的重现特性(reproduction property)，即该映射在应用到平坦三维模型的参数化映射中，如果其边界映射是一种仿射映射，则其内部映射也必定是相同的仿射映射。映射的重现特性对于好的参数化映射来说是非常重要的特性(Floater et al., 2005)。然而，调和映射的中值性质可以使得重现特性得到很好保持，例如，Floater(2003)提出的中值坐标方法就具有该重现特性，但该方法是针对三维网格模型设计的，参数化映射中权因子的确定则完全依赖于采样点之间的拓扑邻接关系，这一限制使得该方法难以直接应用在点采样模型参数化应用中。为此，本章中分析了调和映射的球面中值性质，根据此性质导出了确定点采样模型参数化映射的加权因子的一种新方法，使得设计的参数化映射具有上述保形性和重现特性。

另外，点采样模型的采样模式通常是不规则的、散乱的，采样点任意地分布在曲面上，针对规则采样结构的许多处理方法(如图像处理的方法、信号处理的方法等)不再适用，而针对随机采样的统计方法(如协方差分析、聚类方法等)可以充分发挥其优势，利用统计的方法处理点采样模型几何处理中的一些问题是一种常用的思路(Kalaiah et al., 2003b, 2005)。同时，非线性降维方法是模式识别、机器学习、多元数据分析等领域的重要研究课题之一，它的目标是寻找高维数据在低维空间中的嵌入。曲面片参数化实质上是建立三维数据点在二维参数坐标平面上的一种嵌入，使得嵌入前数据点之间的测地距离和嵌入后参数点之间的欧氏距离尽量相同，它实际上可以看成是从三维采样点数据到二维参数平面数据的一种降维问题。利用非线性降维方法研究点采样模型的参数化是一个非常自然的想法，本章中把统计上的针对降维问题的多维尺度(Multi-Dimensional Scaling, MDS)方法进行扩展和推广，将其应用于点采样模型参数化中，得到了使得距离扭曲较小的一种参数化方法。

3.2　点采样模型的参数化

对于三维网格模型，研究者提出了许多将曲面尽可能等距展平的参数化方法。Floater 提出了一种称为中值坐标的方法进行参数化 (Floater, 2003)，由于中值坐标方法的内在保形性，使得到的参数化方法变形较小。Sander 等 (2001) 提出了通过极小化不同细节层次之间的纹理扭曲 (texture stretch) 和纹理偏移 (texture deviation)，以达到参数化的目的。Sander 等 (2002) 进一步提出了一种针对几何信号的参数化方法，这种方法使得信号近似误差 (signal approximation error) 极小。Levy 等 (2002) 提出了一种拟保形映射——最小二乘保形映射 (Least Squares Conformal Map, LSCM) 的参数化方法，该参数化方法是基于保形映射的 Cauchy-Riemann 方程的最小二乘近似的思路。

对于点采样模型，针对参数化方法的研究并不多。Floater 等 (2001) 提出了一种基于点采样模型曲面不经网格转换的参数化方法，该方法通过求解一个稀疏线性系统，可以将模型上的采样点一对一地参数化到平面参数域上。在逆向工程领域，针对不规则散乱三维点云，Barhak 等 (2001) 提出分别基于偏微分方程 (Partial Differential Equation, PDE) 参数化和基于神经网络 SOM (self organizing map) 参数化。PDE 参数化能够避免参数点的自交现象，而 SOM 方法有助于曲面的均匀和光滑重建。类似于 Levy 等 (2002) 的网格最小二乘保形映射方法，Zwicker 等 (2002) 提出了一种针对点采样模型的最小二乘参数化方法。该方法通过对采样点的各层次聚类求解一个线性最小二乘问题，使得参数化扭曲极小。基于统计多维尺度，Tenenbaum 等 (2000) 提出了一种数据的非线性降维技术——IsoMap (isometric feature mapping)。IsoMap 可以保持数据点的内在几何特性，例如，可以保持所有数据点对之间的测地距离。给定一组高维数据点集，该方法计算每一点对之间的流形测地距离，然后在测地距离矩阵上应用多维尺度分析方法，确定低维空间中的离散点云，使得它们保持点对之间的内在距离不变。点采样模型的参数化，实际上可以看成从三维采样点数据到二维参数平面的一种降维问题，基于这一思想，Zigelman 等 (2002) 提出一种基于统计多维尺度方法的曲面展平方法。该方法可以使得将曲面展平到平面上时产生的扭曲极小。然而，该方法并不适用于比较大的面片。

3.3　点采样模型的调和映射参数化

3.3.1　点采样模型的参数化方法

通过扫描得到的点采样模型的采样点数据主要包含采样点的位置坐标和采样点的法向等信息，点采样模型的参数化试图建立采样点集 $P = \{p_1, p_2, \cdots, p_N\}$ 到参数平面

上的二维点集 U 之间的一种对应关系 $\varphi: P \rightarrow U$，并且要求在一定意义下度量的变形达到极小。

首先将采样点集 P 中的点分为两类：内部点集 $P_I = \{p_1, p_2, \cdots, p_n\}$ 和边界点集 $P_B = \{p_{n+1}, p_{n+2}, \cdots, p_N\}$。对于边界点集 P_B，预先按照一定方式映射到参数域的某一条边界曲线 Γ 上 $\varphi_0: P_B \rightarrow \Gamma \subseteq U$。然后在使得某种变形度量达到极小的前提下，将上述边界映射 φ_0 扩充到内部点集 P_I 上，得到点采样模型的参数化 $\varphi: P \rightarrow U$。

设参数化映射 $\varphi: P \rightarrow U$，满足 $\varphi|_{P_B} = \varphi_0$。若记变形的度量为

$$\|\varphi\| = \sum_{i, j, p_j \in N_i} \omega_{ij}(p_1, p_2, \cdots, p_N) \left\| \varphi(p_i) - \varphi(p_j) \right\|^2 = \sum_{i, j, p_j \in N_i} \omega_{ij}(p_1, p_2, \cdots, p_N) \left\| u_i - u_j \right\|^2$$

要使 $\|\varphi\|$ 达到极小，根据极值理论，有

$$\sum_{j \in N_i} \omega_{ij}(u_i - u_j) = 0, \quad i = 1, 2, \cdots, n$$

故 $u_i = \sum_{j \in N_i} \lambda_{ij} u_j$，其中 $\lambda_{ij} = \omega_{ij} \Big/ \sum_{k \in N_i} \omega_{ik}$。

从而可以得到

$$u_i = \sum_{j \in N_i} \lambda_{ij} u_j = \sum_{j \in N_i \cap P_I} \lambda_{ij} u_j + \sum_{j \in N_i \cap P_B} \lambda_{ij} u_j$$

即

$$u_i - \sum_{j \in N_i \cap P_I} \lambda_{ij} u_j = \sum_{j \in N_i \cap P_B} \lambda_{ij} u_j, \quad i = 1, 2, \cdots, n$$

故可以得到线性方程组：$Au = b$。其中 $A = (a_{ij})_{n \times n}$，$u = (u_1, u_2, \cdots, u_n)^{\mathrm{T}}$，$b = (b_1, b_2, \cdots, b_n)^{\mathrm{T}}$。

$$a_{ii} = 1, a_{ij} = \begin{cases} -\lambda_{ij}, & j \in N_i, j \neq i \\ 0, & j \notin N_i \end{cases}, \quad b_i = \sum_{j \in N_i \cap P_B} \lambda_{ij} u_j$$

由于线性方程组中的系数矩阵 A 是稀疏矩阵，所以可以采用共轭梯度方法来求解。

根据上述方法中采样点邻域点集 N_i 和权因子 $\omega_{ij}(p_1, p_2, \cdots, p_N)$ 的不同取法，将点采样模型的参数化方法进行分类(Floater et al., 2001)。

(1)取 N_i 为球邻域，对每一个 $p_j \in N_i$，取 $\omega_{ij} = 1$，得到的参数化方法称为点采样模型的均匀参数化(uniform parameterization)方法。

(2)取 N_i 为球邻域，对每一个 $p_j \in N_i$，取 $\omega_{ij} = \dfrac{1}{\|p_j - p_i\|}$，得到的参数化方法称为点采样模型的倒距离参数化(reciprocal distance parameterization)方法。

基于调和映射的球面中值性质，将引入参数化映射中权因子 ω_{ij} 的一种全新的确定方法，从而得到了点采样模型的一种新的参数化方法。

3.3.2　基于调和映射球面中值性质的权因子构造

先回顾有关调和映射的一些性质。设映射 $\varphi: P \to U$ 满足拉普拉斯方程 $\Delta\varphi = 0$ ，φ 称为调和映射。根据有关调和映射的理论（Eells et al., 1988）：若给定 P 的边界和 U 的边界之间的对应 φ_0 ，则存在唯一的调和映射 φ ，使得其在 P 的边界上与 φ_0 一致，且满足映射后的扭曲变形达到极小。

为了近似地构造此调和映射，将其进行离散化处理，考虑分片线性调和映射 f ，并且利用调和映射的中值性质来确定参数化映射中的权因子。

调和映射的球面中值性质：设 $f: P \to U$ 是调和映射，$B(\boldsymbol{p}_0, r) \subset P$ 是以点 $\boldsymbol{p}_0$ 为球心，以 r 为半径的球面，则 $f(\boldsymbol{p}_0) = \dfrac{1}{4\pi r^2} \displaystyle\int_{B(\boldsymbol{p}_0, r)} f(\boldsymbol{p}) \mathrm{d}S$ 成立。

下面根据调和映射的球面中值性质来构造参数化映射中的权因子。

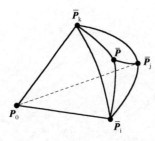

图 3.1　球面三角形

在点采样模型曲面中，对于每一个采样点 $\boldsymbol{p}_0$ ，以其为球心，以 r 为半径建立球面 $B(\boldsymbol{p}_0, r)$ ，设采样点 $\boldsymbol{p}_0$ 的邻域点集 N_0 中的点在球面上的投影为 $\{\bar{\boldsymbol{p}}_i : \boldsymbol{p}_i \in N_0\}$ ，则有向量：$\boldsymbol{p}_0\bar{\boldsymbol{p}}_i = \dfrac{r}{\|\boldsymbol{p}_i - \boldsymbol{p}_0\|} \boldsymbol{p}_0\boldsymbol{p}_i$ 。

对于球面上的三个投影点 $\bar{\boldsymbol{p}}_i$ ，$\bar{\boldsymbol{p}}_j$ 和 $\bar{\boldsymbol{p}}_k$ ，可以建立图 3.1 所示的球面三角形 $\triangle \bar{\boldsymbol{p}}_i \bar{\boldsymbol{p}}_j \bar{\boldsymbol{p}}_k$ ，从而得到如下引理。

引理 1　设函数 $f : \mathrm{R}^3 \to \mathrm{R}$ 是线性函数，则有

$$\int_{\triangle \bar{\boldsymbol{p}}_i \bar{\boldsymbol{p}}_j \bar{\boldsymbol{p}}_k} f(\bar{\boldsymbol{p}}) \mathrm{d}S = f(\boldsymbol{p}_0) S_{\triangle \bar{\boldsymbol{p}}_i \bar{\boldsymbol{p}}_j \bar{\boldsymbol{p}}_k}$$

$$+ \frac{1}{3} r S_{\triangle \bar{\boldsymbol{p}}_i \bar{\boldsymbol{p}}_j \bar{\boldsymbol{p}}_k} \left(\frac{f(\boldsymbol{p}_i) - f(\boldsymbol{p}_0)}{\|\boldsymbol{p}_i - \boldsymbol{p}_0\|} + \frac{f(\boldsymbol{p}_j) - f(\boldsymbol{p}_0)}{\|\boldsymbol{p}_j - \boldsymbol{p}_0\|} + \frac{f(\boldsymbol{p}_k) - f(\boldsymbol{p}_0)}{\|\boldsymbol{p}_k - \boldsymbol{p}_0\|} \right)$$

证明：任取球面三角形 $\triangle \bar{\boldsymbol{p}}_i \bar{\boldsymbol{p}}_j \bar{\boldsymbol{p}}_k$ 上的一点 $\bar{\boldsymbol{p}}$ ，由于函数 f 的线性性，有

$$f(\bar{\boldsymbol{p}}) = \frac{S_{\triangle \overline{\boldsymbol{p}\boldsymbol{p}}_k \bar{\boldsymbol{p}}_j}}{S_{\triangle \bar{\boldsymbol{p}}_i \bar{\boldsymbol{p}}_j \bar{\boldsymbol{p}}_k}} f(\bar{\boldsymbol{p}}_i) + \frac{S_{\triangle \overline{\boldsymbol{p}\boldsymbol{p}}_i \bar{\boldsymbol{p}}_k}}{S_{\triangle \bar{\boldsymbol{p}}_i \bar{\boldsymbol{p}}_j \bar{\boldsymbol{p}}_k}} f(\bar{\boldsymbol{p}}_j) + \frac{S_{\triangle \overline{\boldsymbol{p}\boldsymbol{p}}_i \bar{\boldsymbol{p}}_j}}{S_{\triangle \bar{\boldsymbol{p}}_i \bar{\boldsymbol{p}}_j \bar{\boldsymbol{p}}_k}} f(\bar{\boldsymbol{p}}_k)$$

取点 $\bar{\boldsymbol{p}}$ ，$\bar{\boldsymbol{p}}_i$ ，$\bar{\boldsymbol{p}}_j$ ，$\bar{\boldsymbol{p}}_k$ 的球面坐标分别为 (θ, φ) ，(θ_i, φ_i) ，(θ_j, φ_j) ，(θ_k, φ_k) ，则

$$\mathrm{S}_{\triangle \bar{\boldsymbol{p}}_i \bar{\boldsymbol{p}}_j \bar{\boldsymbol{p}}_k} = \frac{1}{2} \Big[(\theta_j - \theta_i)(\varphi_k - \varphi_i) - (\theta_k - \theta_i)(\varphi_j - \varphi_i) \Big]$$

令

$$K = [(\theta_j - \theta_i)(\varphi_k - \varphi_i) - (\theta_k - \theta_i)(\varphi_j - \varphi_i)] = 2 S_{\triangle \bar{\boldsymbol{p}}_i \bar{\boldsymbol{p}}_j \bar{\boldsymbol{p}}_k}$$

则

$$\int_{\triangle \bar{\boldsymbol{p}}_i \bar{\boldsymbol{p}}_j \bar{\boldsymbol{p}}_k} f(\bar{\boldsymbol{p}}) \mathrm{d}S = I_i f(\bar{\boldsymbol{p}}_i) + I_j f(\bar{\boldsymbol{p}}_j) + I_k f(\bar{\boldsymbol{p}}_k)$$

其中

$$I_i = \frac{1}{K} \int_{\triangle \overline{p}_i \overline{p}_j \overline{p}_k} \left[(\theta_j - \theta)(\varphi_k - \varphi) - (\theta_k - \theta)(\varphi_j - \varphi) \right] \mathrm{d}S$$

$$I_j = \frac{1}{K} \int_{\triangle \overline{p}_i \overline{p}_j \overline{p}_k} \left[(\theta_k - \theta)(\varphi_i - \varphi) - (\theta_i - \theta)(\varphi_k - \varphi) \right] \mathrm{d}S$$

$$I_k = \frac{1}{K} \int_{\triangle \overline{p}_i \overline{p}_j \overline{p}_k} \left[(\theta_i - \theta)(\varphi_j - \varphi) - (\theta_j - \theta)(\varphi_i - \varphi) \right] \mathrm{d}S$$

利用 $\int_{\triangle \overline{p}_i \overline{p}_j \overline{p}_k} \theta \mathrm{d}S = \frac{1}{3} S_{\triangle \overline{p}_i \overline{p}_j \overline{p}_k} (\theta_i + \theta_j + \theta_k)$ 和 $\int_{\triangle \overline{p}_i \overline{p}_j \overline{p}_k} \varphi \mathrm{d}S = \frac{1}{3} S_{\triangle \overline{p}_i \overline{p}_j \overline{p}_k} (\varphi_i + \varphi_j + \varphi_k)$ 得

$$I_i = \frac{1}{K} \left[(\theta_j \varphi_k - \theta_k \varphi_j) S_{\triangle \overline{p}_i \overline{p}_j \overline{p}_k} + (\varphi_j - \varphi_k) \int_{\triangle \overline{p}_i \overline{p}_j \overline{p}_k} \theta \mathrm{d}S + (\theta_k - \theta_j) \int_{\triangle \overline{p}_i \overline{p}_j \overline{p}_k} \phi \mathrm{d}S \right]$$

$$= \frac{1}{6} (\theta_j \varphi_k - \theta_k \varphi_j + \theta_i \varphi_j - \theta_i \varphi_k + \theta_k \varphi_i - \theta_j \varphi_i)$$

$$= \frac{1}{6} \begin{vmatrix} 1 & 1 & 1 \\ \theta_i & \theta_j & \theta_k \\ \varphi_i & \varphi_j & \varphi_k \end{vmatrix} = \frac{1}{3} S_{\triangle \overline{p}_i \overline{p}_j \overline{p}_k}$$

同理得

$$I_j = I_k = \frac{1}{3} S_{\triangle \overline{p}_i \overline{p}_j \overline{p}_k}$$

故

$$\int_{\triangle \overline{p}_i \overline{p}_j \overline{p}_k} f(\overline{p}) \mathrm{d}S = \frac{1}{3} S_{\triangle \overline{p}_i \overline{p}_j \overline{p}_k} (f(\overline{p}_i) + f(\overline{p}_j) + f(\overline{p}_k))$$

由于函数 f 的线性，有 $f(\overline{p}_i) = f(p_0) + \frac{r}{\|p_i - p_0\|} (f(p_i) - f(p_0))$，代入上式得

$$\int_{\triangle \overline{p}_i \overline{p}_j \overline{p}_k} f(\overline{p}) \mathrm{d}S = f(p_0) S_{\triangle \overline{p}_i \overline{p}_j \overline{p}_k}$$

$$+ \frac{1}{3} r S_{\triangle \overline{p}_i \overline{p}_j \overline{p}_k} \left(\frac{f(p_i) - f(p_0)}{\|p_i - p_0\|} + \frac{f(p_j) - f(p_0)}{\|p_j - p_0\|} + \frac{f(p_k) - f(p_0)}{\|p_k - p_0\|} \right)$$

引理 2　基于调和映射球面中值性质的权因子为 $\omega_{0i} = \frac{1}{\|p_i - p_0\|} \sum_{\triangle_k^i} S_{\triangle_k^i}$ 。

证明：根据调和映射的球面中值性质，可得

$$4\pi r^2 f(p_0) = \sum_{\triangle \overline{p}_i \overline{p}_j \overline{p}_k} \int_{\triangle \overline{p}_i \overline{p}_j \overline{p}_k} f(\overline{p}) \mathrm{d}S$$

利用引理 1 有： $\sum_{\triangle \overline{p}_i \overline{p}_j \overline{p}_k} S_{\triangle \overline{p}_i \overline{p}_j \overline{p}_k} \left(\frac{f(p_i) - f(p_0)}{\|p_i - p_0\|} + \frac{f(p_j) - f(p_0)}{\|p_j - p_0\|} + \frac{f(p_k) - f(p_0)}{\|p_k - p_0\|} \right) = 0$

若记 $\left\{\triangle_k^i \middle| k=1,2,\cdots,n_i\right\}$ 是以球面上点 $\bar{\boldsymbol{p}}_i$ 为顶点的球面三角形全体，则

$$\sum_{i \in N_0} \sum_{\triangle_k^i} S_{\triangle_k^i} \frac{f(\boldsymbol{p}_i) - f(\boldsymbol{p}_0)}{\|\boldsymbol{p}_i - \boldsymbol{p}_0\|} = 0$$

从而取权因子为　　$\omega_{0i} = \dfrac{1}{\|\boldsymbol{p}_i - \boldsymbol{p}_0\|} \sum_{\triangle_k^i} S_{\triangle_k^i}$ 。

3.3.3　调和映射参数化中权因子的确定

基于调和映射球面中值性质的权因子的确定过程可以分为以下三步(缪永伟等，2004)。

(1)对采样点 $\boldsymbol{p}_i$ 的邻域中任一点 $\boldsymbol{p}_j$，利用点采样模型中的八叉树结构确定 $\boldsymbol{p}_j$ 处的邻域点集：$N_j = \{\boldsymbol{p}_k : \|\boldsymbol{p}_k - \boldsymbol{p}_j\| \leqslant r\}$。将向量 $\boldsymbol{p}_{ik} = \boldsymbol{p}_k - \boldsymbol{p}_i$ 单位化，得到以点 $\boldsymbol{p}_i$ 为球心的球面单位向量 $\bar{\boldsymbol{p}}_{ik}$。

(2)将所有球面单位向量 $\left\{\bar{\boldsymbol{p}}_{ik} \middle| \boldsymbol{p}_k \in N_j\right\}$，进行 Delaunay 三角化得球面三角形 $\triangle_1^j$，$\triangle_2^j$，$\cdots$，$\triangle_{n_j}^j$。

(3)计算球面三角形 $\triangle_l^j$ 的面积 $S_{\triangle_l^j}$ $(l=1,2,\cdots,n_j)$；确定权因子为

$$\omega_{ij} = \frac{1}{\|\boldsymbol{p}_j - \boldsymbol{p}_i\|} \sum_{l=1}^{n_j} S_{\triangle_l^j}$$ 。

3.3.4　实验结果和讨论

利用 Visual C++6.0 实现了点采样模型的调和映射参数化方法，并将此方法应用于点采样模型的纹理映射应用中，如图 3.2 和图 3.3 所示。实验中点采样模型的边界统一参数化为圆形的边界。

(a) Venus 原始模型　　　(b) 基于调和映射球面中值性质的参数化　　　(c) 基于球面性质的参数化纹理映射

图 3.2　Venus 模型调和映射球面中值性质的参数化

　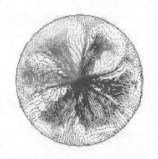　

(a) Screw driver 原始模型　　(b) 基于调和映射球面中值性质的参数化　(c) 基于球面性质的参数化纹理映射

图 3.3　Screw driver 模型调和映射球面中值性质的参数化

为了刻画各种点采样模型曲面经过参数化后产生的变形大小，引进如下的角度扭曲度量（AngleDistort）和面积扭曲度量（AreaDistort）来衡量各种参数化的变形大小。

设点采样模型曲面上采样点 $\boldsymbol{p}$ 经过参数化后，在参数域上的对应参数点为 $\boldsymbol{p}'$，则采样点 $\boldsymbol{p}$ 处的角度扭曲度量和面积扭曲度量分别定义为

$$\text{AngleDistort}(\boldsymbol{p}) = \sqrt{\sum_{\boldsymbol{p}_i,\,\boldsymbol{p}_{i+1}\in N_p}\left(\frac{\cos\angle \boldsymbol{p}_i\boldsymbol{p}\boldsymbol{p}_{i+1} - \cos\angle \boldsymbol{p}_i'\boldsymbol{p}'\boldsymbol{p}_{i+1}'}{\sin\angle \boldsymbol{p}_i\boldsymbol{p}\boldsymbol{p}_{i+1}}\right)^2}$$

$$\text{AreaDistort}(\boldsymbol{p}) = \sqrt{\sum_{\boldsymbol{p}_i,\,\boldsymbol{p}_{i+1}\in N_p}\left(\frac{KS_{\triangle \boldsymbol{p}_i\boldsymbol{p}\boldsymbol{p}_{i+1}} - S_{\triangle \boldsymbol{p}_i'\boldsymbol{p}'\boldsymbol{p}_{i+1}'}}{S_{\triangle \boldsymbol{p}_i'\boldsymbol{p}'\boldsymbol{p}_{i+1}'}}\right)^2}$$

式中，K 为缩放因子。故对整个点采样模型曲面经过参数化后的角度扭曲度量和面积扭曲度量分别定义为

$$\text{AngleDistort} = \sum_{\boldsymbol{p}\in N}\omega_p\,\text{AngleDistort}(\boldsymbol{p})$$

$$\text{AreaDistort} = \sum_{\boldsymbol{p}\in N}\omega_p\,\text{AreaDistort}(\boldsymbol{p})$$

式中，ω_p 表示采样点 $\boldsymbol{p}$ 的权值。

利用上述角度扭曲度量和面积扭曲度量的定义，对三个点采样模型曲面的参数化结果进行了客观的度量，统计结果如表 3.1 所示。从实验和上述统计结果可以得到：基于球面中值性质的调和映射参数化方法可以使得经过参数化后产生的角度扭曲和面积扭曲都比较小，是一种比较有效的点采样模型的参数化方法。

表 3.1　参数化扭曲大小的比较

点采样模型		Venus	Screwdriver	Bunny 头部
采样点总数目		36377	22928	15691
邻域采样点数目		10～39	7～54	3～16
均匀参数化	角度扭曲	1.9965	3.3626	2.4668
	面积扭曲	3.9869	4.1987	3.3222
倒距离参数化	角度扭曲	1.9268	3.5539	2.2416
	面积扭曲	3.9300	4.1326	3.2198
调和参数化	角度扭曲	1.0769	2.6571	1.5714
	面积扭曲	3.7213	3.5122	2.9118

3.4　基于统计的分片参数化方法

为了得到扭曲极小的点采样模型参数化方法,将统计上的一些方法应用到点采样模型参数化中,提出了一种基于统计的分片参数化方法(Miao et al., 2007)。该方法主要包括:首先利用统计上的 K-Means 聚类方法对点采样模型进行聚类,将每一类作为模型的一片,然后利用多维尺度分析技术(Multi-Dimensional Scaling, MDS)对每一片分别进行参数化,最后在纹理空间将参数化后的面片装配起来。

3.4.1　多维尺度分析参数化方法

对于由离散采样点组成的点采样模型面片 $S_k = \{p_1, p_2, \cdots, p_k\}$,通过对曲面片展平,得到面片的参数化。在预处理过程里,利用采样点之间最短路径距离近似代替测地距离。采样点之间最短路径距离可以通过以下基于图论的方法计算:首先,在采样点和邻域点之间建立边,以采样点之间的欧氏距离作为边的权值,建立邻域图;然后,在邻域图上利用 Dijkstra 算法或 Lloyd 算法计算任意点对之间的最短路径长度作为点对之间测地距离的一种近似。

该参数化方法基于 IsoMap 降维技术(Tenenbaum et al., 2000),在统计上也称为多维尺度分析方法。该方法基于数据点之间的平方测地距离矩阵 M,矩阵 M 的元素 m_{ij} 表示点 p_i 和 p_j 之间的平方测地距离。曲面片参数化实质上是建立数据点在二维参数坐标平面上的一种等距嵌入,使得嵌入前数据点之间的平方测地距离和嵌入后参数点之间的平方欧氏距离尽量相同。多维尺度分析方法能够保持曲面片的内在几何特征(Tenenbaum et al., 2000; Zigelman et al., 2002)。

对点采样模型曲面片参数化的多维尺度分析参数化方法可以分为以下几步:

(1)通过计算采样点点对之间的最短距离的平方,代替点对之间的平方测地距离,建立平方测地距离对称矩阵 $M = (m_{ij})_{N \times N}$。

(2) 对平方测地距离矩阵 M 中心化和归一化, 即计算矩阵 $B = -\dfrac{1}{2} JMJ$, 其中矩阵 J 是一个 $N \times N$ 的中心化矩阵, $J = I - \dfrac{1}{N} \mathbf{1}\mathbf{1}^T$, I 是 $N \times N$ 单位矩阵, $\mathbf{1}$ 是长度为 N 的向量 $(1,1,\cdots,1)$。

(3) 对矩阵 B 进行谱分析, 计算矩阵 B 的特征值 $\{\lambda_i\}$ (以降序排列) 和相应特征向量 $\{\mathbf{v}_i\}$, $i = 1,2,\cdots,N$, 记 $\mathbf{v}_i^j$ 为第 i 个特征向量 $\mathbf{v}_i$ 的第 j 个分量。

(4) 第一和第二两个特征向量反映了相应采样点的参数信息。对曲面片上的采样点 $\mathbf{p}_j$, 设其在参数平面上的对应点为 $\overline{\mathbf{p}}_j = (\overline{\mathbf{p}}_j^1, \overline{\mathbf{p}}_j^2)$, 其两个参数坐标为

$$\overline{\mathbf{p}}_j^1 = \sqrt{\lambda_1} \mathbf{v}_1^j, \qquad j = 1,2,\cdots,N$$

$$\overline{\mathbf{p}}_j^2 = \sqrt{\lambda_2} \mathbf{v}_2^j, \qquad j = 1,2,\cdots,N$$

考虑到在统计上解决多维尺度分析嵌入算法的 $O(N^2)$ 的时间复杂度, 在上述参数化过程中, 为了有效地进行参数化, 曲面面片不能过大, 这一限制可以通过对点采样模型适当的分片达到。

3.4.2　实验结果与讨论

在曲面参数化过程中, 为了衡量参数化的好坏, 提出利用采样点之间距离扭曲的加权和来度量:

$$\text{Dist\_Distort} = \frac{1}{\sum_j k_j} \sum_i \text{Dist\_Distort}(i) k_i$$

式中, k_i 表示采样点 $\mathbf{p}_i$ 的邻域点 (不包括采样点本身) 数目; $\text{Dist\_Distort}(i)$ 表示采样点 $\mathbf{p}_i$ 在参数化下的距离扭曲, 可以通过计算 $\mathbf{p}_i$ 的邻域点 $\mathbf{p}_j$ 的平方根扭曲 (root-mean-square stretch) 来计算:

$$\sqrt{\left[\max\left(\frac{d_{\text{geodesic}}(\mathbf{p}_i, \mathbf{p}_j)}{d_{\text{param}}(\overline{\mathbf{p}}_i, \overline{\mathbf{p}}_j)} \right)^2 + \min\left(\frac{d_{\text{geodesic}}(\mathbf{p}_i, \mathbf{p}_j)}{d_{\text{param}}(\overline{\mathbf{p}}_i, \overline{\mathbf{p}}_j)} \right)^2 \right] \Big/ 2}$$

式中, $d_{\text{param}}(\overline{\mathbf{p}}_i, \overline{\mathbf{p}}_j)$ 表示二维参数坐标 $\overline{\mathbf{p}}_i$ 和 $\overline{\mathbf{p}}_j$ 之间的欧氏距离; $d_{\text{geodesic}}(\mathbf{p}_i, \mathbf{p}_j)$ 表示三维采样点 $\mathbf{p}_i$ 和 $\mathbf{p}_j$ 之间的测地距离。

点采样模型多维尺度分析参数化的例子如图 3.4 (见插页), 在参数化的例子中, 为了使扭曲极小, 参数化的边界采用自然边界定义。在实验中, 将本节提出的多维尺度分析参数化方法和 Floater 等 (2001) 的 Meshless 参数化方法 (包括 Floater 均匀参数化和倒距离参数) 进行比较, 结果表明多维尺度分析参数化方法导致的距离扭曲较小, 如图 3.5 所示。另外, 图 3.6 (见插页) 中给出了对 Bunny 模型分片参数化的结果。

（a）Bunny 模型上一片　（b）用多维尺度分析参数化，　（c）用 Floater 均匀参数化，　（d）用 Floater 倒距离参数
　　　　　　　　　　距离扭曲为 1.1112　　　　距离扭曲为 1.2156　　　　化，距离扭曲为 1.1652

图 3.4　Bunny 模型的单片参数化

 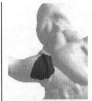   

图 3.5　参数化 Santa 模型的两片

左图：用聚类方法得到的模型分片结果。右上图：对 Santa 模型的第一片分别采用本章的方法参数化（距离
扭曲为 1.0723），Floater 均匀参数化（距离扭曲为 1.1674），和 Floater 倒距离参数化（距离扭曲为 1.1170）的
结果比较。右下图：对 Santa 模型的第二片分别采用本章的方法参数化（距离扭曲为 1.1263），Floater 均匀
参数化（距离扭曲为 1.2395）和 Floater 倒距离参数化（距离扭曲为 1.1809）的结果比较

（a）原始 Bunny 模型　　（b）基于第一主方向的模型分片　　（c）分片参数化形成纹理图集

图 3.6　Bunny 模型的分片参数化结果

3.5 本章小结

本章提出了基于调和映射的参数化方法和基于统计的参数化方法。在基于调和映射的参数化方法中,利用调和映射球面中值性质导出了参数化映射的一种新的权因子确定方法,实验结果和统计数据表明,基于调和映射的参数化方法使参数化后产生的扭曲较小。在基于统计的参数化方法中,充分利用 IsoMap 的降维技术,将统计上的多维尺度分析方法应用在点采样模型参数化中,使得模型采样点之间的平方测地距离和参数化后参数点之间的平方欧氏距离扭曲极小,从而得到了较好的参数化结果。实验结果和统计数据表明,与 Floater 的参数化方法相比较,多维尺度分析参数化方法使得参数化后的距离扭曲更小,是一种有效的点采样模型的参数化方法。

第4章 点采样模型的分片方法

本章在分析三维数字模型分片的基础上，提出了针对点采样模型的两种分片方法——基于采样点 K-Means 聚类的分片方法(Miao et al., 2007)和基于 Level Set 的交互式分割方法(肖春霞等, 2005)。本章 4.1 节分析了点采样模型分片的研究背景；4.2 节简要介绍了点采样模型分片的一些相关工作；在此基础上，4.3 节提出了基于 K-Means 聚类的点采样模型分片方法；4.4 节提出了基于 Level Set 的点采样模型交互式分割方法；4.5 节是本章小结。

4.1 三维模型的分片概述

在计算机图形学中，一个复杂的三维数字模型(包括网格模型或点采样模型)可以分解成若干面片或者若干部件。三维模型分解在数字几何处理的许多方面都起着重要作用，如形状识别、曲面重建、曲面参数化、编辑造型等(Levy et al., 2002; Shlafman et al., 2002; Katz et al., 2003; Yamauchi et al., 2005a)。

三维数字模型的分片方法根据其分片目的的不同可以分为两类(Shamir, 2004)：基于面片的分片(patch-type segmentation)和基于部件的分片(part-type segmentation)。基于面片的分片是指将模型分成若干面片，每一面片都与拓扑圆盘同构，该方法分解得到的面片适用于曲面重建、曲面参数化、纹理映射、模型重网格化等应用中(Levy et al., 2002; Gal et al., 2006)。基于部件的分片是指将模型根据其显著特性进行分解，模型的显著特性通常是指模型的特征敏感区域或曲率较高的区域，可以将模型沿着这些区域进行分解，将整个模型分解成有意义的若干部分，以方便随后进行的几何处理，该方法得到的分解结果适用于形状识别、编辑造型等(Mangan et al., 1999; Katz et al., 2003)。

三维网格模型的分片通常采取面片聚类和区域增长等方法(Botsch et al., 2007)。面片聚类方法在分析模型相邻三角面片的各种属性的基础上，根据应用的需要将属性相近的面片聚类，最终达到分片的目的，此类方法比较适合基于面片的模型分片。区域增长是指从初始面片出发，将满足一定约束的面片加入进来或对分割界面按照一定方式演化来达到分片的目的，此类方法比较适用于基于部件的模型分片。

对于三维点采样模型，由于没有显式的拓扑邻接关系，依赖于邻接关系的针对网格模型的各种分片方法难以直接推广到点采样模型分片中，给模型分片工作带来了一定的难度，这方面的研究工作还很少，这是一个非常有前景的研究方向。Yamazaki 等(2006)利用图切割(graph cutting)技术将特征点(super-nodes)进行分割，提出了直接针对离散点采样模型的一种分割方法。然而，该方法依赖于特征的定义，在分割过程中有时会产生分割数据的残缺现象。

由于三维点采样模型表面的采样点数据是通过非均匀采样方式获取的，采样点任意地分布在模型表面上，每个采样点存储为孤立的散乱点。这一特点启发我们进一步研究统计方法在点采样模型分片中的有效应用，提出了利用统计聚类的思想分割点采样模型的方法。另外，在点采样模型的基于面片的分片中，所分割得到的面片的平坦性和紧致性约束是至关重要的。该类分片方法比较适用在模型参数化、纹理映射等应用，面片的平坦性能够使得随后进行的参数化过程产生的变形扭曲较小，而面片的紧致性可以有效地避免分割数据的残缺现象。基于这两方面的考虑，提出利用点采样模型的平坦性约束和紧致性约束，通过 K-Means 聚类，将模型分割成若干面片的基于面片的分片方法。在衡量面片的平坦性的标准中，不仅可以利用采样点的法向来衡量，将模型按法向分片；也可以利用采样点的主方向来衡量，将模型按主方向进行分片。

Level Set 方法在二维图像分割中已经得到了广泛应用(Sethian, 1999)，研究其在三维模型中的应用，特别是在针对三维模型分割中的应用是一个值得研究的课题。在点采样模型的基于部件的分片中，模型的高曲率区域是视觉感知比较敏感的区域，通常可以认为是模型不同部分的分界线，为达到将模型沿高曲率区域分解成若干部分的目的，提出了一种基于部件的分片方法，该方法利用 Level Set 演化机制，通过控制在演化过程中界面(interface)的演化速度将模型最终沿高曲率区域分片。在基于 Level Set 的分片中，模型的面片是通过界面演化得到的，可以有效地避免分割数据的残缺现象。

4.2　三维模型的分片方法

三维模型的分割在计算机图形学和数字几何处理中得到广泛研究，研究者针对不同的应用提出了许多分割方法，如聚类方法、区域增长方法、分水岭分割(watershed segmentation)方法、几何 Snake 方法等。但是，这些方法主要是针对网格模型提出来的，针对点采样模型的分割方法并不多。

针对三角网格模型，研究者提出了许多分片的方法。一种网格的自动分割方法是基于面片的聚类方法，将网格上具有相近法向的相邻三角面片聚类，将模型分成若干部分(Maillot et al., 1993; Garland et al., 2001)。Liu 等(2004)提出利用谱聚类分析的方法对网格模型进行分片，使分割沿着模型的凹部进行。Shlafman 等(2002)提出了基于 K-Means 聚类的方法，该分解基于相邻三角面片之间的二面角和物理距离。Katz 等(2003)基于网格模型的对偶图顶点的测地距离和角度偏差，利用模糊聚类方法，分层次分解整个网格，然后用图切割技术优化分割边界，将模型分成有意义的部分。Sander 等(2003)通过在网格对偶图利用 Dijkstra 搜索算法，提出了一种网格模型的分片方法。Yamauchi 等(2005b)对网格面片的法向进行 Meanshift 聚类的分割方法。Ji 等(2006)根据特征敏感度量——Isophotic 度量，采用区域增长的方式将模型沿着特征明显的区域（如模型的谷线）方便地分解成前景部分（foreground）和背景部分（background）。网格分割的另一种方法是基于区域增长的方法，基于面片的平坦性（planarity）和紧致性（compactness）约束，从初始面片出发，将满足约束的面片加入进来，不断扩展面片（Sander et al., 2001）；或不断增长面片直至面片边界到达模型的高曲率特征线（Levy et al., 2002）。为了使得分割得到的面片相对平坦，Yamauchi 等（2005b）提出利用面片可展性对模型进行分割的方法，首先提出了积分高斯曲率（integrated Gaussian curvature）的概念，然后通过在面片上均匀扩散高斯曲率的过程达到分片的目的。

图像分割是在计算机视觉和医学图像处理中的基本问题，它是指将二维图像根据其视觉特征分解成若干部分。将图像分割的一些方法推广到三维模型的分割，研究者提出了分水岭分割方法（Mangan et al., 1999; Page et al., 2003）和几何 Snake 方法（Lee et al., 2002）。Kass 等（1988）提出了用于图像分割的称为 Snake 的一种主动轮廓模型（active contour model）方法，Snake 可表示为图像上的一个参数曲线，其最终位置可以通过一个能量极小过程得到，该模型能够半自动地检测图像的一些重要特征。将图像 Snake 的主动轮廓方法推广到三维几何模型，Lee 等（2002）提出了几何 Snake 方法，该方法通过极小化能量函数，将特征附近的分割曲线滑动至模型的特征线，从而可用于三维网格模型的交互式特征检测和模型分割。

4.3　基于聚类的点采样模型分片方法

一般来说，给定点采样曲面 S，聚类分片的目的是将曲面 S 分成 k 个互不相交的部分 $S_1, S_2, \cdots, S_k$，且它们的并组成整个曲面 S，即 $\bigcup_{i=1}^{k} S_i = S$，且对于 $i \neq j$ 有 $S_i \bigcap S_j = \Phi$。

点采样模型由离散点云组成，不包含任何拓扑连接信息，使得依赖于拓扑信息的网格模型的分片方法难以直接应用到点采样模型分片中。本节提出一种基于统计的分片方法——K-Means 聚类分片（Miao et al., 2007）。该聚类分片基于以下假设：对于欧氏距离相近和局部微分属性角度偏差较小的采样点很有可能位于同一片。这个假设能够生成紧致的平坦面片，从而使得在随后进行的参数化过程中扭曲减小。

定义采样点 p_i 和 p_j 之间的角度偏差为

$$\text{ang\_Diff}(p_i, p_j) = 1 - \cos^2 \alpha_{ij}$$

式中，α_{ij} 是采样点 p_i 和 p_j 处的局部微分方向之间的夹角。采样点处的局部微分方向是指采样点处的法向和主曲率方向等。较大的 ang_Diff 值意味着采样点处的局部微分方向偏差较大，采样点可能分属不同的面片；反之，较小的 ang_Diff 值意味着采样点处的局部微分方向较接近，采样点可能属于同一面片。

这种模型分片方法旨在将整个模型分成 k 个互不相交的子面片。每一个子面片 S_i 由其中心 C_i 表示。定义子面片中心点 C_i 处的局部微分方向为

$$\text{direct}(C_i) = \sum_{\boldsymbol{p}_j \in S_i} \theta(\boldsymbol{p}_j, C_i)\text{direct}(\boldsymbol{p}_j)$$

式中，$\theta(\cdot,\cdot)$ 表示高斯权值或归一化高斯权值。聚类的目标是使得每一个采样点到其最近中心点的距离极小：

$$\min F$$

式中，目标函数为

$$
\begin{aligned}
F = &\lambda \sum_{C_i} \sum_{\boldsymbol{p}_j \in S_i} \text{Euclid\_Dist}^2(\boldsymbol{p}_j, C_i) / \text{num} \\
&+ (1-\lambda) \sum_{C_i} \sum_{\boldsymbol{p}_j \in S_i} \text{ang\_Diff}(\boldsymbol{p}_j, C_i) / \text{num}
\end{aligned}
\tag{4.1}
$$

其中 num 为模型的采样点数目。目标函数 F 中的第一项为度量子片上的采样点和子片中心点之间的平方欧氏距离。极小化欧氏距离使得同一片的采样点之间的物理距离较小，可以确保分解后的面片是紧致的面片。然而，若仅考虑第一项将使得具有较大角度偏差但距离较近的采样点分在同一片，从而不能保证面片的平坦性。反过来，目标函数 F 中的第二项度量了子片上的采样点和子片中心点之间的角度偏差。极小化角度偏差使得同一片的采样点之间的微分属性（如法向、主方向等）近似相同，可以确保分解后的面片是较平坦的面片。然而，若仅考虑第二项将使得具有较小角度偏差但距离较远的采样点分在同一片，从而不能保证面片的紧致性。

对每一面片的紧致性和平坦性通过权因子 λ 进行折中处理。$\lambda = 1$ 意味着完全根据欧氏距离对模型进行聚类分片，而 $\lambda = 0$ 意味着完全根据角度偏差进行聚类分片。不同的权值 λ 将得到不同的分片结果，如图 4.1（见插页）和图 4.2（见插页）所示。图 4.2 表明较大的权值 λ 将强调面片的紧致性，而较小的权值 λ 将强调面片的平坦性（按照主曲率方向度量）。可以根据特定的应用和特定的模型选取适当的权值进行模型的分片。

(a) Venus 模型　(b) 仅根据欧氏距离分片（$\lambda = 1.0$）(c) 利用距离和法向加权分片（$\lambda = 0.3$）(d) 仅根据法向分片（$\lambda = 0.0$）

图 4.1　利用距离和法向加权的 K-Means 聚类分片实例

上述优化问题是一个 NP 难题，目前尚无非常有效的求解方法，只能利用一些近似的方法。一种比较常用的启发式的方法是基于迭代求解，寻求一个局部极小的解。基于迭代求解的方法中，比较有名的是利用 K-Means 聚类方法或广义 Lloyd 算法。

(a) Rabbit 模型　(b) 仅根据欧氏距离分片（$\lambda=1.0$）　(c) 用距离和第一主曲率方向加权分片（$\lambda=0.8$）　(d) 用距离和第一主曲率方向加权分片（$\lambda=0.5$）　(e) 用距离和第一主曲率方向加权分片（$\lambda=0.3$）　(f) 仅根据第一主曲率方向分片（$\lambda=0.0$）

图 4.2　利用距离和第一主曲率方向加权的 K-Means 聚类分片实例

　　将 K-Means 聚类的思想应用到点采样模型聚类分片中，可以按照以下步骤进行：首先，在模型上随机选取 k 个初始中心点。其中面片的片数 k 可以根据模型采样点的数目和整个模型的复杂程度确定；然后，根据采样点和其中心点之间的距离 F 极小这一判据，将模型的所有采样点分成 k 个区域；最后，算法将新产生的每一个区域的中心点作为新的中心点，再以采样点和其新的中心点之间的距离 F 极小作为约束，对模型进行新的分片。此过程反复进行直至获得满意的分片结果。

　　然而，由于计算最近邻域中心点非常耗时，直接利用上述 K-Means 聚类方法效率较低。为了提高聚类算法的效率，采用一个过滤 K-Means 聚类(filtering K-Means)方法(Kanungo et al., 2002)。该方法先将离散采样点组织成 Kd-树，Kd-树描述了一种层次结构，将采样点集按照其包围盒进行分解，分解是沿坐标轴方向的超平面进行的，Kd-树的每一个节点均有一个相应的包围盒。K-Means 聚类根据包围盒进行，位于 Kd-树顶层的候选中心点由 K 个初始中心点组成，当沿着 Kd-树遍历时，每一个节点的候选点按照一定原则被剪取或过滤，所有采样点被赋予相应的最近中心点，此过程反复迭代进行，直到得到满意的分片。

　　分别对不同的模型按照不同的聚类标准进行分片，见图 4.1、图 4.2 和图 4.3（见插页）。在聚类分片中，权因子 λ 意味着分片标准中面片的紧致性和平坦性约束的权衡，不同的权值意味着不同的分片标准，从而将得到不同的分片结果。较大的 λ 值表示分片过程中强调面片的紧致性，而较小的 λ 值则表示分片过程中强调面片的平坦性。图 4.1 所示为利用距离和采样点法向加权的聚类分片，较小的 λ 值可以使模型按照法向进行分片。图 4.2 和图 4.3 分别显示了利用距离和主曲率方向加权的聚类分片，从图中可以明显地看到较小的 λ 值使得模型沿着主方向进行分片。

(a) Horse 模型　　(b) 仅根据欧氏距离　　(c) 用距离和第二主　　(d) 用距离和第二主　　(e) 仅根据第二主曲
　　　　　　　　　　分片（$\lambda=1.0$）　　曲率方向加权分片　　曲率方向加权分片　　率方向分片
　　　　　　　　　　　　　　　　　　　　（$\lambda=0.8$）　　　　（$\lambda=0.4$）　　（$\lambda=0.0$）

图 4.3　利用距离和第二主曲率方向加权的 K-Means 聚类分片实例

4.4　基于 Level Set 的交互式区域分割方法

4.4.1　Level Set 方法

Level Set 方法主要是从界面传播和演化研究领域中逐步发展起来的，它是处理封闭运动界面随时间演化过程中几何拓扑变化的有效工具。Osher 等（1988）首先提出了依赖于时间运动界面的 Level Set 方法。主要思想是把演化的界面作为零等值面嵌入高一维的场函数中，通过嵌入场的演化实现界面的演化，从而解决了传统方法中难以处理的界面拓扑改变问题。Level Set 方法自提出以来，已在图像处理、计算机视觉、计算机图形学和科学计算可视化等领域得到了广泛的应用（Sethian, 1999）。Level Set 方法可通过如下方程描述。

设 $S(t)$ 为一个可以随时间变化的界面，可以将其嵌入三维空间并隐式地表示为随时间变化的标量场函数 $\phi(\boldsymbol{x},t)$ 的一个等值面，即

$$S(t)=\left\{\boldsymbol{x}(t)\big|\phi(\boldsymbol{x}(t),t)=k\right\} \tag{4.2}$$

式中，$k\in\mathrm{R}$ 是标量值；$t\in(0,+\infty)$ 是时间；$\boldsymbol{x}(t)\in\mathrm{R}^3$ 是等值曲面上的一个点；$\phi(\boldsymbol{x},t)$ 为 Level Set 函数，通常其零等值面表示目标界面，即 $k=0$。

$$\varGamma(t)=\left\{\boldsymbol{x}(t)\big|\phi(\boldsymbol{x}(t),t)=0\right\}$$

将式 (4.2) 两边对时间 t 求导，可以得到运动的超曲面（嵌入标量场）的演化方程为

$$\phi_t+F\big|\nabla\phi\big|=0，\quad\phi(\boldsymbol{x},t=0)=\text{given} \tag{4.3}$$

下面考虑一种界面运动的特殊情况，即运动速度 $F>0$。式 (4.3) 由一个与时间相关的方程转化为一个与时间无关的静态方程，假定 T 是界面经过一个三维空间指定点 (x,y,z) 的时间函数，则函数 T 满足如下的方程：

$$\big|\nabla T\big|F=1 \tag{4.4}$$

它是 Eikonal 方程的一种形式，其直观是到达时间的梯度和界面的运动速度成反

比。求解以上方程最常用的方法是 Sethian 提出的 Fast Marching 方法 (Sethian, 1999)：
要得到式 (4.4) 中的到达时间 T，等价于求解下面的二次方程：

$$|\nabla T| \approx$$

$$\sqrt{\max(D_{ijk}^{-x}T, 0)^2 + \min(D_{ijk}^{+x}T, 0)^2 + \max(D_{ijk}^{-y}T, 0)^2 + \min(D_{ijk}^{+y}T, 0)^2 + \max(D_{ijk}^{-z}T, 0)^2 + \min(D_{ijk}^{+z}T, 0)^2}$$

$$= \frac{1}{F_{ijk}} \tag{4.5}$$

式中，$D^{+x}, D^{-x}, D^{+y}, D^{-y}, D^{+z}, D^{-z}$ 分别是 x, y, z 轴方向上的向前和向后差分算子。
式 (4.5) 可以采用 Rouy 等 (1992) 所提供的迭代方法求解。将在 4.4.2 节中简述如何用
Fast Marching 方法快速求解式 (4.4)。

4.4.2 点采样模型测地线求取和交互式区域分割

测地线是曲面上的直线，所以曲面上两点之间的测地线一定是曲面上连接这两点
的最短路径，但是反之不成立。在不引起混淆的前提下，在本章中使用测地线的概念。
在计算机图形学、图像处理、计算机视觉、计算几何、计算神经系统科学中，两点之
间的测地线有着广泛的应用。Kimmel 等 (1998) 给出了基于 Level Set 方法的三角形网
格上测地线的计算方法，但是该算法只能处理锐角三角形的情况；Memoli 等 (2001)
提出了隐式曲面上距离函数和测地线的计算方法，但该方法难以直接推广到点采样曲
面。这是因为点采样曲面通常存在噪声和采样不均匀的区域，它会导致在 Level Set
求解过程中出现数值不稳定和精度降低的问题。为了能够将 Level Set 方法用于点采样
曲面上的测地线计算，按数值精度的要求对点采样曲面进行均匀重采样。首先介绍基
于 Level Set 方法的测地线计算原理，然后介绍基于移动最小二乘 (MLS) 方法的均匀重
采样技术，最后给出测地线算法的具体计算步骤 (肖春霞等, 2005)。

1. 测地距离函数的求取

设 M 为表示距离函数 $\phi:\mathrm{R}^m \to \mathrm{R}$ 的零等值面所形成的一个闭曲面。以曲面 M 上的
点为中心，以 r 为半径的球构成了包围曲面 M 的有界的窄带 Ω：

$$\Omega := \bigcup_{x \in M} B(x, r) = \left\{ x \in \mathrm{R}^m \,\big\|\, |\phi(x)| \leqslant r \right\} \tag{4.6}$$

如果 M 为一光滑曲面且半径 r 足够小，则 Ω 为一个有光滑边界的流形。为了计
算曲面 M 上点 p 到一个源点 q 的测地距离函数，Memoli 等 (2001) 将窄带 Ω 嵌入到一
个足够大的均匀笛卡儿网格中，使之能够包含窄带 Ω (图 4.4)。然后在 Ω 上采用 Fast
Marching 方法计算出 Ω 中各个网格点到初始网格点的欧氏距离。为了能够在 Ω 上利
用 Fast Marching 方法，Memoli 等 (2001, 2002) 已证明 r 需大于等于 $\Delta x \sqrt{d}$，其中 Δx 为
笛卡儿网格的大小，d 为空间维数。该算法从理论上得到的结果为

$$\left| d_M(\boldsymbol{p},\boldsymbol{q}) - d_{\Omega_r}(\boldsymbol{p},\boldsymbol{q}) \right| \leqslant cr$$

式中，$d_M(\boldsymbol{p},\boldsymbol{q})$ 表示在曲面 M 上两点之间的内蕴距离；$d_{\Omega_r}(\boldsymbol{p},\boldsymbol{q})$ 表示在窄带 Ω_r 中两点之间的欧氏距离；c 为常数。由此可见，半径 r 与 Level Set 方法所得结果的数值精度成正比。

　　然而，通过各种数据获取手段得到的点采样曲面通常存在噪声，而且采样密度也不均匀，如存在小孔。对于这样的点采样曲面直接利用 Level Set 方法，则难以得到高精度结果。这是因为如果半径 r 较小时，以 r 为半径的球构成的曲面 M 的窄带 Ω_r 不能成为一个连续的区域，如图 4.4(c) 所示。在进行 Level Set 演化时，等值面将绕过一些孤立的网格，使得计算结果不正确，见图 4.7(a)，甚至使得计算无法进行下去。当然可以通过增加 r 以形成连续窄带 Ω_r，但这样将会降低计算测地距离的精度，同时增加计算量。类似地，在处理有噪声的点采样曲面时也存在相同的问题。

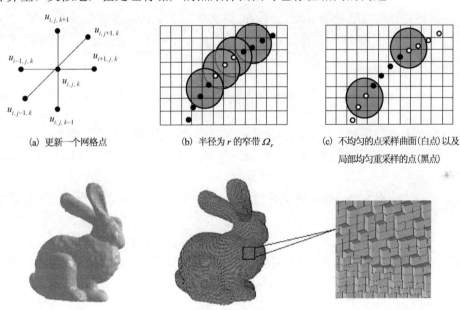

(a) 更新一个网格点　　(b) 半径为 r 的窄带 Ω_r　　(c) 不均匀的点采样曲面(白点)以及
局部均匀重采样的点(黑点)

(d) 点采样曲面 Bunny　　(e) 将 Bunny 上生成的窄带 Ω_r 嵌入到离散距离场中　　(f) 离散距离场的局部放大

图 4.4　点采样曲面的窄带生成和嵌入

　　为了解决上述两个问题，通过移动最小二乘局部重建算法，根据上述窄带，对重建后的点采样曲面进行均匀重采样，其中主要是对采样稀疏的区域进行加密采样；同时，该方法还可以有效地降低点采样曲面的噪声，从而实现测地距离高精度和快速计算。

2. 点采样模型局部重采样与去噪

Levin（1998, 2004）提出了 MLS 局部拟合的概念，它可以用于点采样曲面的局部重采样和去噪声。设散乱点集 $P = \{p_i = (x_i, y_i, z_i), i = 1, 2, \cdots, n\}$，连续的 MLS 曲面隐式地定义为一个投影算子 $\Psi(p, r)$ 的静态集合，这个投影算子将 $r \in R^3$ 投影到 MLS 曲面 $S = \{x \in R^3 \mid \Psi(p, x) = x\}$ 上。投影算子的定义分为两步。

首先根据散乱点集 P 拟合一个局部参照平面：

$$H = \{x \in R^3 \mid x \cdot n - D = 0\} \tag{4.7}$$

该参照平面可以通过最小化如下所示的平方距离函数得到：

$$\sum_{p \in P} (p \cdot n - D)^2 \phi(\|p - q\|) \tag{4.8}$$

式中，q 是 r 在平面 H 上的投影；ϕ 是 MLS 核函数，通常取 $\phi(t) = \exp(-t^2 / h^2)$；以 q 为原点在参考平面 H 上建立一个局部坐标系，将点集 P 内的散乱点变换到这个局部坐标系中。

然后建立一个双变量的多项式 $g(x, y)$ 局部逼近点集 P。设 q_i 是 p_i 在平面 H 上的投影，f_i 是 p_i 在平面 H 上的高度，即 $f_i = n \cdot (p_i - q)$。通过最小化如下所示的加权平方距离函数：

$$\sum_{i=1}^{N} (g(x_i, y_i) - f_i)^2 \theta(\|p_i - q\|) \tag{4.9}$$

可以得到 $g(u, v)$ 的系数，其中 (x_i, y_i) 是 q_i 在平面 H 上局部坐标系中的坐标；则 r 在 MLS 曲面 S 上的投影为 $\Psi(p, r) = q + g(0, 0) \cdot n$，具体细节可参看文献（Alexa et al., 2001）。

通过对重建得到的 MLS 曲面进行重采样，就可以实现对源模型中采样稀疏的点集进行加密采样。具体实现方法为：首先计算出每个点 p_i 处的稠密度 ρ_i，设与 p_i 距离最小 K 个点集 P_i 的包围球半径为 r_i，则点 p_i 的稠密度 ρ_i 可以定义为 $\rho_i = K / r_i^2$。为比较准确地获得 ρ_i，通常取 $K = 20$，而 K 个最近点的搜索可以采用 Kd-树或者八叉树进行加速；然后采用快速排序法对每个点的稠密度进行排序，对稠密度小的点的邻域首先进行重采样。

根据 MLS 曲面重建方法，可以获得一个局部拟合点集 P_i 的双变量多项式 $g_i(u, v)$。设 $p_j \in P_i$ 在参照平面 H 上的投影为 v_j，则可以在 H 上计算出一个最小的矩形包围盒 R_i 包围 $V = \{v_j\}$。对 R_i 进行均匀剖分，每个剖分点 (u_i, v_j) 在多项式上对应 $g_i(u_i, v_j)$，将点 $g_i(u_i, v_j)$ 由局部坐标系变换回原坐标系中，作为一个新的采样点添加到源模型中。假设预先设置的笛卡儿网格的大小为 Δx，则对 R_i 进行剖分时每个小方格的大小 Δd 应小于 $\dfrac{\sqrt{3}}{2}\Delta x$ 以保证 Level Set 方法能够有效实现，如图 4.5 所示。与已有方法不同，Alexa 等（2001）为了得到高质量的点采样曲面绘制效果，采用 Voronoi 图的方法来进行均匀采样。但本节算法是为了获得一个有效的点采样密度，使得 Level Set 方法能够有效实现，所以重采样算法更简单，且容易控制重采样密度。

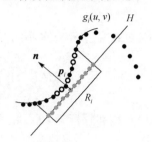

图 4.5　点采样模型的 MLS 拟合和重采样

图中 H 为参照平面，灰色点为 R_i 中的均匀剖分点，白色点为 $g_i(u,v)$ 上的重采样点

为了高效地最小化式(4.8)，设 $q = r + tn$，则式(4.8)可写为

$$\sum_{i=0}^{N} \langle n, p_i - r - tn \rangle^2 \theta \left(\| p_i - r - tn \| \right) \tag{4.10}$$

式(4.10)可以通过 Powell 迭代方法求解。为了获得一个好的迭代初值，设 $t = 0$，法向量 n 的初值通过协方差分析方法得到。协方差分析方法是用来估计一个局部邻域中点集的曲面性(Pauly et al., 2002)。与 Alexa 等(2001)通过迭代方法给出 n 初始值的方法相比，这种算法不需要迭代，实验证明这样处理稳定高效。

由于原始模型或者重采样后的模型可能会有噪声，采用 Alexa 等(2001)提出的去噪声算法对点采样曲面去噪声，该算法的主要思想是根据各个点对 MLS 的距离大小进行排序，将距离大的点作为噪声点。图 4.6 所示为重采样和去噪的一个实例。

(a) 从扫描系统得到的原始模型　　　(b) 点采样模型重采样结果　　　(c) 对重采样后的模型进行去噪的结果

图 4.6　点采样模型重采样和去噪

通过对原始模型进行重采样和去噪声后，以模型上的每个点为中心，以 r 为半径的球构成了曲面 M 的一个有效窄带 Ω_r。取 $r \geqslant \sqrt{3}\Delta x$，则 Level Set 方法可在窄带 Ω_r 上有效实现；然后采用改进的 Fast Marching 方法计算出窄带 Ω_r 上各个网格点到初始网格点的测地距离。计算步骤如下。

(1)将窄带 Ω 中用户指定的种子网格点 (i,j,k) 作为初始点，将其标为 ALIVE，其值 $T(i,j,k)$ 为零，将与网格点 (i,j,k) 相邻，且位于 Ω 内的网格点标为 CLOSE 点，将 Ω 中其他的网格点标为 FAR。

(2)设 TRIAL 为所有标为 CLOSE 的 T 距离最小的网格点，将其从 CLOSE 中删除，并标为 ALIVE。

(3)将与 TRIAL 相邻且属于 Ω 但不为 TRIAL 的网格点标为 CLOSE，且将其从 FAR 中删除。

(4)采用式(4.5)更新与 TRIAL 相邻且标为 CLOSE 的点。

(5)再回到第(1)步继续循环。

这样便能得到 Ω 中各个网格点到初始网格点的测地距离，在计算时设曲面沿法向量以单位速度演化，即 F 取为单位速度。采用最小堆结构来加速计算。该算法的时间复杂度为 $O(N \log_2 N)$ ，N 为 Ω 中网格点的数目。从图 4.7(a)中可以看出，局部采样不均匀会导致测地线计算误差增大。

 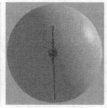 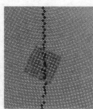 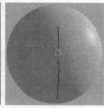 

| (a) 没有经过重采
样获得的测地线 | (b) 在重采样曲面
上获得虚拟测地线 | (c) (b)图局部放大 | (d) 原模型最终
的测地线 | (e) (d)图局部放大 |

图 4.7　点采样模型测地线的计算

3. 点采样模型的测地线求取

给定曲面上的两个点 (p_1, p_2) ，连接 p_1 和 p_2 两点在曲面上的最短路径为 p_1 和 p_2 之间的测地线。测地线是相对应于内蕴函数梯度方向的积分曲线，通过从目标点到原点沿着梯度下降方向反向传播(back propagate)而获得测地线路径。即

$$\frac{dX(s)}{ds} = -\nabla T \tag{4.11}$$

先看一般情况。设 $z(x,y)$ 为一张曲面，$u(x,y)$ 为曲面上点 $(x,y,u(x,y))$ 到初始点 $A(x_0, y_0, u(x_0, y_0))$ 的测地距离。记 $(p,q) = \nabla z$ ，则曲面的法向量为 $N = (-p, -q, 1) / \sqrt{1 + p^2 + q^2}$ 。设 $\Gamma(t)$ 为当前的测地等距曲线，设 T 为此曲线的切线，则由文献(Sethian, 1999)可知 T 为

$$T = \frac{(-u_y, u_x, qu_x - pu_y)}{\sqrt{u_x^2 + u_y^2 + (qu_x - pu_y)^2}} \tag{4.12}$$

因此可以通过求解如下的一个常微分方程，构建从目标点 $\boldsymbol{B}$ 沿梯度下降方向反向传播到 A 的测地线：$X_t = -\Pi \circ (N \times T)$，其中投影算子 $\Pi \circ (x, y, z) = (x, y)$。给定 $X(0) = \boldsymbol{B}$，将 N 和 T 代入式 (4.12) 可得

$$X_t = -\frac{(u_x(1+q^2) - pqu_y,\ u_y(1+p^2) - pqu_x)}{\sqrt{(1+p^2+q^2)(u_x^2 + u_y^2 + (qu_x - pu_y)^2)}} \tag{4.13}$$

以 $\boldsymbol{B}$ 点为中心，取 K 个与其距离最短的非空的网格点 V1。由于每个非空的网格点可能包含模型中的一个或者多个点，所以可取这些点的平均作为此网格点的空间坐标。可以采用 MLS 方法在局部坐标系中建立一个三次曲面：

$$Z(x, y) = ax^3 + by^3 + cx^2y + dxy^2 + ex^2 + fy^2 + gxy + hx + iy + j \tag{4.14}$$

来拟合这 K 个点。记其中每个点的距离函数值是 $u_i(x, y)$，同样可以建立一个三次曲面来拟合这 K 个点：

$$u(x, y) = ax^3 + by^3 + cx^2y + dxy^2 + ex^2 + fy^2 + gxy + hx + iy + j \tag{4.15}$$

设 V1 在局部坐标系 XY 平面上的投影为 V1$_p$，V1$_c$ 是一条包围 V1$_p$ 的最小曲线。使用 Heun's 积分方法求解测地线 X。设 $\boldsymbol{B}$ 在 XY 平面上的投影为 D1，根据 $\boldsymbol{B}$ 的稠密度自适应地选取迭代步长，每迭代一次，D1 移至 D2，获得一个点 $Z(\text{D2})$，再将点 $Z(\text{D2})$ 转换到原坐标系中作为 X 中的一个点，当 D2 离开包围曲线 V1$_c$ 时进入下一步，再以 D2 所对应的 $Z(\text{D2})$ 为中心在原模型中获得与之最近 K 个非空网格点，建立一个新局部坐标系，重复以上步骤，直到 X 最终到达初始点 A。

这样，就在源模型上构造了一条虚拟测地线 X。为求出源模型对应于测地线上的点，对 X 中的每个点 D1，在源模型上找到与之最近的点作为源模型上测地线的点，即可生成源模型的测地线，如图 4.7 所示。为提高算法的稳定性和更好地拟合局部点采样曲面，在计算时 K 通常取为 15～20。一般来说，单位球上两点之间的测地线是经过两点的大圆之间的曲线段，从图 4.8(a) 中可以看出求测地线的算法是准确的。从图 4.8(c) 和图 4.8(d) 可以看出，测地线与测地等值曲线的切线垂直，从而验证了前面的分析。

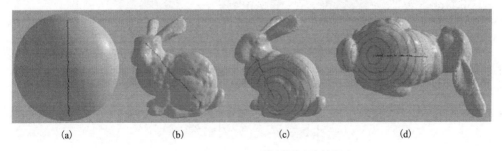

（a）　　　　　　　（b）　　　　　　　（c）　　　　　　　（d）

图 4.8　球面和 Bunny 模型测地线的提取

图(a)为单位球面上两点之间的测地线是经过两点的大圆之间的曲线,我们的方法很好地逼近了两点之间的测地线;图 4.8(b)为 Bunny 上两点之间的测地线;图 4.8(c)和图 4.8(d)中环状曲线为测地等距曲线,平直线为测地线。

这种测地线算法有如下几个特点。首先,新的方法通过对点采样曲面进行重采样和去噪声,为点采样曲面建立一个连续的窄带 Ω_r,使得 Fast Marching 算法能够在窄带 Ω_r 上实现,因此,该算法能够比较精确地计算有噪声、分布不均匀的点采样模型的测地线。而且可以根据用户所需测地线精度的不同,自适应地对模型进行重采样。当 r 趋向无穷小时,使得 Ω_r 变得无穷薄成为可能。其次,点采样曲面经过重采样和去噪声后,可以取到 r 的最小值,即 $r = \sqrt{3}\Delta x$。由于窄带变薄,所以减少了窄带 Ω_r 中的网格数目,提高了速度和测地线的计算精度。再次,在计算点采样曲面的测地线时,通过局部曲面重建,按照测地线的定义比较精确地计算出测地曲线。最后,这种测地线求取算法直接在点采样曲面上进行,避免了对模型进行三角化,这对大规模的数据模型尤其重要。由于采用 MLS 方法对点采样曲面进行局部重采样和去噪声,这种局部性使得数值计算稳定,时间和空间复杂度呈线性关系,且所需内存少,所以这种方法适合处理大规模数据的点采样模型。

4. 点采样模型的交互式区域分割

在对点采样模型进行几何处理时,用户需要对模型进行区域分割,以便进行分片纹理映射、分片参数化、分片编辑等操作。这里采取交互式分割方法。用户在点采样曲面上交互地选取一些特征点,特征点之间通过测地线连接起来,形成曲面上的分割曲线。具体实例如图 4.9(见插页)所示。图 4.9(a)中蓝色点为用户选取的特征点,红色的曲线为连接特征点的测地线;图 4.9(b)和图 4.9(c)拾取分割曲线内的点采样曲面;图 4.9(d)中红色网格点为分割曲线带与演化曲面的交接(界)点。

(a)　　　　　(b)　　　　　(c)　　　　　(d)

图 4.9　点采样模型的交互式分割

4.5　本章小结

本章提出了针对点采样模型的两种分片方法——基于采样点 K-Means 聚类的

分片方法和基于 Level Set 的交互式区域分割方法。基于采样点有效聚类的分片方法中，提出了一种新的基于采样点欧氏距离和局部微分属性角度偏差的度量标准，并通过 K-Means 迭代，最终对模型进行聚类分片。本章还研究了基于 Level Set 的点采样模型的交互式分割方法。通过对点采样曲面中采样稀疏的区域集进行局部重采样和去噪声，为点采样曲面建立一个光滑有界的窄带，再将窄带嵌入到笛卡儿网格中，采用 Level Set 方法计算出窄带中网格点到初始网格点的测地距离。通过局部多项式的逼近拟合，计算出点采样曲面任意两点之间的测地线，从而实现点采样模型的交互式分割。

第5章　点采样模型的光顺去噪方法

本章在三维数字模型光顺去噪的基础上，提出了一种基于动态平衡曲率流方程的各向异性点采样模型光顺算法(Xiao et al., 2006)，同时提出了一种基于非局部几何信号的点采样模型去噪算法(肖春霞等, 2006a)。本章 5.1 节分析了三维模型光顺方法的研究背景和相关工作；在此基础上，5.2 节提出了基于平衡曲率流方程的各向异性点采样模型光顺算法；5.3 节提出了点采样模型 NL-Means 非局部去噪算法；5.4 节是本章小结。

5.1　三维模型的光顺去噪

由于三维扫描仪的广泛使用和对扫描所得模型的数据规模与精度需求不断增长，鲁棒和有效的几何处理变得越来越重要。尽管现有的三维扫描硬件具有高精度，但人为因素的干扰或者扫描仪本身的缺陷使得生成的三维数据不可避免地带有噪声。类似地，从 CT 设备中获得的体数据中抽取几何模型也通常含有一定数量的噪声。因此在对获取的原始三维数据进行相关数字几何处理之前进行光顺和剔除噪声成为一个必不可少的过程。点采样模型光顺去噪作为点采样模型数字几何处理的基础性工作，成为数字几何处理的一个研究热点。

在数字几何处理领域，网格模型的光顺去噪算法已获得了广泛的研究。Taubin (1995b) 将图像处理中的 Laplace 滤波技术引入三维网格模型光顺中，提出了一种基于 Laplace 流的网格信号处理方法。运用隐式 Laplace 算子，Desbrun 等(1999)提出了一种基于三角网格的曲率法向算子，利用平均曲率流方程处理网格光顺问题，将顶点的移动方向限制在法向方向，很好地解决了顶点漂移的问题。然而，上述方法都是各向同性的，网格模型噪声点和特征点不加区分地统一处理，结果是在光顺的过程中，一些重要的特征模糊了。此外，基于 Laplace 滤波的网格光顺算法本质上是一种曲面能量的极小化问题，因此将不可避免地产生模型收缩现象，导致模型变形。由于各向同性的网格光顺算法有如上所述缺点，人们提出了各向异性的网格光顺算法。该类算法的主要思想同样来源于图像处理，Perona 等(1990)修改了传统线性几何流的图像去噪方法，提出了一种非线性的各向异性的扩散方程用于图像的边缘检测和噪声剔除。该方法的基本思想是在图像的边缘处削弱光顺强度，从而在剔除噪声的同时有效地保持图像的边缘特征。Clarenz 等(2000)、Desbrun 等(2000)、Meyer 等(2003)、Bajaj 等(2003)和 Hildebrandt 等(2004)将此各向异性思想推广到三角网格上，提出了各向异性几何流的网格光顺算法。这些算法虽然获得了保特征的效果，但通常采用高阶几何流，算法的复杂度较高，且不保体积。Fleishman 等(2003)和 Jones 等(2003)将图像处理中双边滤波思想(Tomasi et al., 1998)推广到三维网格模型，其基本思想是将高斯滤波和保特征权函数结合起来，有效地保持光顺过程中模型的特征。然而这些算法虽然有保几何特征的效果，但是不保体积，在有些情况下会造成网格模型的变形和扭曲，并且在处理稍大的噪声时会引起过光顺，不能有效地保持网格的细小特征。

所有这些方法都需要建立模型表面在待光顺点邻近区域的一个局部的拓扑结构或者一个局部的参数化信息。注意到点采样模型本身不具备这些信息。一方面，针对点采样模型散乱点的重建、三角化和参数化工作并不容易，代价也相当大；另一方面，如果散乱点本身带有噪声，则会不可避免地影响表面重建和参数化的精度和效果。因此，直接对带有噪声的点采样模型进行去噪预处理，然后再进行光顺去噪更有意义。与网格模型相比，点采样模型光顺去噪的算法还不是很多。Pauly 等(2006)将 Laplace 算子应用到点采样模型上，但该算法会出现特征被磨光的情况，且由于采样点不在法向方向移动可能导致顶点漂移。Clarenz 等(2004a)通过在点采样模型上解一个离散的各向异性的几何扩散方程，提出了各向异性的点采样模型去噪算法。Pauly 等(2001)借助点采样模型的切割和分片平面参数化技术，把傅里叶变换和谱分析技术引入点采样模型中，实现了光顺去噪处理；Alexa 等(2001)基于迭代优化方法，为点采样模型建立一个移动最小二乘(MLS)曲面，通过将噪声点调整到所逼近的二次曲面上来达到去噪的目的，该方法计算量大，计算不鲁棒，且难以保持点采样模型的特征。

三维模型去噪的目标是在剔除噪声获取离散曲面更高阶光滑性的同时，尽量防止模型产生收缩和过光顺。一个好的三维几何去噪光顺算法除了能有效剔除夹杂在三维模型中的各种形式的噪声，还应有如下主要特点：① 在模型变得光顺的同时保持模型固有的几何特征；② 光顺过程中防止体积收缩，防止模型扭曲变形；③ 防止在光顺过程中出现顶点漂移情况，曲面上顶点漂移会使模型出现裂缝，导致采样均匀模型变得不均匀；④ 较低的算法时间复杂度和空间复杂度。虽然研究者提出了多种网格和点采样模型光顺算法，但如何在剔除噪声的同时保持模型的几何特征仍是一个具有挑战性的问题。现有的算法都难以满足以上要求，或者说尚不能很好地同时解决以上问题。

5.2　基于平衡曲率流方程的点采样模型光顺算法

为解决以上问题，本节提出了一种基于平衡曲率流方程的各向异性点采样模型光顺算法(Xiao et al., 2006)。该曲率流方程由各向异性曲率流和强制项这两项所组成，基于协方差和有向曲率所定义的鲁棒的各向异性曲率流对点采样模型的特征点和噪声点进行不同的处理，达到保持特征的效果。而强制项通过将方程的解约束在初始值的邻域内，从而具有保体积的功能。光顺的过程则成为求解上述方程的收敛解的优化问题。由于定义的平衡流是沿着法向方向移动顶点，有效地消除了点采样模型光顺过程中顶点漂移的情况。因此本章定义的平衡流方法能很好地解决以上的四个问题。最后为了加快算法收敛速度，在平衡曲率流方程的基础上提出了动态平衡曲率流的算法。

5.2.1　鲁棒的各向异性流

利用第 2.3 节介绍的协方差分析方法，可以估计出点采样模型表面各个采样点的法向和曲率信息，然后定义基于平均曲率流的光顺算子，该算子为一各向同性的光顺算子，并在此基础上进一步定义鲁棒的各向异性流。

1. 曲率流

利用协方差分析方法为点采样曲面上每个点获取其法向和曲率后，可以为点采样模型构建一个曲率流。曲率流的基本思想是采样点以该点的曲率为速度沿着其法向方向进行移动。与其他的光顺算法不同 (Pauly et al., 2006)，曲率流使得采样点沿法向方向移动，因此避免了采样点漂移的情况。

构建曲率流还需要解决的一个问题是如何定义扩散的方向，即如何决定曲率的符号。假设 $N(p_i)$ 为点 p_i 的 k-邻域点集合，则该点的曲率符号由式 (5.1) 决定：

$$\mathrm{Dire} = \frac{\sum_{u \in N(p_i)} G(\|p_i - u\|) \langle n, p_i - u \rangle}{\sum_{u \in N(p_i)} G(\|p_i - u\|)} \tag{5.1}$$

式中，n 为 p_i 的法向；$G(\cdot)$ 高斯滤波函数 $G(x) = \exp\left(-\dfrac{x^2}{2\sigma^2}\right)$，$\sigma$ 为控制 $N(p_i)$ 邻域中点对曲率方向贡献的参数。如果 $\mathrm{Dire} \geqslant 0$，则定义符号 $\mathrm{sign} = 1$，否则 $\mathrm{sign} = -1$。定义方向曲率为 $\bar{k}(p_i) = \mathrm{sign} \cdot \sigma_n(p_i)$，其中 $\sigma_n(p_i)$ 是利用协方差分析方法得到的采样点 p_i 处曲面变分 (Pauly et al., 2002)。式 (5.1) 可动态地适应于局部采样密度，对噪声模型也可得到稳定有效的解。

基于以上工作，点采样模型的曲率流定义为

$$\frac{\partial u_i}{\partial t} = -\bar{k}_i n_i \qquad \bar{k}_i = \bar{k}(p_i) = \mathrm{sign} \cdot \sigma_n(p_i) \tag{5.2}$$

式 (5.2) 可通过欧拉算法进行迭代求解。在迭代过程中，点 p_i 的法向 n_i 可通过如下方式获取：采用协方差分析获得 p_i 当前的特征向量 v_0，设 n_i' 为上次迭代中点 p_i 的法向，如果 $v_0 \cdot n_i' \geqslant 0$，则 $n_i = v_0$，否则 $n_i = -v_0$。由于每次迭代过程中法向的变化率很小，采用这种算法可获取正确结果，所以不需要在每次迭代过程中采用最小生成树来保证采样点法向的一致性。

如果 $\sigma_n(p_i) = 0$，则所有点位于一个平面上，这与 Laplace 逼近有着本质的不同，Laplace 算子定义为

$$\Delta p_i = \frac{\sum_{p_k \in N(p_i)} \omega_k (p_k - p_i)}{\sum_{p_k \in N(p_i)} \omega_k}$$

式中，ω_k 为权因子。由于 Laplace 逼近既有法向分量又有切向方向的分量，即使对位于同一平面上的点求解 Laplace，值仍然可不为零，所以采用 Laplace 对点采样模型进行光顺将出现顶点漂移的情况。需要指出的是，曲率流方程(5.2)为一各向同性滤波算子，能获取点采样模型的低频信号，如图 5.1(b)和图 5.1(c)所示。Desbrun 等(1999)基于顶点的一阶邻域为网格模型定义了一个平均曲率流用于网格模型的光顺，该方法充分利用了网格的拓扑连接关系。

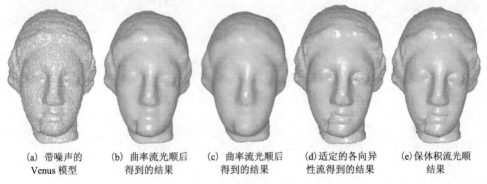

(a) 带噪声的　　(b) 曲率流光顺后　　(c) 曲率流光顺后　　(d) 适定的各向异　　(e) 保体积流光顺
Venus 模型　　　得到的结果　　　　得到的结果　　　　性流得到的结果　　　结果

图 5.1　Venus 模型的光顺去噪效果

2. 适定各向异性曲率流

上面定义的曲率流是一种各向同性的曲率流，采用这种曲率流会对点采样模型的特征点和噪声点不加区分地进行光顺，使得模型在噪声被剔除的同时特征也被磨平了。为了使曲面在平均曲率流演化下能够有效地保持特征，一个直接的想法是，运用在图像处理中广泛采用的各向异性扩散方程模型(Perona et al., 1990)，建立如下各向异性的平均曲率流方程：

$$\frac{\partial u}{\partial t} = g\left(\left|\bar{k}\boldsymbol{n}\right|\right)(-\bar{k}\boldsymbol{n}) \tag{5.3}$$

式中，$g(\cdot) \geqslant 0$ 是特征检测函数，它是一个单调减函数，并且满足：$g(0)=1$，$g(s) \to 0$（当 $s \to \infty$ 时）。采用 $g(s)=\dfrac{1}{1+Ks^2}$，其中 $K>0$ 为用户可调参数。函数 $g(s)$ 使得模型在特征点扩散速度慢，而在其他的区域扩散速度快，于是保证了在光顺过程中既能有效地去除噪声，又能保持点采样模型的特征。

此方程在处理噪声不大的模型时能取得很好的光顺效果，然而运用此方程对噪声很大的模型进行光顺去噪时，发现效果并不理想(图 5.2(c))，原因在于直接利用噪声模型计算出顶点处的平均曲率作为特征检测函数 $g(s)$ 的参数是不恰当的。在图 5.3 中，图 5.3(a)为初始噪声模型，点 $\boldsymbol{p}$ 为该模型的特征点，光顺后该特征应保留，而点 $\boldsymbol{q}$ 为噪声点应被光顺。如图 5.3 所示，难以在噪声模型中直接检测出特征点和噪声点，这样使得一些噪声点将被当成特征点，从而出现光顺不足的问题，出现图 5.2(c)的结果，而对经过滤波后的模型判断特征点和噪声点将变得更加合理。

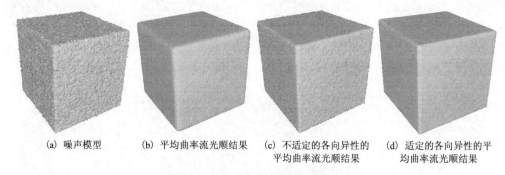

(a) 噪声模型　　　(b) 平均曲率流光顺结果　　(c) 不适定的各向异性的　　(d) 适定的各向异性的平
　　　　　　　　　　　　　　　　　　　　　平均曲率流光顺结果　　　均曲率流光顺结果

图 5.2　Cube 模型的光顺去噪效果

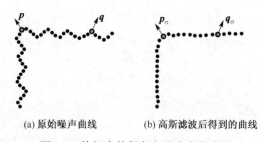

(a) 原始噪声曲线　　　(b) 高斯滤波后得到的曲线

图 5.3　特征点的保留和噪声点的光顺

为了解决这个问题，提出如下算法：在每次实际光顺之前，先对待处理的点采样模型 M 进行一次高斯滤波处理，得到处理后的模型 M_σ。然后利用这个经过处理后的点采样模型 M_σ 计算各个顶点处的平均曲率 $|k_H(G_\sigma * u)|$，以 $|k_H(G_\sigma * u)|$ 作为特征检测函数 $g(s)$ 的参数。如图 5.3(b)所示，点 p 和 q 经过高斯滤波后得到 p_σ 和 q_σ，则 p_σ 和 q_σ 能较好地表现出初始模型的特征点和噪声点(滤波后曲率大的顶点为特征点)。改进后的各向异性的平均曲率流方程为

$$\frac{\partial u}{\partial t} = g(|k_H(G_\sigma * u)|)(-\bar{k}\boldsymbol{n}) \tag{5.4}$$

式中，$u(\cdot, t)$ 表示 t 时刻网格模型的位置函数，$G_\sigma(\cdot)$ 是高斯滤波核 $G_\sigma(x) = \exp\left(-\dfrac{x^2}{2\sigma^2}\right)$，$\sigma$ 是噪声标准差；$g(|k_H(G_\sigma * u)|)$ 用于几何特征检测和控制几何流扩散速度。式(5.4)称为适定的各向异性模型，该模型恰当地识别、区分了点采样模型的噪声点和特征点，使得噪声点得到了很好的光顺，同时保持了点采样模型的特征点，如图 5.2(d)所示。同时由于这种方法是沿法向方向移动顶点的，所以避免了光顺过程中所出现的顶点漂移的情况。

5.2.2　保体积流

不论 Laplace 流还是平均曲率流方程都可看成是能量的极小化问题，这种几何流会使曲面的面积减小，甚至收敛到最小曲面，例如，能将一个闭合凸曲面演化成一点。因此基于这类方程的网格光顺算法会不可避免地导致网格的体积缩小。针对这个在网格去噪中普遍存在的问题，Taubin（1995b）提出一个二次的低通滤波器，在消除高频信号的同时增强低频分量，从而取得了保持网格体积的效果。Desbrun 等（1999）提出一种缩放算子，将每次光顺后得到的网格模型放大，使得光顺前后网格体积不变。这种方法操作简便，但是缩放算子是全局操作，而网格光顺是一个局部过程，因而不是一个理想的解决办法。同样，各向异性曲率流方程(5.4)本质上是一种带约束化的极小化能量扩散过程，因此也会在模型光顺中出现收缩现象，如图 5.1(d) 所示。

为了解决收缩问题，受到 Nordström（1990）的启发，在各向异性曲率流方程(5.4)中加入一个强制项，得到如下保体积的曲率流方程：

$$\frac{\partial u}{\partial t} = g\left(\left|k_H\left(G_\sigma * u\right)\right|\right)\left(-\bar{k}\boldsymbol{n}\right) + (I - u) \tag{5.5a}$$

$$u(x, y, z, 0) = \chi(x, y, z) \tag{5.5b}$$

式中，I 表示待光顺的点采样模型的初始位置函数。由于关心的是式(5.5a)稳定时的解，所以式(5.5b)的初始条件可用任意初始值 $\chi(x, y, z)$ 代替。但通常取 $u(x, y, z, 0) = I(x, y, z)$，即取需光顺的点采样模型顶点位置值为初始值。方程(5.5)的稳定解满足如下方程：

$$u = I + g\left(\left|k_H\left(G_\sigma * u\right)\right|\right)\left(-\bar{k}\boldsymbol{n}\right) \tag{5.6}$$

Nordström（1990）已经证明，类似于式(5.5)的一类方程存在唯一的解，并且满足：

$$\inf_{\zeta \in B} I(\zeta) \leqslant u(\zeta, t) \leqslant \sup_{\zeta \in B} I(\zeta), \quad \forall \zeta \in B, t < \infty \tag{5.7}$$

式中，B 表示初始值的带宽。

式(5.7)说明式(5.5)的解 $u(x, y, z, t)$ 约束在 $I(x, y, z)$ 的邻域 B 内。因此，该模型用于点采样模型光顺处理时，各向异性的曲率扩散将被限定在一个包围原始模型的流扩散带中，如图 5.4(b) 所示，从而有效地保持模型的体积。

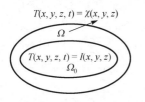
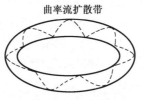

(a) 保体积曲率流的物理模型　　　(b) 初始模型的曲率扩散带　　　(c) 动态平衡流扩散带

图 5.4　保体积曲率流

　　直观地，可以看到强制项 $I - u$ 具有将光顺后点采样模型的位置 u 保持在初始位置 I 附近的效果。方程的物理意义很好地说明了这一点：设 Ω 是一个封闭薄壳，在它的内部有一个封闭的实心物体 Ω_0，如图 5.4(a) 所示。假设薄壳 Ω 的导热系数为 $ag(x,y,z,t)$，其中 a 为 Ω 与 Ω_0 之间的热传导系数。位于壳 Ω 上的初始温度分布函数为 $\chi(x,y,z)$，薄壳 Ω 上的温度随时间的分布函数体为 $u(x,y,z)$。而 Ω_0 的温度分布函数 $I(x,y,z)$ 不随时间变化，因此可将 Ω_0 看成是一个巨大的恒温场，由热传导的知识可知，薄壳 Ω 的温度 u 通过热传导最后趋向 I。

　　为了更好地说明式(5.5)具有保体积的性质，看如下特殊的例子。如图 5.5 所示，在式(5.5)中取 I 为 M，原始模型见图 5.5(a)，此时 M 为一光滑的模型。初始值 $u(0)$ 为加了很大噪声的模型 M'，加噪声模型见图 5.5(b)，图 5.5(c)、图 5.5(d) 和图 5.5(e) 为曲率扩散时的收敛过程。从图中可以看出 M' 最终收敛于 M。可以通过如下的数值结果验证收敛性质。

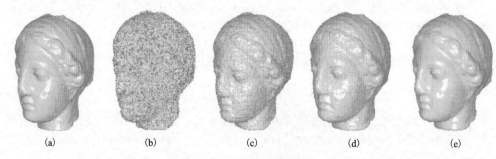

| (a) | (b) | (c) | (d) | (e) |

图 5.5　保体积曲率流的光顺去噪

　　令 v_i 表示原始模型 M 的顶点位置，v_i' 表示光顺后模型 M' 的顶点位置。定义 v_i 和 v_i' 之间的距离误差为两点之间的欧氏距离 $\|v_i - v_i'\|$。定义模型 M 和 M' 之间的误差为 $E(M,M') = \dfrac{1}{n} \sum_{i=0}^{n} \|v_i - v_i'\|$。实验结果如图 5.5 所示。原始模型 M（图 5.5(a)）的包围盒的边长为 16.17，模型 M 的体积为 1565.16。光顺后的模型 M'（图 5.5(e)）的体积为 1567.21，$E(M,M')$ 为 0.042。数值结果表明光顺算法是保体积的，并且光顺后模型是收敛于原始模型的。

　　需要指出的是，通过这个特殊的例子来说明式(5.5)的收敛性，验证该理论分析是否和实验结果相吻合。显然，在光顺一个模型时，取 I 为所要光顺的模型顶点位置值，初始值也取该模型顶点位置值。本节中其他的例子，如果不加特殊说明，则 I 和 $u(0)$ 都按以上方式取值。如图 5.1 所示，采用保体积流获取的结果不仅能有效地保持模型的特征，也能较好地保持模型的体积(图 5.1(e))。

5.2.3　动态平衡曲率流

　　保体积的曲率流方程(5.5)在处理一些小噪声模型的时候取得了很好的效果，但是强制项的作用太强，使得在处理一些大噪声模型的时候出现欠光顺的结果，如图5.6(b)所示。出现这种情况的原因是式(5.5)是一个限定在曲率扩散带的优化过程，因此各向异性曲率流方程(5.4)在曲率扩散带中不能很好地起到作用，即强制项$(I-u)$不加区别地将光顺过程中的值u拉回到I。

1. 动态保体积曲率流

由 5.2.2 节的讨论可知，保体积流是一个适定的方程，它给出了各向异性扩散流一个最优化意义上的解。由于在求解该方程时是一个优化过程，在迭代的初始几步收敛速度快，然后收敛趋于缓慢，在处理噪声较大的模型时需要较多的迭代次数，效果有时不明显。主要原因是式(5.5)将I恒定地取初始噪声模型的值时，即所要光顺的点采样模型的顶点位置值M，随着M包含的噪声增大，包含该模型的带宽B也会增大，结果将导致方程解的误差增大。而且，由于强制项$(I-u)$有将解u收敛于I的作用，显然对噪声很大的模型并不是一个最优的选择。为此提出一种动态平衡曲率流的方法解决这个问题。算法的主要想法是动态地改变平衡流方程(5.5)中I的值。在每经过L次迭代后，用得到的点采样模型u_{nL} ($n = 1, 2, 3, \cdots$)作为下一次迭代过程的I值。由5.2.2节分析可知，模型的曲率扩散宽B_{nL}也满足$B_0 \supset B_L \supset B_{2L} \supset \cdots \supset B_{nL} \supset \cdots$，从而有效地减小了方程解的误差，如图5.4(c)所示。同时，由于动态地打破方程的平衡，大大加快了方程解的收敛过程。

图 5.6(见插页)给出了分别用保体积流和动态保体积流方程处理同一噪声模型所得结果的比较。图中下行是上行的曲率可视化效果。加入噪声的模型如图5.6(a)所示，用动态保体积流的方法，经过 12 次迭代取得比较理想的光顺效果，此例中取$L = 4$。而直接运用保体积流的方法，则迭代 120 次所得到的效果也不令人满意。

动态保体积流特别适用于模型包含较大噪声的情况，比保体积流能获得更精确的结果，且迭代的次数更少，收敛速度更快。因此，对噪声较大的模型，通常需要采用动态保体积流方程才能得到满意的光顺去噪效果，如图5-6所示。

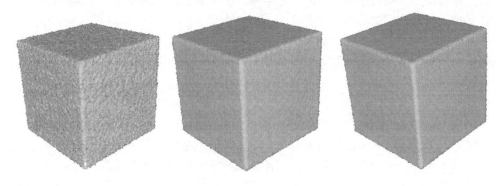

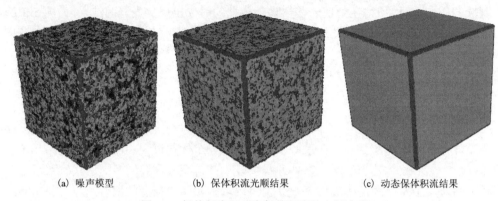

(a) 噪声模型　　　　　(b) 保体积流光顺结果　　　　　(c) 动态保体积流结果

图 5.6　保体积流和动态保体积流的光顺去噪

2. 平衡曲率流

保体积流和动态保体积流已为点采样模型提供了一个简单、实用、高效的光顺去噪算法，不仅能有效地消除噪声，也能较好地保持模型的体积。但由式(5.5)可知，由于有强制项的作用，不论特征点还是噪声点都被不加区别地拉回其原来位置，导致各向异性流方程(5.4)不能完全发挥作用。为解决这个问题，在强制项$(I-u)$前面加入缓和因子，得到如下的平衡曲率流方程：

$$\frac{\partial u}{\partial t} = g\big(|k_H(G_\sigma * u)|\big)(-\bar{k}\boldsymbol{n}) + \big(1 - g(|k_H(G_\sigma * u)|)\big)(I-u) \tag{5.8a}$$

$$u(x,y,z,0) = I(x,y,z) \tag{5.8b}$$

式中，$I(x,y,z)$是所要光顺的点采样模型；$(1-g)$称为缓和因子，式(5.8)称为平衡曲率流方程。注意到在噪声点处缓和因子$(1-g)$的值较小，削弱了强制项的作用，从而解决了保体积的曲率流欠光顺的问题。同时在特征点处$(1-g)$的值较大，强制项起到了其保持特征和体积的作用。这种平衡曲率流在继承了式(5.5)的优点基础上，很好地平滑光顺了模型，同时在曲面光顺中自动地保持了其特征。另外，式(5.8)与式(5.5)的计算复杂度一样，快速且容易实现，缓和因子$(1-g)$对各向异性曲率流项和保持体积项起到平衡作用，从而使得算法更加稳定。图 5.7 列出了平衡曲率流光顺算法实现的框图表示。其中 I 表示初始网格模型的位置函数，K 是用于特征检测的阈值，σ 是高斯滤波核的标准差，s 表示每次迭代的步长，N 表示迭代次数。

算法为用户提供了两个可调参数σ和K。高斯滤波核的标准差σ与模型的特征有关。噪声大的模型通常可取较大的σ值，反之，噪声小的模型可取较小的σ值。参数K也有两个作用，一个作用是控制几何流扩散速度，起到保持特征的作用；另一个作用是用在缓和因子$(1-g)$中起到平衡作用。K的取值与模型包含特征的尖锐程度有关，对于有尖锐特征的模型，例如，具有棱角的立方体模型，通常K取一个较大的值，否则取一个较小的值。另外，算法的迭代次数 N 也能影响去噪效果，实验证明，迭代次数在 8～12 次时能取得理想的结果。

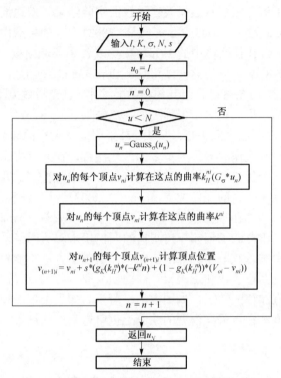

图 5.7　平衡曲率流光顺算法实现的框图表示

　　在运用平衡曲率流对点采样模型进行光顺去噪时，如果采用动态保体积流的技巧，动态的改变式（5.8）中 I 的值，则得到动态平衡流去噪算法。该算法集中了各向异性流和保体积流的优点，在剔除点采样模型噪声的同时可保持模型特征、保体积、防止顶点漂移，且算法简单高效。

5.2.4　实验结果与讨论

　　本节给出算法的一些实验结果，以及与现有算法的比较。由于曲面光顺算法很多，只与最具代表性的方法进行比较，如 Laplace 方法（Pauly et al., 2006），以及基于双边滤波器的两种方法（Fleishman et al., 2003; Jones et al., 2003），以验证提出的动态平衡曲率流算法具有保特征，保体积且抗顶点漂移的优点。

　　图 5.1（a）为噪声模型 M_0，图 5.1（d）为应用各向异性流光顺的结果 M'，图 5.1（e）应用保体积流光顺的结果 M，Venus 模型的包围盒的半径为 24.20，则平均距离误差分别为 $E(M_0, M') = 1.2$，$E(M_0, M) = 0.14$，去噪结果的数值分析表明保体积流具有较好的保体积功能。图 5.6 给出了一个动态保体积流的实验结果。在这个例子中令 $L = 4$，迭代 12 次

后噪声被剔除并且立方体的面也被磨平。设 M_0 为噪声模型（图 5.6(a)），M' 为去噪结果（图 5.6(c)），平均距离误差为 $E(M_0, M') = 0.18$，立方体的包围盒半径为 30.20。

图 5.8 中给出了该方法与双边滤波器比较的实验结果。双边滤波器首先用在网格模型的去噪(Fleishman et al., 2003; Jones et al., 2003)中，如果给出每个点的法向，用 K-最近点邻域点 $N_k(p)$ 代替网格中的 1-邻域顶点或者 2-邻域顶点，则该算法可推广到点采样模型上。图 5.8(d) 为双边滤波结果(Fleishman et al., 2003)，在迭代过程中法向通过协方差方法构建。由图可以看出其体积明显缩小，且光滑效果不理想。而图 5.8(c) 是应用平衡流得到的结果，相对于保体积曲率流结果(图 5.8(b))，特征保持更好。图 5.8 中利用不同算法得到的光顺去噪效果中，都采用同一大小的邻域。由于平衡流是一个优化过程，通常比双边滤波器需要更多的迭代次数，在此例中迭代 12 次。

各向异性流的一个优点是，通过迭代逐步保持或增强模型的几何特征。基于邻域局部几何预测出顶点 p 的新的几何位置，Jones 等 (2003) 为网格模型提出了一种非迭代的、保特征的去噪算法。在该算法中，除了采用空间位置权(spatial weight)和影响权(influence weight)，还考虑了相邻三角网格的面积权来解决网格采样不均匀的情况。由于在点采样模型中难以获取相邻点的面积权，所以该方法不能直接推广到点采样模型中。如果仅采用空间位置权和影响权，而面积权取 1，则点采样模型通常采样不均匀，因此会出现顶点漂移的情况，如图 5.8(e) 所示。如果去掉面积权，该算法可用来提高法向的估计精度，在点采样模型的绘制上也可得到好的结果。

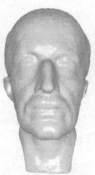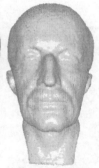

　(a) 原始噪声模型　　(b) 保体积曲率流的　　(c) 平衡流光顺结果　　(d) 双边滤波器光顺　　(e) 非迭代算法光顺
　　　　　　　　　　　　　　光顺结果　　　　　　　　　　　　　　　　　　结果　　　　　　　结果(一次迭代)

图 5.8　Planck 模型的光顺去噪

图 5.9(见插页)给出了该算法对直接通过三维扫描仪获取模型的去噪结果和与其他方法的比较。该结果(图 5.9(b))与双边滤波器的结果相似，对模型的特征都保持得较好，然而在图 5.9(b)中更多的头发细节被保留，其他冗余的细节则被光顺掉。而采用 Laplace 方法则由于顶点漂移出现小的裂缝。曲面重建是数字几何处理研究中基础性的研究课题，然而现有的许多算法对噪声都很敏感。图 5.9(e)～图 5.9(h)分别是采

用多尺度 RBF(Ohtake et al., 2003b)对上述去噪结果进行曲面重建的结果。试验采用 Ohtake 个人主页上提供的软件,所有的结果都采用相同参数值。从图中可以看出动态平衡流结果相对于其他算法的优势。

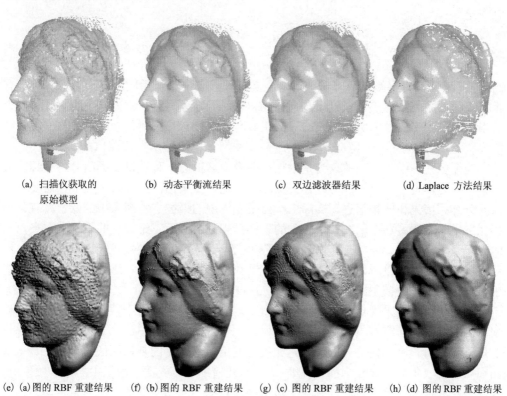

| (a) 扫描仪获取的
原始模型 | (b) 动态平衡流结果 | (c) 双边滤波器结果 | (d) Laplace 方法结果 |

(e) (a)图的 RBF 重建结果　　(f) (b)图的 RBF 重建结果　　(g) (c)图的 RBF 重建结果　　(h) (d)图的 RBF 重建结果

图 5.9　扫描数据的光顺去噪和 RBF 重建

5.3　点采样模型的非局部去噪算法

5.3.1　非局部去噪基本原理

Buades 等(2005)提出了一种新的图像去噪算子优劣的评价方法,即所谓的方法噪声(method noise)的方法。设 u 为图像,D_h 为过滤算子,h 为滤波参数,方法噪声定义为原始图像和过滤图像之间的差 $u - D_h u$,该方法认为一种好的滤波算子不应该改变不带噪声的图像,当滤波带有噪声的图像时,方法噪声中尽可能不包含原图像的结构,即在去噪的同时可以保持原图像的结构不变。为此提出了一种非局部化(non-local means)的图像去噪算法,简称为 NL-Means,该算法基于以下简单的数学原理。

设 Ω 为图像，则图像中每个像素滤波之后的灰度值为

$$\mathrm{NL}(\boldsymbol{u})(x) = \frac{1}{C(x)} \int_{\Omega} \exp\left(-\frac{(G_\alpha * |\boldsymbol{u}(x+.) - \boldsymbol{u}(y+.)|^2)(0)}{h^2}\right) \boldsymbol{u}(y)\mathrm{d}y \tag{5.9}$$

式中，$x \in \Omega$，$C(x) = \int_{\Omega} \exp\left(-\dfrac{(G_\alpha * |\boldsymbol{u}(x+.) - \boldsymbol{u}(y+.)|^2)(0)}{h^2}\right)\mathrm{d}y$ 为归一化常量，G_α 为

高斯核；h 为滤波参数。该算法的数学含义是像素点 x 去噪后的灰度值为所有与 x 有相似高斯邻域的采样点的灰度平均值。NL-Means 方法与局部滤波算子的主要区别为其系统地用到了图像中所有可能的局部相似区域进行自我预测，书中已证明，对图像的每一个像素来说，$\mathrm{NL}(\boldsymbol{u})(x)$ 收敛于邻域像素对其灰度的条件期望值。

在图像处理中，噪声被认为是附加在图像像素上的一种随机高频信号，其频率大于某一人为设定的阈值，需要将其去除。类似地，点采样模型去噪过程中也需要阈值来区分高频信息和低频信息。实际上，点采样模型的采样点与图像中的像素具有某种相似性，其主要区别在于图像中像素的采样是规则的，而三维模型的采样点在表面上的分布是不规则的。因此，可以通过参数化三维数据，并对参数进行均匀重采样，然后扩展图像处理中较成熟的滤波技术对三维数据进行去噪处理。这种方法曾被用到基于谱分析的点采样模型的几何处理中（Pauly et al., 2001）。

点采样模型的采样点与图像中的像素另一个主要的区别在于，图像是二维的，设像素 $v(x, y)$ 的灰度值为 w，则图像可看成基于参数平面的曲面；三维模型的采样点是非规则且具有三维几何信号的，但是如果抽取出三维模型的基曲面低频信息，基于基曲面可以抽取出点采样模型的几何细节，这些几何细节可类比于图像中的像素颜色值。因此，首先需要计算出点采样模型上每个采样点的"几何灰度值"，它可定义为该点到其对应基曲面上的点的高度差。

5.3.2　点采样模型采样点几何灰度值

对于点采样模型去噪算法，认为一个好的微分坐标算子应较好地逼近该点的法向，能较好地反映出其几何细节，并且计算鲁棒。为此提出基于双边滤波器的点采样模型微分坐标算子。双边滤波器原用于网格模型的光顺去噪（Fleishman et al., 2003），也可以直接推广到点采样模型的去噪中，通过如下方式计算出每个点的离散坐标值 ω：

$$\omega = \frac{\sum_{p \in N(v)} W_c(\|p - v\|) W_s(|<n, p-v>|) <n, p-v>}{\sum_{p \in N(v)} W_c(\|p - v\|) W_s(|<n, p-v>|)} \tag{5.10}$$

式中，$\boldsymbol{n}$ 为点 v 的法向；$N(v)$ 是指点 v 的邻域；$W_c(x)$ 是光顺高斯权 $W_c(x) = \exp\left(-\dfrac{x^2}{2\sigma_c^2}\right)$，

σ_c 越大，ω 被光顺程度越大；反之亦然。$W_s(x)$ 是保特征高斯权 $W_s(x) = \exp\left(-\dfrac{x^2}{2\sigma_s^2}\right)$，

σ_s 越小，ω 局部特征表现越强，反之亦然。

　　双边滤波几何灰度算子不仅考虑邻域点之间的空间位置关系，而且考虑了邻域点与该点法向方向之间的关系，较好地反映了每个点的局部特征，因此更好地刻画了采样点处几何细节。将其定义为采样点的几何灰度值，其值可取正值也可取负值。

5.3.3　点采样模型 NL-Means 去噪算法

　　在基于非局部几何信息的点采样模型光顺去噪方法中（肖春霞等，2006a），利用协方差分析方法计算出各个点的切平面，采用双边滤波器算子计算出点采样模型每个采样点的微分坐标作为该点的几何灰度值，通过对各个点的邻域点集的几何灰度值进行相似性比较，然后采用 NL-Means 整体加权方法计算出该点最终的几何灰度值，并将采样点沿其法向方向移动相应距离重建出该点的几何信息。

　　为了方便于邻域之间相似度的比较，将邻域 N_p 投影到点 $\boldsymbol{p}$ 的切平面（根据协方差分析方法计算各个点的切平面）得参数值 N_p，再以 $\boldsymbol{p}$ 为中心建立一个 $n \times n$ 栅格，如图 5.10 所示。我们可以通过插值方法为参数域上的投影点和栅格上的点建立一个对应关系，从而计算出栅格上每个格点的几何灰度值。具体计算格式为：对每个格点 $t_{i,j}$ 找到其周围的采样点进行插值。如图 5.10 所示，获得与点 $t_{i,j}$ 相邻四个单元格中的采样参数点，对其进行高斯加权平均插值，获该格点的几何灰度值。如果与格点 $t_{i,j}$ 相邻的四个单元格中均没有采样点，则该格点予以标记，在后续的邻域相似性匹配计算中，该格点不用于计算，从而减小相似性匹配误差。最后将格点 $t_{i,j}$ 的几何灰度值直接赋给其所对应的参数点的几何灰度值。

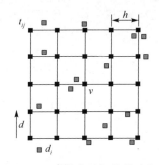

图 5.10　采样点处栅格的建立

　　通过这种方法，可以将每个采样点的邻域点的几何灰度值转化为其对应规则栅格点的几何灰度值，从而将两个采样点 $\boldsymbol{p}_i$ 和 $\boldsymbol{p}_j$ 邻域之间的几何相似度比较转化为其对应栅格 G_i 和 G_j 之间几何灰度值的比较，如果将栅格 G_i 的几何灰度值转化为 $n \times n$ 维变量 $\boldsymbol{T}(\boldsymbol{p}_i)$，则

$$S(\boldsymbol{p}_i, \boldsymbol{p}_j) = \exp\left(-\frac{\left\|\boldsymbol{T}(\boldsymbol{p}_i) - \boldsymbol{T}(\boldsymbol{p}_j)\right\|_{2,\alpha}^2}{\sigma_f}\right)$$

式中，$\left\|\boldsymbol{T}(\boldsymbol{p}_i) - \boldsymbol{T}(\boldsymbol{p}_j)\right\|_{2,\alpha}$ 为高斯加权欧氏距离函数；α 是高斯核的标准方差。与点 $\boldsymbol{p}_i$ 具有高相似性度量的采样点 $\boldsymbol{p}_j$，其相似度 $S(\boldsymbol{p}_i, \boldsymbol{p}_j)$ 有较大的值。如图 5.11（见插页）所示，(b)图中点 $\boldsymbol{p}$ 与点 $\boldsymbol{p}_3$ 有较高的相似度，与点 $\boldsymbol{p}_2$ 之间的相似度次之，与点 $\boldsymbol{p}_1$ 之间的相似度最小。其中红色表示几何灰度值大的点，绿色的点几何灰度值最小，蓝绿色表示介于两者之间。

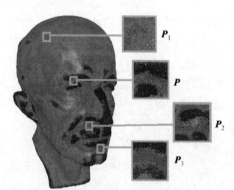

(a) Planck 模型　　　　　　　(b) Planck 模型点的几何灰度值的可视化图

图 5.11　采样点邻域相似性比较

上述的采样点之间相似性的度量是 NL-Means 方法的基础，为每个点邻域建立一个局部的栅格后，采用 NL-Means 方法对点采样模型 M 上的点的邻域进行全局的相似性匹配计算，通过对相似度值进行加权平均，计算出该点最终的几何灰度值 NL($\boldsymbol{p}$)，即

$$\mathrm{NL}(\boldsymbol{p}_i) = \sum_{\boldsymbol{p}_j \in M} \mu(\boldsymbol{p}_i, \boldsymbol{p}_j)\omega(\boldsymbol{p}_j) \tag{5.11}$$

式中，权 $\mu(\boldsymbol{p}_i, \boldsymbol{p}_j)$ 依赖于采样点 $\boldsymbol{p}_i$ 和 $\boldsymbol{p}_j$ 相似度，满足条件 $0 \leqslant \mu(\boldsymbol{p}_i, \boldsymbol{p}_j) \leqslant 1$，$\sum_{\boldsymbol{p}_j \in M} \mu(\boldsymbol{p}_i, \boldsymbol{p}_j) = 1$，这些权定义为

$$\mu(\boldsymbol{p}_i, \boldsymbol{p}_j) = \mathrm{S}(\boldsymbol{p}_i, \boldsymbol{p}_j)/\mathrm{z}(\boldsymbol{p}_i)$$

式中，$z(\boldsymbol{p}_i)$ 为归一化常量 $z(\boldsymbol{p}_i) = \sum_{\boldsymbol{p}_j \in M} S(\boldsymbol{p}_i, \boldsymbol{p}_j)$。由上式可知，对相似度小的采样点 $\boldsymbol{p}_i$ 和 $\boldsymbol{p}_j$，其影响权值 $\mu(\boldsymbol{p}_i, \boldsymbol{p}_j)$ 几乎为零；对相似度大的采样点 $\boldsymbol{p}_i$ 和 $\boldsymbol{p}_j$，赋予较大的影响权值 $\mu(\boldsymbol{p}_i, \boldsymbol{p}_j)$，对 $\boldsymbol{p}_i$ 的最终灰度值 NL($\boldsymbol{p}_i$) 有较大的影响。

由于 NL-Means 方法不仅考虑单个点的几何信息，而且比较整个模型的各采样点邻域之间的几何信息(图 5.11(b))，所以该方法较基于邻域的局部滤波算子更加鲁棒。在获得点 p_i 的 NL(p_i) 之后，沿法向方向 n_i 移动，其距离为 NL(p_i)，得到其光顺后的几何坐标为

$$\hat{p}_i = p_i + \text{NL}(p_i) \cdot n_i$$

由于该方法是沿法向方向移动采样点的，所以有效地避免了顶点漂移的情况。该算法通常迭代一到两次即可获得满意的结果。在第二次迭代时需重新计算出各个点之间的相似度，并采用协方差重建出每个点的法向。图 5.13(g) 是采用本节提出的方法获得的去噪结果，该迭代次数为两次。

5.3.4 聚类加速计算

由于 NL-Means 方法需要进行全局相似性匹配，设每个栅格尺度为 $n \times n$，点采样模型共有 N 个点，则该算法的计算复杂度为 $O(n \times n \times N \times N)$，这样计算复杂度太高。由纹理合成的技术启发，提出一种加速的相似性匹配计算方法——K-Means 混合树方法。由 NL-Means 几何灰度匹配的方法可知，对邻域几何灰度值相差较大的点 p_i 和 p_j，其对应的影响权值 $\mu(p_i, p_j)$ 几乎为零；反之，对邻域几何灰度值相差较小的点 p_i 和 p_j，其对应的影响权值 $\mu(p_i, p_j)$ 较大，因此可按照图像纹理合成的思想，对模型上每个点的邻域按照其相似度进行聚类，然后对具有相似性的邻域进行加权平均。

在基于样本的纹理合成方法中，为了在样本纹理中找到与待要合成块最匹配的纹理块，Wei 等(2000)提出使用树形矢量量化方法对样本纹理进行预处理，大大提高了合成时的搜索速度。虽然加速算法减少了搜索空间，可能搜索不到最佳匹配结果，但并不影响纹理合成的效果。这里将采用类似的方法来加速非局部化的点采样模型去噪。

Dellaert 等(2005)提出的混合树的方法，对具有联合概率分布的数据集进行聚类，与其他方法相比较，该方法构建树的速度更快，算法更稳定，聚类效果更准确。采用此混合树(Dellaert et al., 2005)为点采样模型的每个点的邻域所对应的几何灰度值建立一个树形结构，通过 K-Means(通常取 K=4)层次聚类方法对具有较大几何灰度相似性的点进行聚类，每个叶节点表示一个聚类 C_i，一个聚类中的每个点其邻域具有相似的几何灰度值，且一个聚类中包含的采样点数目不超过用户给定的阈值 K(通常为点采样模型大小的 2%)。如果点采样模型的点所对应的栅格($n \times n$)尺度大，即 n 较大，采用一种节约内存的存储方法，该方法不需要存储栅格中的每个元素，只需要存储每个栅格在整个输入图像中的位置，这样大大地节约了内存。采用加速的方法，则基于全局匹配的 NL-Means 方法，式(5.11)改写为

$$\text{NL}(p_i) = \sum_{p_j \in C_i} \mu(p_i, p_j)\omega(p_j) \tag{5.12}$$

式中，$\mu(\pmb{p}_i, \pmb{p}_j) = S(\pmb{p}_i, \pmb{p}_j)/z(\pmb{p}_i)$，其中 $z(\pmb{p}_i)$ 为归一化常量，$z(\pmb{p}_i) = \sum_{\pmb{p}_j \in C_i} S(\pmb{p}_i, \pmb{p}_j)$。

该算法的复杂度为 $O(n^2) \times N\log N$，基于混合树的加速方法，对具有相似的邻域进行聚类，减少了匹配的空间，提高了计算效率，大大加速了计算的速度，且与纹理合成结果类似，不影响去噪的效果。如图 5.13(g) 和图 5.13(h) 所示。采用该方法同样可以对图像的非局部去噪算法(Buades et al., 2005)进行加速。

5.3.5　实验结果与讨论

对点采样模型的 NL-Means 方法与其他的点采样模型去噪方法进行了全面的比较。

在图 5.12(见插页)中采用不同方法对原始的光滑 Planck 模型(图 5.11(a))进行光顺处理，获得相应的方法噪声的可视化结果。设点采样模型的原始点位置为 $\pmb{p}$，经过

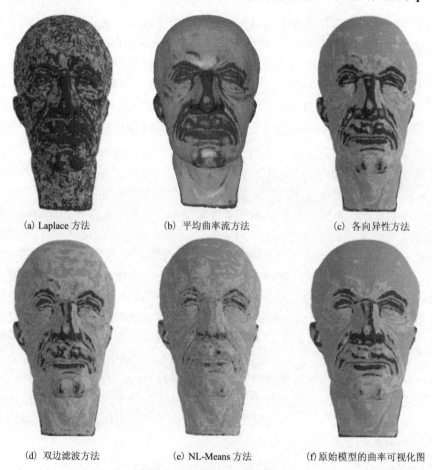

　　(a) Laplace 方法　　　　　　(b) 平均曲率流方法　　　　　　(c) 各向异性方法

　　(d) 双边滤波方法　　　　　　(e) NL-Means 方法　　　　(f) 原始模型的曲率可视化图

图 5.12　对无噪声的 Planck 模型分别用五种方法光顺(所有方法的邻域半径相同)

非局部方法去噪后得到的几何位置为 p'，那么该点的方法噪声定义为这两点的欧氏距离，即 $\|p - p'\|$。方法噪声大的点将其可视化为红色，方法噪声小的点将其可视化为绿色。

Laplace 方法由于是局部几何信号的平均，在迭代过程中将出现特征被磨光的情况，平均曲率流方法是点沿法向方向以该点的曲率的速率进行移动的，这两种方法都是各向同性的方法。这种方法噪声的可视化体现出原始模型的几何特征(图 5.12(a)和图 5.12(b))。各向异性方法所得到的方法噪声的可视化也有原始模型的几何特征(图 5.12(c))，在这些方法中，双边滤波器方法(图 5.12(d))是最接近 NL-Means 方法的结果，但光顺后的方法噪声的可视化还是能表现出一些几何特征的。这种 NL-Means 方法(图 5.12(e))的方法噪声的可视化结果几乎不能表现出模型的几何特征。图 5.12(f)中对原模型的曲率进行了可视化。对不同方法噪声的可视化结果得到了与图像中方法噪声的可视化结果(Buades et al., 2005)类似的结果，证明了这种方法的正确性。

图 5.13 是分别用不同方法对人工加入随机噪声的 Planck 模型去噪的结果，所有方法所用的采样点的邻域半径相同。Laplace 方法出现特征磨光现象，且点不在法向方向进行移动将出现顶点漂移，导致光顺模型出现裂缝的情况(图 5.13(b))。平均曲率流方法是点沿法向方向以该点的曲率的速率进行移动，为各向同性的方法，因此也出现特征磨光现象，但是没有出现顶点漂移的情况(图 5.13(c))。各向异性方法在迭代光顺中保留模型的特征同时剔除模型的噪声，但该算法会使模型平坦区域或者局部的细节出现过度磨光的现象，甚至会出现退化的情况，同时由于点采样模型是离散点组成的，将出现过滤结果不光滑的情况(图 5.13(d))。由于 MLS 方法是采用基于优化的局部多项式曲面拟合的，通过将噪声点移至所逼近曲面上达到去噪的目的，所以计算量大且不鲁棒，难以保持点采样模型的特征(图 5.13(e))；另外 MLS 方法最终依靠多项式曲面拟合，所以在某些点处会出现顶点漂移。在这些方法中双边滤波器方法(图 5.13(f))最接近我们的结果(图 5.13(g)和图 5.13(h))，该算法处理稍大的噪声时会引起过光顺而不能

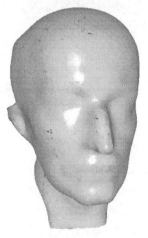
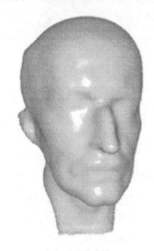

(a) 原始模型　　　　　　　　(b) Laplace 方法　　　　　　　　(c) 平均曲率流

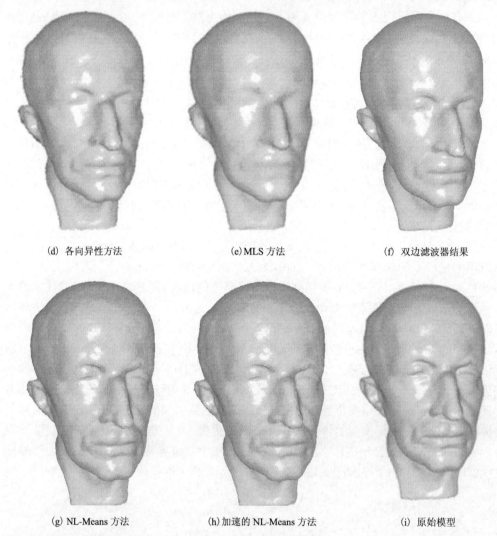

(d) 各向异性方法　　　　　　　(e) MLS 方法　　　　　　　(f) 双边滤波器结果

(g) NL-Means 方法　　　　(h) 加速的 NL-Means 方法　　　　(i) 原始模型

图 5.13　分别用不同方法对带有随机噪声的 Planck 模型去噪的结果比较(所有方法的邻域半径相同)

有效地保持模型的细小特征，而且由于该算法仅仅利用单个点的局部信息，在处理稍大的噪声模型时计算不稳定。从图中可以看出我们的方法特征保留的更好，去噪结果更接近初始模型(图 5.13(i))。

　　图 5.14(见插页)是不同方法对扫描获得的噪声模型直接去噪所得结果的比较。该模型是采用浙江大学 CAD&CG 国家重点实验室所购置的手持式三维扫描仪扫描所获得。由图中结果可以看出，该方法比双边滤波器方法更好地保持了特征，并且有效地剔除了模型的噪声。而 Laplace 方法所获得的结果由于顶点漂移而出现了裂缝。图 5.14(e)～图 5.14(h)分别是对图 5.14(a)～图 5.14(d)采用多尺度 RBF(Ohtake et al., 2003b)重建

的结果，采用 Yutaka Ohtake 个人主页上提供的代码，并且所有重建结果都采用同样的参数。本节提出的点采样模型 NL-Means 去噪算法通常迭代一到两次即可获得满意的结果。需要指出的是，虽然该方法采用了基于混合树的加速方法，但仍然有相似性匹配计算的问题，因此相对于双边滤波器方法，该算法相对来说更耗时，处理 200000 个点的模型通常需要 6~8min。

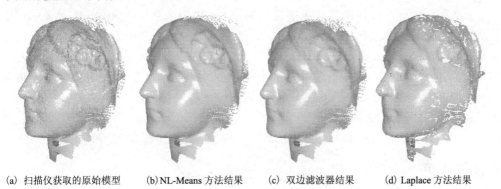

(a) 扫描仪获取的原始模型　　(b) NL-Means 方法结果　　(c) 双边滤波器结果　　(d) Laplace 方法结果

图 5.14　不同方法的光顺去噪效果

5.4　本章小结

本章提出了针对点采样模型的两种光顺去噪方法——基于动态平衡曲率流方程的各向异性光顺算法和基于非局部几何信号的去噪算法。基于动态平衡曲率流方程的各向异性光顺算法中，平衡曲率流方程包含一个各向异性的曲率流算子和一个保持体积的强迫项。通过在这两项之间建立一个平衡算子，使得曲面的特征和噪声获得不同的处理方法，在剔除噪声的同时，有效地保持了曲面特征。强制项将方程的解约束在初始值的邻域内，从而保持了几何模型的体积，有效地避免点采样模型在光顺过程中所发生的模型变形和扭曲现象。进一步在平衡流方程的基础上提出了动态平衡流的算法，使得光顺后的模型是原始模型的一个更精确的解。与已有算法比较该算法稳定、快速且容易实现。

基于非局部几何信号的去噪算法中，首先通过双边滤波算子，计算出每个点的微分坐标信息作为几何灰度值，基于模型上每个点的相邻点集的微分信息的相似度进行匹配计算，对点采样模型上的几何灰度值进行全局的加权平均，获得该点最终的微分信号，然后重建出该点的几何信息。进一步提出了基于混合树的加速方法，对具有相似的邻域进行聚类，减少了匹配的空间，提高了计算效率。

第6章 点采样模型的简化重采样方法

本章在分析点采样模型简化重采样的基础上，提出了基于 Meanshift 聚类的点采样模型简化重采样方法(Miao et al., 2009a)和基于 Gaussian 球映射的点采样模型简化重采样方法(Miao et al., 2009b, 2012)。本章 6.1 节对大规模点采样模型的简化作了概述；6.2 节介绍了点采样模型简化和重采样的一些相关工作；6.3 节介绍了自适应带宽 Meanshift 理论和方法；6.4 节阐述了点采样模型的基于 Meanshift 聚类的自适应重采样方法；6.5 节对基于 Gaussian 球细分的形状 Isophotic(误差 $L^{2,1}$ 距离误差)进行了理论分析；6.6 节介绍了基于 Gaussian 球映射的点采样模型简化重采样方法；6.7 节是本章小结。

6.1 大规模点采样模型的简化

由于三维数字摄影技术(digital photographic technique)和各种数字扫描设备的快速发展，大规模点采样模型变得越来越普遍(Levoy et al., 2000; Gross et al., 2007)。大规模点采样模型在表示复杂和表面细节丰富的物理模型方面具有其强大的优势，针对三维点采样几何的高效造型和绘制新方法的研究成为点采样模型数字几何处理的研究热点(Zwicker et al., 2002; Alexa et al., 2003; Pauly et al., 2003)。然而，在大规模点采样模型的获取中，利用三维扫描设备获取的均匀采样点数据通常并不依赖于模型的内在特征，大量采样点数据通常具有许多冗余信息。庞大的点采样数据通常具有很高的复杂度，处理大规模点采样模型对内存需求和算法时间复杂度方面提出了更高的要求和挑战。为了使大规模数据模型能适合于几何处理和绘制(如数据存储、曲面编辑、曲面分析、累进数据传输、高效绘制)，必须对采样点数据进行相应的简化以满足如数字娱乐、工业设计、虚拟现实等方面应用的实时性需求(Pauly et al., 2002)。

在大规模点采样模型的简化中，一个关键问题是如何有效地选取合适的代表点(简化采样点)，使得简化点采样模型在几何和拓扑上能很好地近似原始点采样模型。相比较而言，在简化中点采样模型几何特征的保持是至关重要和困难的，该问题的研究引起了研究者的广泛关注。为了能够更好地近似原始模型和保持模型的显著几何特征，在简化模型中的采样点分布应该自适应地反映模型的几何特征，例如，在模型的高曲率区域要求相对稠密，在模型的低曲率区域要求相对稀疏。

基于 Meanshift 方法在多模特征空间分析中的有效性(Comaniciu et al., 1999, 2002)，提出了一种几何特征敏感(特别是曲率敏感的)的 Meanshift 聚类简化方法，该方法在模型的欧氏空间域和特征空间域进行聚类分析以生成简化采样点集。由于 Meanshift 聚类所固有的双边滤波特性,该方法具有特征保持和噪声鲁棒等优势。同时,由于采用了自适应 Meanshift 聚类,该方法也适用于采样点分布不均匀的点采样模型的简化。但是值得指出的是,对于采样点数据高度不均匀和具有强噪声的点采样模型,在进行模型简化之前还是需要对它们进行某些预处理的(Weyrich et al., 2004),然后利用该自适应重采样方法进行简化。

基于 Gaussian 球的正则三角化和曲面采样点法向量在 Gaussian 球上的投影,提出了一种基于 Gaussian 映射的模型重采样方法。基于该方法所产生的形状 Isophotic 误差($L^{2,1}$ 距离误差)的理论分析,提供了一种方便的方法以控制重采样结果产生的形状误差。同时,给出了一个针对点采样数据的重采样框架,在该框架下产生的简化采样点能够很好地反映模型的内在特征,是一种特征敏感的自适应简化方法。

6.2　三维模型的简化重采样

在数字几何处理领域,研究者提出了许多针对点采样模型的简化和重采样方法,例如,基于 Voronoi 图的简化方法(Dey et al., 2001),基于内在特性的方法(Moenning et al., 2004),基于统计的方法(Kalaiah et al., 2003a),基于聚类简化的方法、基于迭代简化的方法和基于粒子的重采样方法(Pauly et al., 2002)等。

利用离散采样点的三维 Voronoi 胞腔结构的特性,Dey 等(2001)提出了一种点采样模型的内在简化方法,但是该方法不适用于采样点分布不均匀的模型。Moenning 等(2004)提出了一种内在的重采样方法,该方法是一种逐步求精的简化,得到的简化模型能够满足模型的采样率要求,自适应地反映模型的特征,但是对采样点需要进行复杂的内在测地 Voronoi 图的计算,效率不高。基于信息论,Linsen (2001)将每一个采样点赋予信息内容(information content)度量,并在简化过程中迭代去除具有最小信息熵的采样点以实现模型的简化。Kalaiah 等(2003)提出了一种基于统计的点采样几何表示方法,利用该表示可以实现点采样模型的简化。Nehab 等(2004)将点采样模型进行体素化(voxelize),并在每一个体素单元中选取一个采样点以达到简化点采样模型的目的。然而,这些基于信息熵、基于统计方法和基于体素化的方法在简化过程中并没有充分考虑到模型的内在几何特性。

基于网格模型的简化和重采样方法(Garland et al., 1997, 2001; Katz et al., 2003; Yamauchi et al., 2005a),研究者将一些针对网格模型的聚类简化方法推广应用到点采样模型的简化方面。然而,一个困难的问题是如何在简化模型的同时能够方便地控制模型的重采样密度和模型的近似误差。Pauly 等(2002)提出了一种基于均匀聚类和层次聚类的点采样模型简化方法。该方法由于聚类过程简单,是一种高效的聚类简化方法,但难以控制简化模型的近似误差,产生的简化模型具有较大的误差。为了控制简

化过程所产生的误差，类似于网格模型的简化方法(Garland et al., 1997)，Pauly 等(2002)
进一步提出了一种在误差控制下的迭代简化，在简化过程的每一步去除具有较大误差
的采样点以实现模型的简化。但是该方法在有关模型的采样密度的控制方面并不理想。
Wu 等(2004)在物体空间利用稀疏圆盘形或椭圆形面元(Splats)来重采样点采样模型，
但是它是一个费时的过程。

　　基于粒子的方法在点采样模型中发挥了重要的应用。Turk (1992)提出了一种基于
粒子模拟的网格重采样方法。该方法首先在模型表面随机分布若干粒子，随后再根据
其曲率分布通过采样点排斥推动(repulsion)方法以实现采样点的均匀分布。Witkin 等
(1994)提出了一种基于能量极小原理的采样点排斥推动方法以实现采样点的简化。
Pauly 等(2002)也提出了一种粒子模拟方法以实现点采样模型的自适应简化。Proenca
等(2007)提出了一种基于模型特征的 MPU 隐式曲面的采样方法，该方法能够在具有
丰富特征细节的模型区域产生较高密度的简化采样点，一般来说，基于粒子的模拟方
法通常计算复杂，是一种费时的方法。

6.3　自适应带宽 Meanshift 理论和方法

　　基于在欧氏空间域和特征空间域的多模特征空间分析，Meanshift 方法(Comaniciu
et al., 1999, 2002)是一种有效的高维散乱点数据的非参数特征空间聚类技术。在多维特
征空间里，那些对指定特征具有相似性的元素点形成一个密集的区域，而在每个元素
点上的密集性度量可以定义为相邻元素点度量值的一个加权平均。其中每个权值则由
一个核函数来决定，通常在本点的权值最大，距离近的点权值稍大，远的点则稍小。
Meanshift 算法可以寻找每个元素点密度估计的局部模式(local mode)即密度估计的局
部最大值。理论上所有具有相同局部模式的元素点被认为是具有局部相似性的，从而
被界定为同一个类。不同于其他的参数聚类技术往往需要预先指定聚类的个数，
Meanshift 方法能够完全根据数据点的内在特性自动确定聚类的个数，是一种更好的聚
类技术。

　　根据定义在欧氏空间域和特征空间域的密度函数 $f(\boldsymbol{x}): \mathrm{R}^{d_1+d_2} \mapsto \mathrm{R}$，对于离散采
样点集：

$$\chi = \{X_i = (\boldsymbol{p}_i, \boldsymbol{q}_i): \boldsymbol{p}_i \in P \subseteq \mathrm{R}^{d_1}, \ \boldsymbol{q}_i \in Q \subseteq \mathrm{R}^{d_2}\}, \quad i = 1, 2, \cdots, n$$

需要估计在采样点 $\boldsymbol{x} = (\boldsymbol{p}, \boldsymbol{q})$ 处的多变量概率密度。通常考虑欧氏空间域和特征空间域
$P \times Q$，其中 P 表示离散数据点的维度为 d_1 的空间位置信息，Q 表示数据点的维度为
d_2 的特征信息如采样点的法向信息等。为了较好地分析空间和内在特征信息，可以将
多变量的密度函数分成两部分，一部分称为空间核 $K_1(\cdot)$，另一部分称为特征核 $K_2(\cdot)$。
从而密度函数可以表示为

$$\hat{f}(\pmb{p},\pmb{q}) = \frac{1}{nh_1^{d_1}h_2^{d_2}}\sum_{i=1}^{n}K_1\left(\frac{\pmb{p}-\pmb{p}_i}{h_1}\right)K_2\left(\frac{\pmb{q}-\pmb{q}_i}{h_2}\right)$$

式中，$K(\cdot)$ 称为核函数，满足 $\int_{\mathbf{R}^d}K(\pmb{x})\mathrm{d}\pmb{x}=1$；参数 h 是一个称为带宽的光顺因子。一般地，取径向对称的核函数 $K(\pmb{x})=ck(\|\pmb{x}\|^2)$，其中 $k(\cdot)$ 称为剖面函数 (profile function)，c 是归一化常数。从而，密度函数定义为

$$\hat{f}(\pmb{x}) = \hat{f}(\pmb{p},\pmb{q}) = \frac{c_1c_2}{nh_1^{d_1}h_2^{d_2}}\sum_{i=1}^{n}k_1\left(\left\|\frac{\pmb{p}-\pmb{p}_i}{h_1}\right\|^2\right)k_2\left(\left\|\frac{\pmb{q}-\pmb{q}_i}{h_2}\right\|^2\right)$$

Meanshift 过程是一个迭代的过程，同时考虑欧氏空间域和特征空间域，它从采样点沿着它的最大密度梯度的方向移动，利用梯度上升的策略寻求密度估计的局部最大值点。对于密度函数的梯度，可以计算如下：

$$\nabla\hat{f}(\pmb{x}) = \frac{c_1c_2}{nh_1^{d_1}h_2^{d_2}}$$

$$\left(\frac{2}{h_1^2}\sum_{i=1}^{n}g_1\left(\left\|\frac{\pmb{p}-\pmb{p}_i}{h_1}\right\|^2\right)k_2\left(\left\|\frac{\pmb{q}-\pmb{q}_i}{h_2}\right\|^2\right)(\pmb{p}_i-\pmb{p}),\ \frac{2}{h_2^2}\sum_{i=1}^{n}g_2\left(\left\|\frac{\pmb{q}-\pmb{q}_i}{h_2}\right\|^2\right)k_1\left(\left\|\frac{\pmb{p}-\pmb{p}_i}{h_1}\right\|^2\right)(\pmb{q}_i-\pmb{q})\right)$$

式中，记 $-k_1'(x)$ 为 $g_1(x)$；记 $-k_2'(x)$ 为 $g_2(x)$。

现在取形如 $k(x)=\exp\left(-\frac{x}{\sigma^2}\right)$ 正规核 (normal kernel)，其导数 $g(x)=-k'(x)=\frac{1}{c}k(x)$。为了抑制模型的噪声，分别取采样点位置的 σ 为 3.0 和采样点法向的 σ 为 10.0。采取如上定义的正规核的优势在于正规核和其导数仅相差一个常数，使得密度函数的局部最大值点的确定变得简单。

$$\nabla\hat{f}(x) = \frac{c_1c_2}{nh_1^{d_1}h_2^{d_2}}$$

$$\left(\frac{2c}{h_1^2}\sum_{i=1}^{n}g_1\left(\left\|\frac{\pmb{p}-\pmb{p}_i}{h_1}\right\|^2\right)g_2\left(\left\|\frac{\pmb{q}-\pmb{q}_i}{h_2}\right\|^2\right)(\pmb{p}_i-\pmb{p}),\ \frac{2c}{h_2^2}\sum_{i=1}^{n}g_2\left(\left\|\frac{\pmb{q}-\pmb{q}_i}{h_2}\right\|^2\right)g_1\left(\left\|\frac{\pmb{p}-\pmb{p}_i}{h_1}\right\|^2\right)(\pmb{q}_i-\pmb{q})\right)$$

可以通过求解如下方程组得到密度函数的局部最大值点：

$$\frac{\sum_{i=1}^{n}g_1\left(\left\|\frac{\pmb{p}-\pmb{p}_i}{h_1}\right\|^2\right)g_2\left(\left\|\frac{\pmb{q}-\pmb{q}_i}{h_2}\right\|^2\right)(\pmb{p}_i-\pmb{p})}{\sum_{i=1}^{n}g_1\left(\left\|\frac{\pmb{p}-\pmb{p}_i}{h_1}\right\|^2\right)g_2\left(\left\|\frac{\pmb{q}-\pmb{q}_i}{h_2}\right\|^2\right)}=0$$

$$\frac{\displaystyle\sum_{i=1}^{n} g_2\left(\left\|\frac{\boldsymbol{q}-\boldsymbol{q}_i}{h_2}\right\|^2\right) g_1\left(\left\|\frac{\boldsymbol{p}-\boldsymbol{p}_i}{h_1}\right\|^2\right)(\boldsymbol{q}_i-\boldsymbol{q})}{\displaystyle\sum_{i=1}^{n} g_1\left(\left\|\frac{\boldsymbol{p}-\boldsymbol{p}_i}{h_1}\right\|^2\right) g_2\left(\left\|\frac{\boldsymbol{q}-\boldsymbol{q}_i}{h_2}\right\|^2\right)} = 0$$

它们可以方便地转化成以下 Meanshift 迭代过程的不动点：

$$I(\boldsymbol{p}) = \frac{\displaystyle\sum_{i=1}^{n} g_1\left(\left\|\frac{\boldsymbol{p}-\boldsymbol{p}_i}{h_1}\right\|^2\right) g_2\left(\left\|\frac{\boldsymbol{q}-\boldsymbol{q}_i}{h_2}\right\|^2\right)\boldsymbol{p}_i}{\displaystyle\sum_{i=1}^{n} g_1\left(\left\|\frac{\boldsymbol{p}-\boldsymbol{p}_i}{h_1}\right\|^2\right) g_2\left(\left\|\frac{\boldsymbol{q}-\boldsymbol{q}_i}{h_2}\right\|^2\right)} = \boldsymbol{p} \,,$$

$$I(\boldsymbol{q}) = \frac{\displaystyle\sum_{i=1}^{n} g_2\left(\left\|\frac{\boldsymbol{q}-\boldsymbol{q}_i}{h_2}\right\|^2\right) g_1\left(\left\|\frac{\boldsymbol{p}-\boldsymbol{p}_i}{h_1}\right\|^2\right)\boldsymbol{q}_i}{\displaystyle\sum_{i=1}^{n} g_1\left(\left\|\frac{\boldsymbol{p}-\boldsymbol{p}_i}{h_1}\right\|^2\right) g_2\left(\left\|\frac{\boldsymbol{q}-\boldsymbol{q}_i}{h_2}\right\|^2\right)} = \boldsymbol{q}$$

在带宽固定的 Meanshift 聚类中，具有固定邻域半径的采样点邻域的确定方法由于严重依赖于采样点数据在高维空间中的分布，在分布稠密区域邻域点较多，在分布稀疏区域邻域点较少。这种采样数据的不规则分布往往导致最终的错误聚类结果（Georgescu et al., 2003）。在自适应带宽 Meanshift 聚类中，对于 d 维特征空间 $\mathbf{R}^d$ 中的每一采样点 $\boldsymbol{p}$，根据采样点邻域 $N(\boldsymbol{p})$ 自适应地确定 Meanshift 聚类中的带宽为

$$h(\boldsymbol{p}) = \max_{\boldsymbol{q}\in N(\boldsymbol{p})}(\text{dist}(\boldsymbol{p},\boldsymbol{q}))$$

对于每一采样点，传统的 K-最近点邻域仅考虑采样点的位置关系而忽视了采样点之间的法向变化。一种更好的方案是自适应邻域的选取，它能同时反映采样点之间的位置关系和法向变化。关于每一采样点 $\boldsymbol{p}$，首先根据 K-最近点确定传统邻域 N_k。然后依赖于采样点处的采样密度和局部特征，所有 N_k 中的采样点法向形成一个法向锥，可以根据传统邻域中采样点法向的分布来确定采样点 $\boldsymbol{p}$ 处的自适应邻域如下：将 N_k 中其法向偏差小于某一用户定义的阈值的所有采样点定义为采样点 $\boldsymbol{p}$ 处的邻域。在实验中，传统邻域 N_k 中的参数 k 取为 16，用户定义的法向偏差阈值取为15°。在实验的模型中，每一采样点的自适应邻域的大小为 6～16 个邻域点。事实上，上述参数的选取对实验结果的影响并不是很大。图 6.1 表明了参数的不同选取对模型重采样结果的影响。

为了寻求模型的局部最大值点，首先计算位于采样点邻域窗口中的数据点的加权平均，然后通过迭代移动以获取模型的局部模式点。在欧氏空间域和特征空间域的多

模特征空间中，Meanshift 局部极值点可以通过如下迭代过程获得。

$$M_h^v(\boldsymbol{p}) := \frac{\sum_{i=1}^{n} g_1\left(\left\|\frac{\boldsymbol{p}-\boldsymbol{p}_i}{h_1}\right\|^2\right) g_2\left(\left\|\frac{\boldsymbol{q}-\boldsymbol{q}_i}{h_2}\right\|^2\right)\boldsymbol{p}_i}{\sum_{i=1}^{n} g_1\left(\left\|\frac{\boldsymbol{p}-\boldsymbol{p}_i}{h_1}\right\|^2\right) g_2\left(\left\|\frac{\boldsymbol{q}-\boldsymbol{q}_i}{h_2}\right\|^2\right)} - \boldsymbol{p}; \qquad \boldsymbol{p}^{t+1} := \boldsymbol{p}^t + M_h^v(\boldsymbol{p}^t)$$

$$M_h^v(\boldsymbol{q}) := \frac{\sum_{i=1}^{n} g_2\left(\left\|\frac{\boldsymbol{q}-\boldsymbol{q}_i}{h_2}\right\|^2\right) g_1\left(\left\|\frac{\boldsymbol{p}-\boldsymbol{p}_i}{h_1}\right\|^2\right)\boldsymbol{q}_i}{\sum_{i=1}^{n} g_1\left(\left\|\frac{\boldsymbol{p}-\boldsymbol{p}_i}{h_1}\right\|^2\right) g_2\left(\left\|\frac{\boldsymbol{q}-\boldsymbol{q}_i}{h_2}\right\|^2\right)} - \boldsymbol{q}; \qquad \boldsymbol{q}^{t+1} := \boldsymbol{q}^t + M_h^v(\boldsymbol{q}^t)$$

上述 Meanshift 迭代过程的收敛点 $\boldsymbol{p}^*$ 称为 Meanshift 局部模式点，迭代过程的初始值即为 $\boldsymbol{p}$，$M_h^v(\boldsymbol{p})$ 是自适应带宽下的 Meanshift 向量。

(a) 每个采样点邻域大小取为 6~16，简化模型的采样点数目为 16729　(b) 每个采样点邻域大小取为 12~16，简化模型的采样点数目为 16728　(c) 每个采样点邻域大小取为 6~24，简化模型的采样点数目为 16546　(d) 每个采样点邻域大小取为 12~24，简化模型的采样点数目为 16553

图 6.1　采样点邻域的不同选取对模型重采样结果的影响，其局部模式点聚类位置变化和法向变化的权值分别取为 $(0.2, 0.8)$

6.4　基于 Meanshift 聚类的点采样模型简化重采样

根据 Meanshift 迭代过程，可以得到模型的若干 Meanshift 局部模式点。下面将根据采样点的 Meanshift 局部模式点对原始模型上采样点进行聚类，从而实现点采样模型的自适应简化(Miao et al., 2009a)。6.4.1 节阐述针对局部模式点的层次聚类；6.4.2 节将介绍利用本书第 2 章基于投影的曲率估计方法生成每一聚类的代表面元（representative splats）。

6.4.1 Meanshift 局部模式点的层次聚类

针对点采样几何处理应用，可以在采样点的特征空间中实现点采样模型的有效简化。在上述 Meanshift 局部模式点的基础上，提出利用 Meanshift 局部模式点层次聚类实现模型简化。通常具有近似相同的局部模式点的采样点由于具有内在特征的相似性，可以被聚成一类。将该方法用在离散采样数据中，将生成具有相似局部模式的若干类，它们对应于特征空间中的密集分布区域。针对局部模式点的聚类，采用如下的分割准则。

(1) 子类中的局部模式点数目大于用户给定的最大类大小的阈值。

(2) 同一类中的局部模式点的特征变化过大，超过用户给定的阈值。

在实验中取子类中的局部模式点数目阈值为 30。另外，可以利用协方差分析的方法估计位于同一类中的局部模式点的特征变化，该特征变化通常包含两部分——位置变化 $\Delta_{position}$ 和法向变化 Δ_{normal}。位于同一类中的局部模式点的特征变化可以通过它们的组合 $\omega_{position}\Delta_{position} + \omega_{normal}\Delta_{normal}$ 来估计。如果上述两个准则不满足，该类中的局部模式点具有相似的内在特性而被聚成一类，否则将该类一分为二。从而可以建立模型局部模式点的二叉树，树中的每一个叶子节点对应一个类。相应地将其局部模式点位于同一类的采样点提取为一个代表面元最终得到简化点采样模型。

6.4.2 曲面 Splat 面元表示

对于每一个聚类，其代表面元可以通过主成分分析 (PCA) 的方法得到 (Pauly et al., 2002; Wu et al., 2004)。面元的位置通常取为聚类中所有采样点的中心 (centroid)，面元法向取为聚类中所有采样点形成的协方差矩阵的最小特征值对应的特征向量。利用估计曲面微分属性的投影方法 (Miao et al., 2007)，采样点投影到面元的法平面上，利用沿三个切方向处的法曲率值可以估计聚类的主方向和主曲率。最后，由主方向和主曲率可以确定代表聚类的椭圆面元，利用椭圆面元可以很好地绘制简化的点采样模型 (Wu et al., 2004)。

6.4.3 实验结果与讨论

在 Pentium IV 3.0 GHz CPU, 1024MB 内存的 PC 环境下实现了上述点采样模型的自适应重采样算法。在 Meanshift 聚类算法中，特征空间的定义和局部模式点的聚类准则对最终的简化结果有较大的影响。在 Meanshift 局部模式点聚类中，局部模式点变化将影响最终的聚类结果，引进了相应的位置变化权值和法向变化权值来调整最终的聚类结果。

1. 由位置和法向属性决定的自适应重采样

一般来说，采样点处的法向属性反映了采样点附近曲面变化的一阶信息，而法向的变化在一定程度上则反映曲面的曲率分布。为了实现基于曲面曲率的自适应采样，算法在采样点的位置信息欧氏空间域和法向信息特征空间域上执行聚类操作。图 6.2(见插页)给出了不同模型的重采样实例。在这些例子中，Meanshift 聚类的阈值取为 0.10，局部模式点聚类的位置变化和法向变化权值都取为 $(\omega_{\text{position}}, \omega_{\text{normal}}) = (0.2, 0.8)$。实验结果表明该重采样结果能够很好地反映模型的曲率分布特征，在模型的高曲率区域采样点较稠密，在模型的低曲率平坦区域采样点较稀疏。

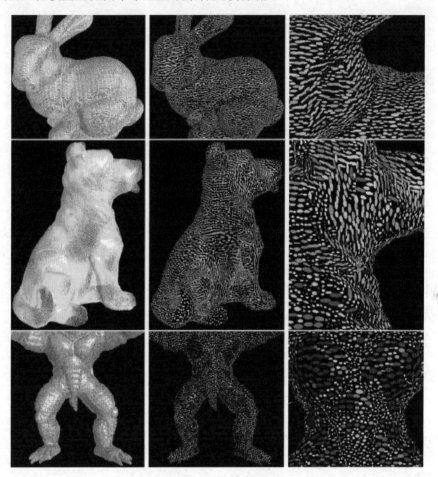

图 6.2　由采样点位置和法向属性决定的自适应重采样结果

左列：原始点采样模型；中列：在位置信息欧氏空间域和法向信息特征空间域上执行 Meanshift 聚类操作的重采样结果，其中不同的颜色反映了聚类的不同大小，粉红色表示相对较小的聚类，蓝色表示相对较大的聚类；右列：模型采样结果的局部放大图

利用相同的聚类阈值和权值，图 6.3(见插页)给出了另两个针对原始采样模型的重采样结果。实验结果表明，即使对于采样点非均匀分布的 Dragon 模型和噪声

Max-Planck 模型,该自适应重采样方法都能得到较好的采样结果——简化采样点的分布能够很好地反映模型的曲率分布特征。

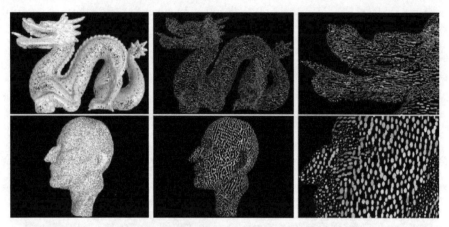

图 6.3　由采样点位置和法向属性决定的自适应重采样结果
第一行:采样点非均匀分布的 Dragon 模型的重采样结果;第二行:带有噪声的 Max-Planck 模型的重采样结果

2. 利用不同权值调整简化模型的重采样率

在提出的自适应采样方法中,可以很方便地调整简化模型的重采样率以满足不同的采样需求。简化模型的采样率可以通过两种途径来调整,一是调整 Meanshift 聚类的阈值,二是调整局部模式点聚类的位置变化和法向变化权值。

通过调整 Meanshift 聚类的阈值能够生成不同的重采样结果。图 6.4 给出了 Bunny 模型在不同聚类阈值的设置下的重采样结果。如果 Meanshift 聚类的阈值取为 0.10,则简化模型中的采样点数目是 16729;如果阈值取为 0.05,则简化模型中的采样点数目是 23304;如果阈值取为 0.20,则简化模型中的采样点数目是 14381。实验结果表明较大的聚类阈值下的重采样结果的采样点数目较少,相反,较小的聚类阈值下的重采样结果的采样点数目较多,但它们都能很好地反映模型的内在曲率分布。

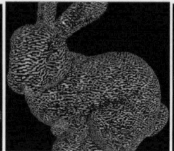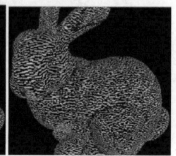

(a) Meanshift 聚类阈值取 0.05 下的　　(b) Meanshift 聚类阈值取 0.10 下的　　(c) Meanshift 聚类阈值取 0.20 下的
　　模型重采样结果　　　　　　　　　　模型重采样结果　　　　　　　　　　模型重采样结果

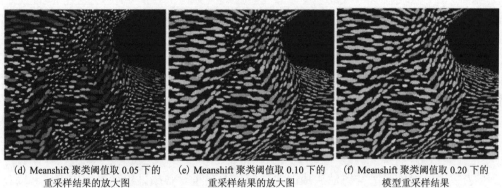

(d) Meanshift 聚类阈值取 0.05 下的　　　(e) Meanshift 聚类阈值取 0.10 下的　　　(f) Meanshift 聚类阈值取 0.20 下的
　　重采样结果的放大图　　　　　　　　　　重采样结果的放大图　　　　　　　　　　模型重采样结果

图 6.4　Meanshift 聚类阈值的不同选取对模型重采样结果的影响，其局部模式
点聚类位置变化和法向变化的权值分别取为 (0.2, 0.8)

　　此外，局部模式点聚类的位置变化和法向变化的不同权值 ω_{position} 和 ω_{normal} 也能调整简化模型的重采样率。图 6.5（见插页）表明在不同权值的设置下的不同重采样结果。简化模型的采样点数目严重依赖于位置变化和法向变化的不同权值选取。对具有 137062 个采

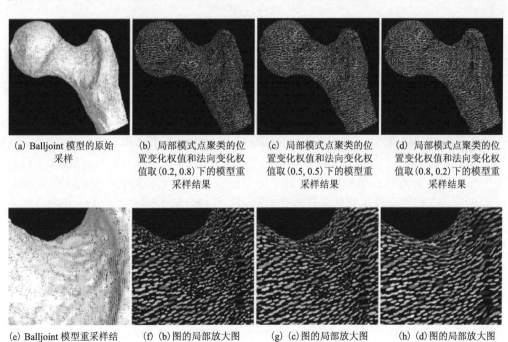

(a) Balljoint 模型的原始　　(b) 局部模式点聚类的位　　(c) 局部模式点聚类的位　　(d) 局部模式点聚类的位
　　采样　　　　　　　　　　置变化权值和法向变化权　　置变化权值和法向变化权　　置变化权值和法向变化权
　　　　　　　　　　　　　　值取 (0.2, 0.8) 下的模型重　　值取 (0.5, 0.5) 下的模型重　　值取 (0.8, 0.2) 下的模型重
　　　　　　　　　　　　　　采样结果　　　　　　　　　　采样结果　　　　　　　　　　采样结果

(e) Balljoint 模型重采样结　　(f) (b) 图的局部放大图　　(g) (c) 图的局部放大图　　(h) (d) 图的局部放大图
　　果的放大图

图 6.5　局部模式点聚类的位置变化权值和法向变化权值的不同选取对
模型重采样结果的影响，其中 Meanshift 聚类阈值取为 0.10

样点的 Balljoint 原始模型，其局部模式点聚类位置变化和法向变化的权值如果取为 (0.2, 0.8)，则简化模型的采样点数目为 9857；如果位置变化和法向变化的权值取为 (0.8, 0.2)，则简化模型的采样点数目为 7062；如果位置变化和法向变化的权值取为 (0.5, 0.5)，则简化模型的采样点数目为 8485。实验结果表明较大的法向变化的权值 ω_{normal} 使得重采样结果能很好地反映模型的内在曲率分布，而较大的位置变化的权值 $\omega_{position}$ 将导致均匀的采样结果。

3. 简化模型的几何误差分析

为了评价由该重采样方法生成的简化模型的质量，必须采用衡量原始模型和简化模型之间几何误差的一些方法来估计简化模型的几何误差。类似于三维网格 Metro 误差分析工具 (Cignoni et al., 1998)，利用原始模型 S 和简化模型 S' 之间的最大 Hausdorff 距离误差和平均距离误差来度量简化模型的几何误差，即

$$\Delta_{max}(S, S') = \max_{q \in S} d(q, S')$$

和

$$\Delta_{avg}(S, S') = \frac{1}{\|S\|} \sum_{q \in S} d(q, S')$$

相应的规范化几何误差可以利用上述误差除以模型的包围盒对角线长度得到。对于每一采样点 $q \in S$，采样点与简化模型的几何距离 $d(q, S')$ 可以近似定义为该采样点 q 与其在简化模型 S' 上的投影点 $\bar{q}$ 之间的欧氏距离来定义。投影点 $\bar{q}$ 可以利用文献 (Alexa et al., 2004) 中的简单近似正交投影得到。

图 6.6 (见插页) 给出了 Rabbit 简化模型的实体绘制结果和几何误差分析。图 6.6 (a) 和图 6.6 (b) 为 Rabbit 模型的原始模型和简化模型；图 6.6 (c) 为局部模式点聚类的位置变化权值和法向变化权值取 (0.2, 0.8) 下的模型重采样结果和简化模型的几何误差分析，其中不同颜色反映了简化采样点处规范化几何误差的不同大小。其中 Rabbit 的采样点数目从原始的 67038 简化为 4493 (局部模式点聚类的位置变化和法向变化的权值取为 0.2 和 0.8，聚类的阈值取为 0.10)，简化模型的规范化平均几何误差为 $\Delta_{avg}^* = 10.28 \times 10^{-4}$，简化模型的规范化最大几何误差为 $\Delta_{max}^* = 0.0062$。表 6.1 给出了模型简化算法的数据统计和运行时间统计。例如，对于 Bunny 模型，其原始采样点数目为 280792，简化模型的采样点数目为 16729，其中算法中的微分属性估计，Meanshift 迭代和 Meanshift 局部模式点聚类的运行时间分别为 2.55s、15.01s 和 2.73s。简化模型的规范化平均几何误差为 $\Delta_{avg}^* = 4.73 \times 10^{-4}$。从表中看出该方法的有效性。图 6.7 给出了该自适应重采样方法和 Pauly 等 (2002) 基于聚类的简化方法之间的比较实例。图 6.7 (a) 为 Bunny 模型的原始采样；图 6.7 (b) 为利用均匀聚类简化的重采样结果；图 6.7 (c) 为利用层次聚类简化的重采样结果；图 6.7 (d) 为利用这种自适应 Meanshift 聚类简化的

重采样结果。实验结果给出了 Bunny 简化模型的采样点数目为原始模型的采样点数目的 6%的情况下，不同简化方法产生的几何误差比较。通常均匀聚类简化往往导致较大的几何误差，层次聚类方法可以改善其几何误差。而这种自适应 Meanshift 重采样方法可以得到更好的重采样结果，所产生的简化模型的几何误差较小。

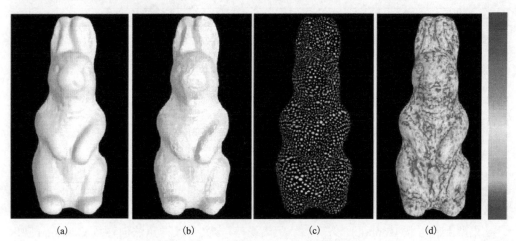

(a)　　　　　　　(b)　　　　　　　(c)　　　　　　　(d)

图 6.6　Rabbit 模型简化的几何误差分析

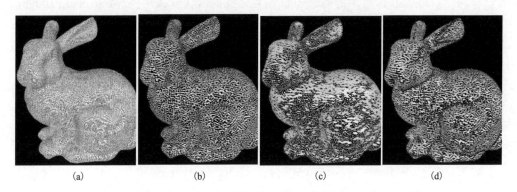

(a)　　　　　　　(b)　　　　　　　(c)　　　　　　　(d)

图 6.7　利用基于聚类的不同简化方法的重采样结果和几何误差比较

表 6.1　针对不同点采样模型，在 Pentium IV 3.0 GHz CPU，1024MB 内存的
PC 环境下实现自适应重采样算法的时间统计

点采样模型	原始模型采样点数目	时 间 统 计			简化模型采样点数目	规范化平均几何误差为 $\varDelta^{*}_{avg}$
		微分属性估计/s	Meanshift 迭代/s	Meanshift 聚类/s		
Dragon	437645	3.93	38.16	11.51	34049	5.29×10^{-4}
Bunny	280792	2.55	15.01	2.73	16729	4.73×10^{-4}

续表

点采样模型	原始模型采样点数目	时 间 统 计			简化模型采样点数目	规范化平均几何误差为 $\Delta_{avg}^{\bullet}$
		微分属性估计/s	Meanshift 迭代/s	Meanshift 聚类/s		
Dog	195586	1.77	11.97	1.92	14159	6.31×10^{-4}
Armadillo	172974	1.51	9.56	1.67	15482	8.24×10^{-4}
Balljoint	137062	1.24	6.92	1.29	9857	6.54×10^{-4}
Santa	75781	0.67	5.05	0.65	6983	9.90×10^{-4}
Rabbit	67038	0.60	3.16	0.58	4493	10.28×10^{-4}
Noisy Planck	96844	0.86	4.04	2.49	5873	11.14×10^{-4}

6.5　基于 Gaussian 球细分的形状 Isophotic L^{2,1} 误差分析

为了实现误差可控的模型重采样和简化，首先将 Gaussian 球进行正则三角化，可以通过对球的内接正则多面体进行递归细分得到。将 Gaussian 球上的顶点和三角形分别称为 Gaussian 顶点(Gaussian vertices)和 Gaussian 三角形(Gaussian triangles)。此时，三维模型上的形状 Isophotic 误差(L^{2,1} 距离误差)定义为采样点法向量场 Gaussian 映射像之间的欧氏距离。根据用户指定的 Gaussian 球的细分层次我们可以分析 Gaussian 球上位于同一 Gaussian 三角形的 Gaussian 顶点之间的最大欧氏距离(Miao et al., 2009b)。

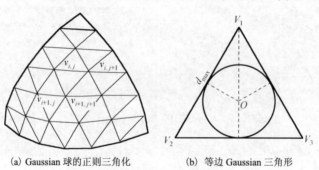

(a) Gaussian 球的正则三角化　　　　(b) 等边 Gaussian 三角形

图 6.8　Gaussian 球的正则三角化和 Gaussian 三角形

一般地，基于 Gaussian 球的细分层次 n，存在两种类型的 Gaussian 三角形，如图 6.8(a)所示。一种类型是球面三角形 $\Delta_1 = \{V_{i,j},\ V_{i,j+1},\ V_{i+1,j+1}\}$，其中 $i = 1,2,\cdots,n-2$；$j = 0,1,2,\cdots,i-1$；另一种类型是球面三角形 $\Delta_2 = \{V_{i,j},\ V_{i+1,j},\ V_{i+1,j+1}\}$，其中 $i = 1,2,\cdots,n-2$；　$j = 0,1,2,\cdots,i$。不失一般性，仅估计如下 Gaussian 顶点 $V_{i,j}$ 和 $V_{i+1,j+1}$ 之间的欧氏距离。其中 Gaussian 顶点 $V_{i,j}$ 和 $V_{i+1,j+1}$ 直角坐标分别为

$$V_{i,j} = \left(\sin\left(\frac{i\cdot\pi}{2(n-1)}\right)\cos\left(\frac{j\cdot\pi}{2i}\right), \quad \sin\left(\frac{i\cdot\pi}{2(n-1)}\right)\sin\left(\frac{j\cdot\pi}{2i}\right), \quad \cos\left(\frac{i\cdot\pi}{2(n-1)}\right) \right)$$

和

$$V_{i+1,j+1} =$$
$$\left(\sin\left(\frac{(i+1)\cdot\pi}{2(n-1)}\right)\cos\left(\frac{(j+1)\cdot\pi}{2(i+1)}\right), \quad \sin\left(\frac{(i+1)\cdot\pi}{2(n-1)}\right)\sin\left(\frac{(j+1)\cdot\pi}{2(i+1)}\right), \quad \cos\left(\frac{(i+1)\cdot\pi}{2(n-1)}\right) \right)$$

从而, 它们之间的欧氏距离估计如下:

$$d^2 = \left[\sin\left(\frac{i\cdot\pi}{2(n-1)}\right)\cos\left(\frac{j\cdot\pi}{2i}\right) - \sin\left(\frac{(i+1)\cdot\pi}{2(n-1)}\right)\cos\left(\frac{(j+1)\cdot\pi}{2(i+1)}\right) \right]^2$$

$$+ \left[\sin\left(\frac{i\cdot\pi}{2(n-1)}\right)\sin\left(\frac{j\cdot\pi}{2i}\right) - \sin\left(\frac{(i+1)\cdot\pi}{2(n-1)}\right)\sin\left(\frac{(j+1)\cdot\pi}{2(i+1)}\right) \right]^2$$

$$+ \left[\cos\left(\frac{i\cdot\pi}{2(n-1)}\right) - \cos\left(\frac{(i+1)\cdot\pi}{2(n-1)}\right) \right]^2$$

$$= 2 - 2\cos\left(\frac{i\cdot\pi}{2(n-1)}\right)\cos\left(\frac{(i+1)\cdot\pi}{2(n-1)}\right)$$

$$- 2\sin\left(\frac{i\cdot\pi}{2(n-1)}\right)\sin\left(\frac{(i+1)\cdot\pi}{2(n-1)}\right)\cos\left(\frac{j\cdot\pi}{2i} - \frac{(j+1)\cdot\pi}{2(i+1)}\right)$$

$$\leqslant 2 - 2\cos\left(\frac{i\cdot\pi}{2(n-1)}\right)\cos\left(\frac{(i+1)\cdot\pi}{2(n-1)}\right)$$

$$- 2\sin\left(\frac{i\cdot\pi}{2(n-1)}\right)\sin\left(\frac{(i+1)\cdot\pi}{2(n-1)}\right)\left(1 - \frac{1}{2}\left(\frac{j\cdot\pi}{2i} - \frac{(j+1)\cdot\pi}{2(i+1)}\right)^2\right)$$

$$= 4\left(\sin\left(\frac{\pi}{4(n-1)}\right)\right)^2 + \sin\left(\frac{i\cdot\pi}{2(n-1)}\right)\sin\left(\frac{(i+1)\cdot\pi}{2(n-1)}\right)\cdot\left(\frac{j-i}{i(i+1)}\right)^2\cdot\frac{\pi^2}{4}$$

$$\leqslant 4\left(\frac{\pi}{4(n-1)}\right)^2 + \frac{i\cdot\pi}{2(n-1)}\cdot\frac{(i+1)\cdot\pi}{2(n-1)}\cdot\left(\frac{j-i}{i(i+1)}\right)^2\cdot\frac{\pi^2}{4}$$

$$\leqslant \frac{\pi^2}{4(n-1)^2}\left(1 + \frac{\pi^2}{4}\right)$$

$$< \frac{7\pi^2}{8(n-1)^2}$$

在上述估计过程中, 利用了三角等式或三角不等式, 以及简单的不等式$\frac{(j-i)^2}{i(i+1)}\leqslant 1$

对于 $0 \leqslant j \leqslant i$ 和 $i > 0$。特别地，Gaussian 顶点 $V_{0,0} = (0, 0, 1)$ 和 $V_{1,1} = \left(0, \sin\left(\dfrac{\pi}{2(n-1)} \right), \right.$

$\left. \cos\left(\dfrac{\pi}{2(n-1)} \right) \right)$ 之间的距离可以简单地估计为

$$d^2 = 2 - 2\cos\left(\frac{\pi}{2(n-1)} \right) = 4\left(\sin\left(\frac{\pi}{4(n-1)} \right) \right)^2 \leqslant \frac{\pi^2}{4(n-1)^2} < \frac{7\pi^2}{8(n-1)^2}$$

从而可以得到在给定的 Gaussian 球的细分层次 n 下，两种类型的 Gaussian 三角形的 Gaussian 顶点之间的最大欧氏距离为

$$d_{\max} = \sqrt{\frac{7\pi^2}{8(n-1)^2}}$$

此外，容易得到 Gaussian 三角形的 Gaussian 顶点和它的中心之间的距离小于等于 $\dfrac{1}{\sqrt{3}} d_{\max}$，等号仅在等边 Gaussian 三角形时取到（图 6.8 (b)）。可以根据用户指定的形状 Isophotic $L^{2,1}$ 误差阈值，指定 Gaussian 球的细分层次 n。具体地说，对于形状 Isophotic $L^{2,1}$ 误差阈值 ε，Gaussian 球的细分层次 n 应大于 $\sqrt{\dfrac{7\pi^2}{24\varepsilon^2}} + 1$ 或取 $n = \left\lceil \sqrt{\dfrac{7\pi^2}{24\varepsilon^2}} + 1 \right\rceil$。例如，如果要求形状 Isophotic $L^{2,1}$ 误差阈值为 0.1，则 Gaussian 球的细分层次 $n = 18$；如果要求形状 Isophotic $L^{2,1}$ 误差阈值为 0.2，则 Gaussian 球的细分层次 $n = 10$；如果要求形状 Isophotic $L^{2,1}$ 误差阈值为 0.3，则 Gaussian 球的细分层次 $n = 7$。

类似于网格模型的几何误差分析工具 Metro（Cignoni et al., 1998），利用均方根（Root Mean Square，RMS）误差和最大误差来简化模型的形状 Isophotic 误差。

$$\Delta_{\mathrm{RMS}}(S', S) = \sqrt{\frac{1}{\|S'\|} \sum_{p \in S'} \frac{\sum_{p_i \in \Re_p} \|\boldsymbol{n}_i - \boldsymbol{n}\|^2 \, \omega(\boldsymbol{p}_i, \boldsymbol{p})}{\sum_{p_i \in \Re_p} \omega(\boldsymbol{p}_i, \boldsymbol{p})}}$$

$$\Delta_{\max}(S', S) = \max_{p \in S'} \sqrt{\frac{\sum_{p_i \in \Re_p} \|\boldsymbol{n}_i - \boldsymbol{n}\|^2 \, \omega(\boldsymbol{p}_i, \boldsymbol{p})}{\sum_{p_i \in \Re_p} \omega(\boldsymbol{p}_i, \boldsymbol{p})}}$$

式中，$\Re_p \subseteq S$ 表示原始模型中其代表面元为 $\boldsymbol{p}$ 的采样点全体，权值可定义为 $\omega(\boldsymbol{p}_i, \boldsymbol{p}) = \theta(\|\boldsymbol{p}_i - \boldsymbol{p}\|)$，其中权函数 θ 是光滑的正单调递减函数，如可取 Gaussian 加权函数 $\theta(r) = \exp\left(-\dfrac{r^2}{h^2} \right)$（Alexa et al., 2001, 2003）。

6.6　基于 Gaussian 球映射的点采样模型简化重采样

在大规模采样数据的简化重采样中，如何很好地保持模型固有的几何特征——模型特征保持的重采样方法是数字几何处理应用中的一个关键技术问题（Pauly et al., 2002; Lai et al., 2007）。一般来说，模型的几何特征是指模型位于高曲率区域的特征边、特征脊线和谷线等，在这些区域的曲面法方向场变化较大，呈现了一定程度的不连续性。从微分几何的观点来看，这些法向的变化可以通过曲面 Gaussian 映射的导数得出（DoCarmo, 1976）。

普遍认为，一个好的点采样模型的简化和重采样方法应该具有如下一些特点：①方法的有效性，针对大规模模型的简化方法在时间上是高效的；②方法保持模型的几何特征，简化方法应该尽可能好地保持模型的内在几何特征；③模型简化的质量和用户可控的简化误差：简化模型的质量应是较高的，并能够提供比较方便的方法控制简化过程产生的几何误差。

为了提出满足上述要求的点采样模型的简化方法，基于 Gaussian 球的正则三角化和曲面采样点法向量在 Gaussian 球上的投影，提出了一种基于 Gaussian 映射的模型重采样方法（Miao et al., 2012）。基于该方法所产生的形状 Isophotic 误差（$L^{2,1}$ 距离误差）的理论分析，提供了一种方便的方法以控制重采样结果产生的形状误差。同时给出了一个针对点采样数据的重采样框架，在该框架下产生的简化采样点能够很好地反映模型的内在特征，是一种特征敏感的自适应简化方法。这种特征敏感的模型重采样流程如图 6.9（见插页）所示。

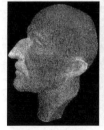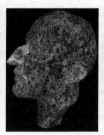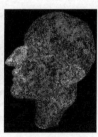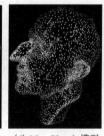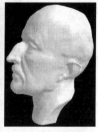

| (a) Max-Planck 模型的原始均匀采样 | (b) 利用顶点索引扩散过程的模型初始聚类 | (c) 利用聚类的正则化和孤立点合并后的模型优化聚类 | (d) Max-Planck 模型的特征敏感的重采样结果 | (e) 简化模型的 Splatting 绘制结果 |

图 6.9　特征敏感的模型重采样流程

6.6.1　特征敏感重采样算法框架

与传统的 L^2 度量相比，$L^{2,1}$ 形状度量在表征模型的细节和各向异性特性方面更加优越（Cohen-Steiner et al., 2004; Pottmann et al., 2004），在本节将描述基于 Gaussian 球的重采样方法，可以生成自适应的特征敏感的采样点分布。在该方法中，将点采样模型上的 $L^{2,1}$ 形状度量定义为采样点法向量场 Gaussian 映射像之间的欧氏距离。首先，将 Gaussian 球进行正则三角化，可以通过对球的内接正则多面体进行递归细分得到。该重采样方法的关键一步是将其法向量位于 Gaussian 球上同一个 Gaussian 三角形的采样点进行聚类，并生成每一类的代表面元。根据用户指定的 Gaussian 球的细分层次（subdivision level）将法向量位于 Gaussian 球上同一个 Gaussian 三角形的采样点进行聚类，从而可以控制不同聚类之间的 $L^{2,1}$ 误差度量，实现简化模型的误差可控目的。可以非常方便地通过指定 Gaussian 球的细分层次控制模型的重采样结果误差。

随着各种针对离散采样点数据的法向估计技术（Pauly et al., 2002; Weyrich et al., 2004）的提出，许多基于点采样模型的处理方法通常假设输入的采样点数据包含法向量信息和采样位置信息。该算法也假设以大规模离散面元（Surfels）作为输入，它包含位置和法向信息 $\{(p_i, n_i)\}$。基于 Gaussian 球的针对大规模点采样模型的特征敏感重采样方法的流程如下。

（1）采样点邻域选取：根据采样点的法向偏差自适应地确定每一采样点的邻域。

（2）初始采样：利用索引扩散（index propagation）技术和堆栈数据结构，对模型中的所有采样点进行初始聚类。

（3）优化采样：包括迭代地执行以下两个步骤，直至收敛。①聚类正则化，将非正则的聚类分开生成正则的圆盘形分布的聚类；②孤立点合并，将位于 Gaussian 球角点处的孤立点吸入邻近的聚类中。

（4）生成简化面元：每一个聚类表示成一个代表面元。

（5）面元绘制：生成的简化模型可以利用椭圆 Splatting 技术绘制。

6.6.2　利用索引扩散的采样点初始聚类

对于点采样模型 S 上的每一采样点 p，其自适应邻域 $N(p)$ 可以通过法向锥约束确定如下：首先确定传统的 K-最近点邻域 N_k，从而采样点 p 的自适应邻域取为 N_k 中与 p 的法向偏差小于一定阈值的采样点全体。然后根据采样点之间的位置信息和邻域关系，可以建立一个无向非对称的抽象邻域图 $G = (P, E)$。在该邻域图中，边 (i, j) 属于边集 E 当且仅当采样点 $p_j \in N(p_i)$。

该自适应重采样方法的基本思想是其法向位于同一 Gaussian 三角形的相邻采样点认为是位于模型的非特征区域，从而应属于同一个类中。相反，其法向位于不同的 Gaussian 三角形的相邻采样点应属于两个不同的类中。利用上述建立的模型的抽象邻域图，该算法的目标是赋予每一图顶点一个索引，并将具有相同索引的图顶点聚成一类。因此，该索引扩散过程需要在下列准则下进行：对于每一条图边，若其两个端点的法向量位于同一 Gaussian 三角形中，则赋予相同的索引值，若其两个端点的法向量位于不同 Gaussian 三角形中，则赋予不同的索引值。

确定顶点索引的方法执行如下：算法首先选取一个种子点，并赋予一个索引值。该索引传递扩散到其法向量位于同一 Gaussian 三角形中的相邻采样点。在该索引扩散过程中，将采用一个堆栈数据结构。堆栈元素记录了采样点的索引值和其邻域信息。开始时堆栈用一个无索引种子点初始化。随着该索引扩散过程的进行，每一次都弹出栈顶元素作为当前元素进行处理。若此当前元素有一个直接相邻但未索引的邻域点而且其法向量位于同一 Gaussian 三角形中，则该邻域点的索引标记为当前元素的索引值。同时，该邻域点被压入堆栈中并继续进行该索引扩散过程。如果堆栈元素为空，则选取剩下的未索引采样点作为种子点压入堆栈并继续进行索引扩散过程。直到所有采样点都被赋予相应的索引值时算法结束。该索引扩散过程算法伪代码如下：

```
输入：原始点采样模型 S = {(p_k, n_k)}_{k=1,2,3,…,n}；
      确定点采样模型 S 中每个采样点的自适应邻域
while 堆栈中还有未索引采样点 p_l do
  为采样点 p_l 创建索引值；
  将采样点 p_l 压入堆栈；
  while 堆栈非空 do
    从堆栈中弹出栈顶元素 p_i 作为当前元素；
    for (采样点 p_i 的每一个邻域点 p_j ∈ N(p_i))
      if 邻域点 p_j 与采样点 p_l 直接相邻且它们的法向量位于同一 Gaussian 三角形中
      then
          将采样点 p_l 的索引值赋给邻域点 p_j；
          将邻域点 p_j 压入堆栈；
      end if
    end for
  end while
end while
```

然而，为了避免产生较坏的聚类，在索引扩散过程中引进了一些约束条件。当两个相邻采样点的法向量在 Gaussian 球上的投影刚好位于同一 Gaussian 三角形的两个角点时，它们很可能应该位于不同的聚类而不应被归为同一类。因此引进了一个法方向的距离约束以避免该例外情况。具体地说，规定其法向量位于同一 Gaussian 球而被赋予同一索引值的采样点，其法向量之间的距离不能超过 Gaussian 三角形内接圆的半径。只有当两个相邻采样点的法向量位于同一 Gaussian 三角形并且法向量的欧氏距离小于 $\frac{1}{2\sqrt{3}}d_{\max}$ 时，才将当前元素的索引值传递到下一个相邻采样点。其中 $d_{\max}$ 表示在

Gaussian球细分层次为 n 时的Gaussian球上的最大边长,可以计算为 $d_{\max} = \sqrt{\dfrac{7\pi^2}{8(n-1)^2}}$ 。

此外,在相对平坦的模型区域,为了防止产生的聚类过大,需要增加采样点位置的距离约束。也就是说,在顶点索引扩散过程中,增加图遍历的深度约束。在实验中限制该深度约束为6,产生的结果比较理想。

6.6.3　合并孤立采样点

经过顶点索引扩散过程后,所有的离散采样点均被赋予相应的索引值。然而,为了消除可能产生的孤立聚类采样点,一个顶点索引校正过程可以将这些孤立采样点合并到相邻的聚类。具体地说,对每一个法向量通常位于Gaussian三角形角点的孤立采样点 p ,首先搜索出其相邻的聚类 C_i 。相邻聚类的法向可以取为其所属采样点法向的加权平均,对应孤立采样点 p ,聚类 C_i 可被赋予一个得分 $1-<n, n_i>$,其中 n 和 n_i 分别表示孤立采样点 p 和相邻聚类 C_i 的法向量。最终孤立采样点 p 被合并到具有最小得分的相邻聚类中。

6.6.4　优化聚类生成正则化的圆盘形聚类

由初始聚类所产生的类可能奇异非正则,也就是说,产生的类不是正规圆盘形或椭圆形的。这些聚类的纵横比(aspect ratio)通常较大或较小。因而为了生成正则圆盘形聚类,需要将该类沿着其聚类中心和主轴方向一分为二以形成近似正则的聚类。

对每一个非正则聚类,类似于Pauly等(2002)的方法,采用聚类的协方差分析估计聚类的局部特性。具体地说,首先确定聚类 $C_i = \{p_1, p_2, \cdots, p_k\}$ 的协方差矩阵为

$$\begin{pmatrix} p_1 - \overline{p} \\ p_2 - \overline{p} \\ \vdots \\ p_k - \overline{p} \end{pmatrix}^{\mathrm{T}} \begin{pmatrix} p_1 - \overline{p} \\ p_2 - \overline{p} \\ \vdots \\ p_k - \overline{p} \end{pmatrix}$$

式中,中心点 $\overline{p}$ 被确定为类中采样点的中心。不像通常的协方差方法估计曲率(Pauly et al., 2002),取两个较大特征值的特征向量 v_1 和 v_2 表示面元主轴。利用相应的两个较大特征值 $\lambda_1 \geq \lambda_2$ 估计聚类的正则性程度为 Normalization degree $= \lambda_1 / \lambda_2$ 。如果一个聚类的正则性程度超过给定的阈值,则该聚类被一分为二,其分裂平面为过聚类中心点并垂直于聚类的最长的主轴,即对应于最大特征值的特征向量。这两个过程——孤立采样点合并和聚类正则化将被迭代进行直至所生成的聚类满足正则性准则,得到了优化聚类的结果。

6.6.5　生成简化代表面元

对于通过顶点索引扩散技术生成的每个聚类，可以通过极小化 $L^{2,1}$ 误差度量 (Hoppe, 1999; Cohen-Steiner et al., 2004)确定代表面元。具体地说，关于面元 $(\boldsymbol{p}_i, \boldsymbol{n}_i)$ 的 $L^{2,1}$ 误差 $L^{(\boldsymbol{p}_i,\boldsymbol{n}_i)}(\boldsymbol{p}, \boldsymbol{n})$ 度量为采样点 Splat 和聚类代表面元之间的法向偏差：

$$L^{(\boldsymbol{p}_i,\boldsymbol{n}_i)}(\boldsymbol{p}, \boldsymbol{n}) = d^2(\boldsymbol{n},\boldsymbol{n}_i) = (\boldsymbol{n}-\boldsymbol{n}_i)^{\mathrm{T}}(\boldsymbol{n}-\boldsymbol{n}_i)$$

从而将聚类中的所有采样点的 $L^{2,1}$ 法向偏差相加，得到关于面元 $(\boldsymbol{p}, \boldsymbol{n})$ 的总体误差度量为

$$L(\boldsymbol{p}, \boldsymbol{n}) = \sum_{\boldsymbol{p}_i \in C_i} \omega_i L^{(\boldsymbol{p}_i,\boldsymbol{n}_i)}(\boldsymbol{p}, \boldsymbol{n}) = \sum_{\boldsymbol{p}_i \in C_i} \omega_i(\boldsymbol{n}-\boldsymbol{n}_i)^{\mathrm{T}}(\boldsymbol{n}-\boldsymbol{n}_i) = \sum_{\boldsymbol{p}_i \in C_i} \omega_i(\boldsymbol{n}^{\mathrm{T}}\boldsymbol{n}-\boldsymbol{n}^{\mathrm{T}}\boldsymbol{n}_i-\boldsymbol{n}_i^{\mathrm{T}}\boldsymbol{n}+\boldsymbol{n}_i^{\mathrm{T}}\boldsymbol{n}_i)$$

上述误差度量关于 $(\boldsymbol{p}, \boldsymbol{n})$ 的极小化可以通过梯度方程得到 $\frac{\partial L(\boldsymbol{p},\boldsymbol{n})}{\partial \boldsymbol{n}} = 0$。为了简单起见，如果权值 ω_i 取成仅依赖于曲面法向，则误差度量的梯度计算为

$$\frac{\partial L(\boldsymbol{p},\boldsymbol{n})}{\partial \boldsymbol{n}} = 2\sum_{\boldsymbol{p}_i \in C_i} \omega_i(\boldsymbol{n}-\boldsymbol{n}_i)$$

从而误差度量的极小化得到聚类代表面元的法向量为

$$\boldsymbol{n} = \frac{\sum_{\boldsymbol{p}_i \in C_i} \omega_i \boldsymbol{n}_i}{\sum_{\boldsymbol{p}_i \in C_i} \omega_i}$$

巧合的是，得到的结果和文献(Alexa et al., 2004)中的法向量加权平均类似。其中权值取为 $\omega_i = \theta(\|\boldsymbol{p}-\boldsymbol{p}_i\|)$，权函数 θ 是光滑的正单调递减函数，例如，可取 Gaussian 加权函数 $\theta(r) = \exp\left(-\frac{r^2}{h^2}\right)$ (Alexa et al., 2001, 2003)。

另外，聚类代表面元的位置与 $L^{2,1}$ 极小化无关。在实验中，简单地取聚类代表面元的位置为聚类中所有采样点的中心 $\boldsymbol{p} = \frac{1}{\|C_i\|}\sum_{\boldsymbol{p}_i \in C_i} \boldsymbol{p}_i$。

6.6.6　利用椭圆 Splatting 技术绘制简化点采样模型

通常，基于点的绘制方法简单地使用圆盘形面元作为物体空间的 Surfel 表示进行绘制(Kobbelt et al., 2004; Sainz et al., 2004; Gross et al., 2007)。然而，与圆盘形面元相比，椭圆形面元(elliptical splat)能够更好地覆盖模型表面(Wu et al., 2004)。透视准确的圆盘形或椭圆形面元在使用 Shaders 和 α-textured 多边形绘制中得到了较好的绘制结果(Botsch et al., 2004; Pajarola et al., 2004; Guennebaud et al., 2006)。为了更好地显示简

化模型，使用椭圆形面元以改进曲面覆盖，并利用基于 Fragment-Shader 的椭圆光线投射方法绘制(Botsch et al. 2004)。

现在，基于 Gaussian 球的上述采样过程生成了简化采样点的位置信息和法向信息 (p_i', n_i')。正如(Wu et al., 2004)，对每一采样面元 (p_i', n_i')，其邻域为 N_i'，利用协方差分析确定椭圆面元的大小尺寸。具体地说，根据协方差矩阵

$$\sum_{j \in N_i'} (n_j' - \tilde{n})(n_j' - \tilde{n})^{\mathrm{T}}$$

的两个较大特征值 $\lambda_1 \geqslant \lambda_2$ 对应的特征向量 v_1，v_2 确定聚类的主曲率方向，从而确定椭圆的最长最短椭圆轴，其中 $\tilde{n}$ 是聚类中采样点的法向平均。相应地，椭圆的纵横比设为 $\kappa = \lambda_2 / \lambda_1$。同时，为了更好地覆盖模型表面，调整面元面积大小，其缩放比例设为椭圆轴长度之比。

现在基于物体空间椭圆面元的透视准确的光栅化可以利用逐像素的光线和面元的求交计算来实现。在相机坐标系中，给定经过像素的光线 $t \cdot v$ 和椭圆方程 $p + x \cdot e + y \cdot f$ (面元中心为 p，面元主轴为 $e = sv_1$ 和 $f = \kappa \cdot sv_2$)，可以求解以下方程：

$$[e \ f \ v] \cdot (x, y, -t)^{\mathrm{T}} = -p$$

顶点 Shader 得到了面元的位置 p 和法向 n，面元的主轴 e 和纵横比 κ (计算 $f = \kappa(n \times e)$)，以及某些面元常数，以求解上述光线-椭圆面元的相交方程。在片断 Shader 中，对于相机坐标系中的每个像素 v，最终求解 x，y 和 t。如果满足 $(\kappa x)^2 + y^2 > \|e\|^2$，则该片断被舍弃，否则设其 z-深度为 $t \cdot v_z$。

然后，基于椭圆面元的绘制方法可以很好地绘制这种简化模型，该方法采用 three-pass 方法并结合 ε-z-缓存剔除和重叠面元之间的混合绘制等(Kobbelt et al., 2004; Sainz et al., 2004; Gross et al., 2007)。

6.6.7　实验结果与讨论

本节提出的算法在 Pentium IV 3.0 GHz CPU, 1024MB 内存的 PC 环境下得到了实现。该重采样技术是自适应的并且是局部几何特征敏感的。它主要由两个聚类过程组成，一是利用顶点索引扩散过程的初始聚类，二是优化聚类过程，包括聚类的正则化和孤立点合并两个迭代的过程。事实上，第二个聚类过程一般仅需要迭代 2~3 次即可达到收敛，迭代终止的条件为聚类的数目基本达到稳定，即前后两次聚类的数目变化较小(如为原始采样点数目的 1%)。

1. 点采样模型的自适应简化

一般来说，模型表面的曲面法向量场的变化区域往往意味着模型的特征区域。在基于 Gaussian 球的重采样中，算法的关键是根据采样点的法向量分布对模型原始采样

点聚类。从而，该方法能生成非均匀的、自适应分布的简化采样点——特征敏感的模型重采样。

图 6.10 表明了该方法对于 Dragon 模型和 Buddha 模型的重采样结果。为了统一起见，对于 Gaussian 球的细分层次取为 8，原始模型的采样点自适应邻域由法向锥约束（6.6.2 节）来确定，采样点邻域中的点数为 6~16。从实验结果可以看到重采样结果的特征敏感特点。

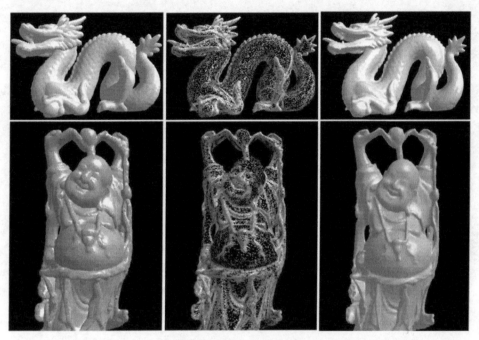

　　(a) 原始模型　　　(b) 模型基于特征敏感的重采样结果　(c) 简化模型的 Splatting 绘制结果

图 6.10　基于 Gaussian 球的特征敏感模型重采样结果

图 6.11（见插页）给出了在不同的细分层次下 Bunny 模型的简化重采样结果和 L^2 几何误差分析。对于 Bunny（初始采样点数目为 280792），Gaussian 球的细分层次如果取为 $n = 8$，则其规范化 RMS 几何误差 $\varDelta^*_{RMS}$=3.85 × 10^{-4}，简化采样点数目为 34255（简化率为 12.2%）。然而，如果 Gaussian 球的细分层次取为 $n = 16, n = 24$，则其规范化 RMS 几何误差分别减少为 $\varDelta^*_{RMS} = 2.51 \times 10^{-4}$ 和 $\varDelta^*_{RMS} = 1.77 \times 10^{-4}$，简化采样点数目分别为 48574（简化率为 17.3%）和 62432（简化率为 22.2%）。实验表明在不同的细分层次下，该方法的重采样结果都是特征敏感的。随着细分层次的增加，通常得到的简化结果中采样点数目也随之增加，而重采样的 L^2 几何误差将越来越小。

图 6.12 给出了 Bunny 模型的系数重采样结果和简化模型重建结果。对于简化模型，在简化过程中数据信息的丢失将导致根据简化模型重建的结果出现一定程度的

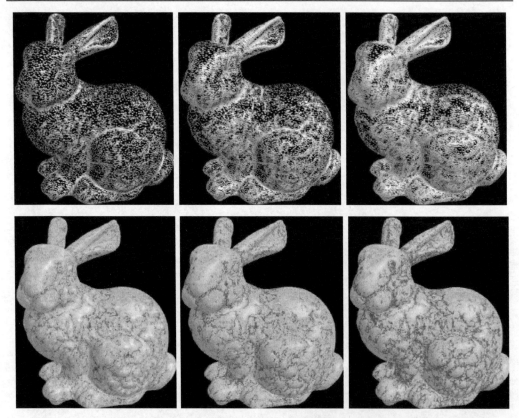

图 6.11　Gaussian 球细分层次的不同选取对模型重采样结果的影响

第一行：在 Gaussian 球的细分层次分别取 $n = 8$，16 和 24 下，Bunny 模型的不同重采样结果；

第二行：在不同的细分层次下简化模型的几何误差分析，其中不同颜色表示采样点处的不同规范
化几何误差，黄色表示较大的几何误差，蓝色表示较小的几何误差，而绿色介于其中

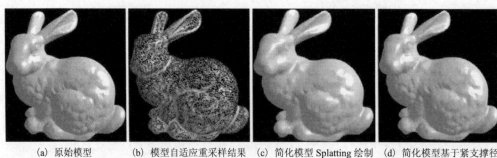

　(a) 原始模型　　(b) 模型自适应重采样结果　(c) 简化模型 Splatting 绘制　(d) 简化模型基于紧支撑径
　　　　　　　　　　　　　　　　　　　　　　　　结果　　　　　　向基函数 (CSRBF) 的曲面重
　　　　　　　　　　　　　　　　　　　　　　　　　　　　　　　建结果 (Carr et al., 2001;
　　　　　　　　　　　　　　　　　　　　　　　　　　　　　　　Ohtake et al. 2003)

图 6.12　Bunny 模型的特征敏感重采样结果和简化模型的曲面重建结果

光顺效果。然而，简化后的模型还能保持原始模型的内在几何特征信息和曲面的细节信息。

2. 基于 Gaussian 球映射的重采样几何误差分析

为了评价由该重采样方法生成的简化模型的质量，利用原始模型 S 和简化模型 S' 之间的最大 Hausdorff 距离误差和 RMS 误差来度量简化模型的几何误差，即

$$\Delta_{\max}(S, S') = \max_{q \in S} d(q, S')$$

和

$$\Delta_{\mathrm{RMS}}(S, S') = \sqrt{\frac{1}{\|S\|} \sum_{q \in S} d^2(q, S')}$$

相应的规范化几何误差 $\Delta^*_{\max}$ 和 Δ^*_{RMS} 可以利用上述误差除以模型的包围盒对角线长度得到。对于每一采样点 $q \in S$，采样点与简化模型的几何距离 $d(q, S')$ 可以近似定义为该采样点 q 与其在简化模型 S' 上的投影点 $\overline{q}$ 之间的欧氏距离来定义。投影点 $\overline{q}$ 可以利用(Alexa et al., 2004)中的简单近似正交投影得到。

表 6.2 给出了模型简化算法的数据统计和运行时间统计，Isophotic $L^{2,1}$ 形状误差度量和规范化 L^2 几何误差度量表明该方法的有效性。其中 Gaussian 球的细分层次取为 8，模型采样点的邻域大小取为 6～16，算法的运行时间包括初始聚类和优化聚类的总时间。例如，对于 Bunny 模型，其原始采样点数目为 280792，利用该方法中两个聚类过程得到的简化模型采样点数目为 34255(简化率为 12.2%)。算法的总体运行时间分别为 7.84s，生成的简化模型的均方根形状 Isophotic 误差($L^{2,1}$ 距离误差)为 $\Delta_{\mathrm{RMS}} = 0.0369$，最大形状 Isophotic 误差($L^{2,1}$ 距离误差)为 $\Delta_{\max} = 0.2480$，而规范化均方根 L^2 几何误差为 $\Delta^*_{\mathrm{RMS}} = 3.85 \times 10^{-4}$，规范化最大 L^2 几何误差为 $\Delta^*_{\max} = 0.0020$。

表 6.2　针对不同点采样模型，在 Pentium IV 3.0 GHz CPU, 1024MB 内存的
PC 环境下实现基于 Gaussian 球的重采样方法的统计结果

点采样模型	原始模型采样点数目	该方法运行时间/s	初始采样的采样点数目	优化采样的采样点数目	形状 Isophotic 误差($L^{2,1}$ 距离误差)		L^2 几何误差	
					Δ_{RMS}	$\Delta_{\max}$	Δ^*_{RMS}	$\Delta^*_{\max}$
Buddha	543652	19.04	71801	128652	0.0438	0.9636	3.10×10^{-4}	0.0047
Dragon	437645	13.97	42928	80295	0.0410	0.9753	3.20×10^{-4}	0.0042
Bunny	280792	7.84	21441	34255	0.0369	0.2480	3.85×10^{-4}	0.0020
Armadillo	172974	6.02	26240	39161	0.0473	0.2595	6.05×10^{-4}	0.0029
Balljoint	137062	4.38	15958	23206	0.0433	0.2865	5.49×10^{-4}	0.0033
Santa	75781	2.62	10404	17181	0.0482	0.2444	6.16×10^{-4}	0.0044
Max-Planck	52809	1.64	5818	8697	0.0615	0.2903	10.80×10^{-4}	0.0094

本质上,该特征敏感重采样方法是一个基于法向在 Gaussian 球上分布的顶点聚类方法。为了统一起见,这里仅将该方法和基于聚类的其他点采样模型重采样方法进行了比较。图 6.13(见插页)中将该方法和 Pauly 等(2002)的基于聚类的点采样模型简化方法进行对比。对于 Armadillo 模型,简化采样点数目是原始采样点数目的 22.6%,图中给出了在三种基于聚类的简化方法下产生的几何误差和误差可视化结果。均匀聚类简化由于所有聚类基本均匀,简化后的误差主要集中于模型的高曲率区域,如耳朵、指尖、牙齿等,与其他方法相比,产生的规范化 L^2 几何误差最大。自适应聚类方法相对要好一些,而该特征敏感的重采样方法产生的几何误差最小,误差分布较均匀并不是仅集中在模型的高曲率特征部分。

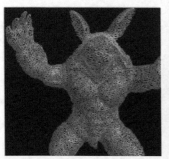 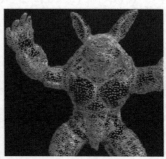 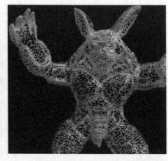

　(a) 均匀聚类的重采样结果　　　(b) 层次聚类的重采样结果　　(c) 基于 Gaussian 球聚类的重采样结果

  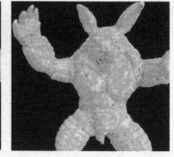

　(d) (a)图的规范化几何误差分布　(e) (b)图的规范化几何误差分布　(f) (c)图的规范化几何误差分布

图 6.13　用基于聚类的不同简化方法的重采样结果和几何误差比较

6.7　本章小结

本章提出了点采样模型的两种简化重采样方法——基于 Meanshift 聚类的重采样和基于 Gaussian 球映射的重采样。在基于 Meanshift 聚类的重采样中,利用自适应 Meanshift 聚类分析方法在多模特征空间分析中的有效性,提出了一种曲率特征敏感的自适应重采样方法。该方法能够生成自适应分布的简化采样点集，其重采样结果能够很好地反映模型的曲率分布特征，在模型的高曲率区域采样点较稠密，在模型的低曲率平坦区域采样点较稀疏。

在基于 Gaussian 球映射的重采样中，基于 Gaussian 球的正则三角化和曲面采样点法向量在 Gaussian 球上的投影，提出了一种针对三维点采样模型的特征敏感的重采样方法。该方法主要由初始聚类和优化聚类两个聚类过程组成，能生成自适应分布的简化采样点分布，其简化模型能够很好地保持原始点采样模型的内在几何特征。同时，该方法提供了一种通过控制 Gaussian 球的细分层次以实现控制重采样结果产生的形状 Isophotic 误差的途径。

第 7 章　点采样模型的形状修复和纹理合成方法

本章在分析点采样模型形状修复的基础上，提出了一种在点采样几何上进行基于全局优化的表面颜色纹理修复和基于上下文的几何修复的算法(Xiao et al., 2007)；同时对修复生成的点采样模型，提出了一种直接在三维模型表面上基于全局优化的纹理合成算法(肖春霞等, 2006b)。本章 7.1 节分析了点采样模型形状修复和纹理合成的研究背景；7.2 节简要介绍了点采样模型形状修复的一些相关工作；在此基础上，7.3 节提出了基于全局优化的表面颜色纹理修复方法；7.4 节提出了基于上下文的几何修复方法；7.5 节简要介绍了二维图像和三维模型纹理合成的一些相关工作；7.6 节介绍了基于最大期望值(Expectation Maximization, EM)算法的图像纹理合成基本思想；7.7 节介绍了点采样模型纹理合成的若干预处理过程；7.8 节提出了基于全局优化的点采样模型纹理合成方法；7.9 节是本章小结。

7.1　三维模型的形状修复和纹理合成概述

随着三维扫描设备的普及，三维扫描已经成为获取复杂物体外形的主要方式。但是获取一个完善的、可用的模型仍然是一个困难的工作。扫描过程中的低反射率、测量误差等因素使得获取的几何模型经常有缺陷，即存在洞和裂缝，在缺损区域上的表面颜色纹理也丢失。此外在进行曲面编辑时也有可能产生较大的洞和裂缝。对这些缺损区域的修复不仅要与曲面的整体形状保持一致，还要体现基本的局部几何细节，同时模型纹理也需要同样进行修复和纹理合成。

与二维图像上的修复和纹理合成相比，三维点采样模型上的修复和纹理合成更加有挑战性。这是由于点采样模型的采样不规则，不能像图像一样给出规则的参数域；同时，点集之间的相似性度量也非常难定义。已有研究者在点集曲面的纹理和几何修复上给出了一些工作，但是这种算法要么产生的修补片都是光滑的，没有任何几何细节(Carr et al., 2001; Davis et al., 2002; Ohtake et al., 2003; Liepa, 2003; Levy, 2003; Verdera et al., 2003)；要么必须在三维上定义几何相似性(Sharf et al., 2004; Park et al., 2005)；若采用偏微分方程来修复几何和纹理，则必须处理复杂的边界条件(Park et al., 2005; Nguyen et al., 2005)。本章提出了一种新的在点采样模型上直接进行纹理合成和几何修复的算法，该算法与以往算法的区别和主要贡献有如下几点。

首先，取曲面上的已有纹理作为纹理样本，纹理修复可以通过求解一个带约束的全局纹理能量函数来完成。其次，基于协方差分析，通过平均曲率流来光顺点集曲面，得到它的基曲面。把几何细节定义为点集曲面与其基曲面之间的位移。随后，几何细节被转化为基曲面上带符号的灰度值。对于几何修复，我们提出的几何修复算法核心思想是把曲面的几何修复转化为曲面纹理修复，这样可以避免一些复杂的过程，例如点采样模型上点集相似度的定义、三维点集的刚性变换。图 7.1（见插页）显示了我们提出的几何修复算法流程。图中伪彩色用来更清楚地表示几何灰度值，红色表示最大的灰度值，绿色次之，蓝色最小。

(a) 破损的 Bunny 模型　　　　(b) 模型 (a) 的基曲面　　　　(c) 将几何细节转化为基曲面上的带符号的几何灰度值　　　　(d) 修复好的基曲面

(e) 对基曲面"修补片"上的颜色纹理进行修复　　　　(f) 重建后得到的几何修复结果　　　　(g) 采用 RBF 对 (a) 图插值得到的结果　　　　(h) 原始的 Bunny 模型

图 7.1　点采样模型几何修复的流程图

该算法由以下几步组成。

（1）基曲面的获得和几何细节的编码。用平均曲率流对不完整曲面进行光顺，然后将几何细节转化为基曲面上的带符号的灰度值。

（2）基于上下文的几何修复。通过光滑的外推插值对基曲面上的缺损区域进行修复。既然几何细节已经以纹理的方式存储起来，修补片上的几何细节的灰度值也可以用纹理修复的算法进行修复。再通过将修补区域的纹理转化为几何细节，从而获得基于上下文的点采样模型修复结果。

　　通过应用上述算法，不仅可以进行基于上下文的修复，并且可以处理比基于偏微分方程的修复算法更复杂的边界。进一步，将三维几何修复转化为三维纹理修复后，可以方便地利用许多当前的曲面纹理合成和修复算法，以及图像中纹理修复的思想，使得该算法应用更广泛。例如，可以进行几何结构引导的几何修复，并且可以将几何细节在模型之间进行迁移。该算法不仅支持用户交互的几何合成过程，并且提供了一个实用的几何修复编辑工具。

　　基于样本的纹理合成技术依据给定的小块样本纹理，在二维平面或三维几何表面上生成新的大块纹理图案。它要求新生成的纹理在视觉上类似于样本纹理，结构上连续平滑，同时在细节上具备充分的变化，不存在明显的重复感。由于在虚拟场景造型过程中，所得到的纹理往往都是局部性的，如果直接用于大面积表面上的纹理映射，往往会导致其纹理模糊或纹理图案呈单调的重复，则视觉效果很差。因此基于样本的纹理合成技术具有强烈的实用意义，它成为图形学研究人员广泛关注的一个热点研究内容。

　　本章将研究如何避免网格重建而直接在三维点采样表面上进行纹理合成。由于Kwatra 等(2005)提出的方法集中了基于块的合成算法和基于像素的合成算法的优点，并且用户可控，算法鲁棒可靠，本章以该算法为基础，提出了在点采样模型表面上基于全局优化的纹理合成算法。在算法中首先对点采样模型表面进行均匀的聚类分析，然后通过局部生长法使相邻聚类间存在一定的重叠区域。基于所得到的聚类分划结果，在二维规则纹理样本与三维不规则离散点集间建立了对应关系，从而在点采样模型表面上建立全局纹理合成能量方程，并用最大期望值算法对其进行迭代优化求解，得到了令人满意的纹理合成结果。进而在三维离散表面上建立了用户可控的流场，实现了流场引导的用户可控纹理合成算法。

　　在点采样模型纹理绘制的时候，由于点采样模型离散点元的稠密性，基于纹理合成结果对各点元的绘制法向进行修正，进一步增强了在光照条件下点采样模型表面纹理绘制的几何凹凸感和粗糙感。实验结果表明，该算法在点采样模型表面上有效地保持了视觉效果的平滑性和生成的纹理结构的连续性，从速度和质量两方面都取得了不错的效果。

7.2　三维模型的形状修复

　　几何修复和颜色纹理修复是计算机图形学中的重要问题，研究者相继提出了多种针对三维网格模型和三维点采样模型的修复算法，这些算法大致可分为两类。

　　一类方法是产生满足边界条件的光滑曲面片来修复模型的缺损区域，Carr 等(2001)使用全局紧支撑的径向基函数来拟合离散点集，但该方法最终需求解大型稠密的线性方程组。Ohtake 等(2003)提出多层次的局部紧支径向基函数来加速对三维点集的插值。Davis 等(2002)为曲面构建了带符号的体距离函数，使用迭代的高斯卷积将临近缺损区域的距离函数值扩散以达到修复的目的。Liepa(2003)的网格修复方法通过以下四步来插值缺损区域周围的形状和密度(三角面片)：边界检测，缺损区域的三角化，修复后三角网格的优化，三角网格的光顺。Verdera 等(2003)将基于偏微分方程的图像修复技术推广到三维网格上。Levy(2003)通过在参数域中外推插值几何边界来修复。Ju (2004)采用八叉树为网格模型建立了内/外体，将网格模型视为多边形集合，然后通过做等值曲面(contouring)来修复。

　　另一类方法是根据缺损区域周围的上下文信息来修复，这样修复出来的几何片通常不再是光滑曲面，而是具有几何细节的修补块。Savchenko 等(2002)根据缺损区域的形状通过控制顶点对给定曲面变形来进行修复，然后再根据缺损区域的形状的边界进行磨平。Sharf 等(2004)将二维纹理合成的思想推广到点采样模型上，对给定曲面的特征进行分析，在现有的曲面上不断地复制几何细节局部相似的曲面片来进行基于上下文的修复，获得了较好的修复效果，但该方法需要采用 MPU 方法对局部点集进行拟合，并对点集进行相似性匹配，因此计算量大，难以实用。Pauly 等(2005)为三维点采样模型建立一个数据库，以这些先验知识为基础对缺失的信息进行修复。Lai 等(2005)利用几何图像(Gu et al., 2002)的思想，对网格模型的几何细节进行合成和迁移。还有一类方法是采用偏微分方程来修复三维网格和点采样模型。Park 等(2005)利用局部参数化来对各曲面片进行几何和纹理匹配，然后通过在二维区域上解一个泊松方程，重建出待修复区域的几何和纹理信息。但该方法由于采用偏微分方程，所以对待修复区域的边界有很强的要求。Zhou 等(2005a)利用泊松插值方法实现了对三角网格模型的纹理修复。Nguyen 等(2005)通过对曲面进行参数化，将三维几何修复转化到二维区域，然后利用偏微分方程进行修复。以上三种方法本质上是将 Passion 图像编辑(Perez et al., 2003)的思想用到网格或点采样模型上。

7.3　点采样模型的纹理修复

　　对三维扫描得到的点采样模型纹理缺损，以原始模型上的颜色纹理为样本对它们进行修复。颜色纹理修复的目标是使得修复好的区域的纹理与周围现有的纹理信息保持一致，且要求在边界处保持连续。此时，点采样模型部分点元上的纹理值为已知，而另一部分点元上纹理值则未知。

　　本节提出基于约束的纹理合成来修复点采样模型表面纹理缺损处的颜色(Xiao et al., 2007)。基于约束的纹理合成是指固定一些点元上的颜色值，在优化的过程中尽量保持不变。纹理修复问题可以看成一个基于约束的纹理合成算法，已有的纹理部分即为其约束条件。为了达到这个目的，在纹理能量方程

$$E_t(\boldsymbol{x}, \{\boldsymbol{Z}_p\}) = \sum_{p \in Y} \left\| \boldsymbol{G}_p - \boldsymbol{Z}_p \right\|^2 \tag{7.1}$$

中加入如下约束项：

$$E_c(\boldsymbol{x}, \boldsymbol{x}^c) = \sum_{k \in \Phi} (\boldsymbol{x}(k) - \boldsymbol{x}^c(k))^2 \tag{7.2}$$

式中，Φ 是约束点的集合；$\boldsymbol{x}^c$ 是约束值向量，即为边界点的纹理值。所以总的优化方程变为

$$E_t(\boldsymbol{x}, \{\boldsymbol{Z}_p\}) = \sum_{p \in Y} \left\| \boldsymbol{G}_p - \boldsymbol{Z}_p \right\|^2 + \lambda \sum_{k \in \Phi} (\boldsymbol{x}(k) - \boldsymbol{x}^c(k))^2 \tag{7.3}$$

式中，λ 是权因子；$\{\boldsymbol{Z}_p\}$ 为指定区域上的纹理所构成的纹理样本。

为了求解这个优化方程，对 EM 算法中的 E 步骤进行了扩展。在纹理修复时，在曲面上取一样本，如图 7.2(b) 所示。曲线所包含区域为样本曲面。在样本区域中每个点 $\boldsymbol{p}_i$，求取它的一个邻域 N_i，用 7.2 节所述的方法对其参数化，并建立一个 $n \times n$ 栅格 G_i，如图 7.2(c) 所示，该栅格 G_i 落在邻域 N_i 的投影点中。由已知纹理样本点的插值可获得 G_i 中各角点处的纹理。所有在样本栅格 G_i 组成的序列 $\{G_i\}$ 构成了曲面的样本纹理。为了保持纹理修复结果边界处的连续性，采用基于纹理块的区域生长法，待修复区域聚类 $\{C_{0,i}\}$ 不仅需要覆盖未知纹理的待修复区域，还需包含一部分已知纹理的边界点，如图 7.2(c) 所示。然后采用式 (7.3) 进行约束化的纹理合成。

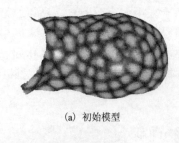

(a) 初始模型　　　　　　　(b) 深色区域为待修复区域，曲线包围的区域作为样本

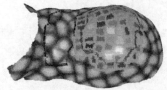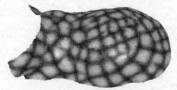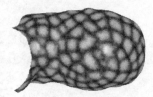

(c) 对待修复区域进行聚类　　　　(d) 修复好的区域　　　　(e) 样本取不同分辨率所得结果

图 7.2　基于约束化的点采样模型纹理修复算法

值得指出的是，Park 等 (2005) 将 Poisson 图像编辑 (Perez et al., 2003) 的方法推广到三维点采样模型中，对点采样模型的表面缺损纹理进行修复，由于求解 Poisson 方程需要很强的边界条件 (闭合的边界曲线)，所以不能处理图 7.3(a) 所示的破损纹理中包括有"小岛"的情况。而该方法则能很好地处理任意边界的几何纹理图像。

　　(a) 深色为破损的纹理　　　　(b) 该算法对破损纹理进行修复的结果　　　(c)真实模型的对比结果

图 7.3　点采样模型上破损纹理修复的结果

7.4　点采样模型的几何修复

　　与纹理修复类似，修补的曲面片应该和周围已知的几何信息一致，并且它们之间的边界应该是连续的。通过 Ohtake 等(2003)的多层次紧支径向基函数，首先对基曲面进行光滑的修复，如图 7.1(d)中所示。然后为了保持与周围曲面的一致性，基曲面上修复好的曲面片的几何细节应该重建出来。该几何修复算法基本思想是将基于上下文的几何修复转化为在曲面上的纹理修复(Xiao et al., 2007)。通过对曲面进行光顺，得到其基曲面，曲面的几何细节被提取并且转化为基曲面上的带符号的灰度值，并通过光滑的外推插值对基曲面上的缺损区域进行修复。修复好的区域上经纹理修复得到的灰度纹理信息通过几何重建，获得待修补的曲面片的几何细节。

7.4.1　模型几何细节编码

　　模型几何细节是曲面的重要属性，把它们定义为原曲面与基曲面之间的形状偏移。在该方法中，通过对原曲面进行光顺获得其基曲面，并利用基曲面将模型的几何细节编码为灰度纹理。

　　采用第 5 章的平均曲率流算法(式(5.2))。该光顺算法为一各向同性算法，能获得曲面的低频信息(即基曲面)。而且由于点是在其法向方向进行移动的，所以不会出现顶点漂移的情况，更能准确地定义出几何细节。Laplace 也是一种各向同性的滤波算子，但 Laplace 逼近既有法向分量又有切向分量，采用 Laplace 对点采样模型进行光顺将出现顶点漂移的情况，因此不能获得好的基曲面。

　　假设 M 为原曲面，采用平均曲率流光顺后得到的基曲面为 M'。令 $p' \in M'$ 是采样点 $p \in M$ 在 M' 上的对应点，n' 是 p' 的法向。令 $\delta = \|p - p'\|$ 表示采样点 p 处的几何细节，令 $\mathrm{dire} = (p - p') \cdot n'$，如果 $\mathrm{dire} \geq 0$，那么 $\mathrm{sign} = 1$，否则 $\mathrm{sign} = -1$。把 $c' = \mathrm{sign} \cdot \|p - p'\|$ 定义为 p' 的带符号的灰度值。

　　一旦得到 p' 的法向 n' 和带符号的灰度值 c'，它的几何信息可由 $\bar{p} = p' + c' \cdot n'$ 来重建，这样可以在基曲面 M' 和带符号的灰度值 C 的基础上重建出原曲面 M 的逼近曲面 $\bar{M}$，$\bar{M}$ 上点的法向可以用最小生成树 (Hoppe et al., 1992) 的方法进行重建。

在用平均曲率流进行光顺时，采样点 p_i 沿着其法向 n_i 移动，这样可以避免顶点漂移，通过带符号的几何灰度值可重建出一个满意的逼近曲面，如图 7.4 所示。对第 5 章的式 (5.2) 采用不同的迭代次数，各种不同频率的几何细节可以被有效、快速地提取出来。

(a) 原始 Bunny 模型 M　　(b) 光顺后的基曲面模型 M'　　(c) 符号灰度纹理 C　　(d) 从灰度纹理 C 重建出的曲面逼近 $\bar{M}$

图 7.4　从符号几何灰度值中重建出逼近曲面

7.4.2　基于上下文的几何修复

将曲面几何细节转化为灰度纹理后，使用前面部分提到的纹理修复方法，修复基曲面上缺损区域上的几何灰度值，如图 7.1(e) 所示，然后将修复好的带符号的灰度值转化成几何细节，如图 7.1(f) 所示，这样就实现了基于上下文的几何修复。此过程可以视为几何细节编码的逆过程，下面具体讨论该算法。

设 $p \in M$，$p' \in M'$ 是它在 M' 上的对应点，法向分别为 n 和 n'。对含有空洞的基曲面 M' 进行插值，得到修复后的基曲面 N'。假设 $\Omega' = N' - M'$ 是新修补的光滑曲面片，它和基曲面 M' 的边界一致，然后根据 M' 上的已知灰度纹理，通过 7.4 节所述方法对 Ω' 区域的纹理 C' 进行修复。对任一点 $v' \in \Omega'$，其法向为 n'，用 c' 表示该点合成出的带符号的灰度值，则该点的位置应该调整为 $v = v' + c' \cdot n'$，法向可以用 Hoppe 等 (1992) 的方法重新计算，这样得到的曲面区域 Ω 就带有原曲面的细节信息。而 Sharf 等 (2004) 的方法需要从模型上其他区域复制点，还需进行旋转、平移甚至弯曲等操作，与之相比，该算法更有效、可控，且易于实现。

设 N 是通过 N' 及其上带符号的灰度值 C' 重建出来的曲面，且 Ω，M 和 N 在各自内部都是连续的。既然该算法重建的曲面是原曲面的一个逼进，那么 M 和 N 之间就会存在细微的误差。由于最终修复好的模型中的点要么来自 M，要么来自 Ω，那么在 M 和 Ω 之间的边界就可能存在裂缝。为了解决这个问题，在对 Ω' 的几何细节进行重建以前，对其边界点的法向进行了调整。

假设顶点 p 是 M 的边界点，p' 是它在基曲面 M' 上的对应点，法向为

$n' = (n_x^p, n_y^p, n_z^p)$。令 $\boldsymbol{\delta} = (\delta_x, \delta_y, \delta_z)$ 是差异向量 $\boldsymbol{p} - \boldsymbol{p}'$ 的单位向量，则 $\boldsymbol{\delta}$ 与 n' 之间的差别可以定义为 $\Delta \boldsymbol{\mu}_{p'} = (\Delta \mu_x^{p'}, \Delta \mu_y^{p'}, \Delta \mu_z^{p'}) = (\delta_x - n_x^{p'}, \delta_y - n_y^{p'}, \delta_z - n_z^{p'})$，沿着 Ω' 的边界上找出一个宽度为 d 的区域，对其上每一个点 $\boldsymbol{q}' = (x_{q'}, y_{q'}, z_{q'})$，法向 $\boldsymbol{n}' = (n_x^{q'}, n_y^{q'}, n_z^{q'})$，在 M' 的边界上找到其最近点 $\boldsymbol{p}'$，若 $\boldsymbol{p}'$ 和 $\boldsymbol{q}'$ 之间的距离是 s，令 $\omega = \dfrac{d-s}{d}$，则 $\boldsymbol{q}'$ 的法向量 n' 调整为

$$\overline{\boldsymbol{n}} = (n_x^{q'} + \omega \Delta \mu_x^{p'}, n_y^{q'} + \omega \Delta \mu_y^{p'}, n_z^{q'} + \omega \Delta \mu_z^{p'})$$

对以上向量单位化，可得到 $\boldsymbol{q}'$ 的调整后法向量 $\overline{\boldsymbol{n}}$，则 $\boldsymbol{q}'$ 的几何位置可以被重建为 $\boldsymbol{q} = \boldsymbol{q}' + c' \cdot \overline{\boldsymbol{n}}$。由于修复的基曲面 N' 是连续的，其法向也是连续的，而且修复的纹理 C 在边界区域也是连续的。因此，这样得到的曲面在缺损区域的边界处保持连续、无缝(图 7.1(f))。

7.4.3　结构扩散的几何修复

许多图像修复的算法是通过在纹理合成算法中加入自动或交互的结构引导来对未知区域进行有效的修复(Criminisi et al., 2003; Sun et al., 2005)。这些引导决定了合成的顺序，从而保持了一些明显的结构以显著提高了修复的质量。

在几何修复中，修复的顺序同样很重要，本节提出了一个基于结构引导的合成的几何修复算法。通过从已知区域向未知区域延伸一些曲线或直线段来指定丢失的重要结构信息，然后对待修复区域中沿着用户指定的曲线的曲面片，采用位于该曲线附近的已知区域的曲面片经过全局优化合成。当重要的结构纹理被修复好后，再采用约束化的纹理修复算法修复剩余的未知区域。在该算法中，结构修复和剩余的未知区域的修复都是用基于约束化的纹理合成的，通过 EM 算法进行全局优化。最后，修复块的几何信息可由修复好的灰度纹理进行重建。

如图 7.5(见插页)所示，对 Venus 模型缺失的区域进行修复。用户通过从基曲面的已知区域向未知区域延伸一些曲线来指定缺失的重要纹理结构，未知区域中沿着指

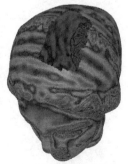

(a) 原始 Venus 模型　　(b) 局部缺损的 Venus 模型 M　　(c) M 的基曲面 M'　　(d) M 的几何细节转化为 M' 上的几何灰度值

　(e) 用户在修复好的基曲　　　(f) 以用户指定的区域为　　(g) 对其他区域采用约束　　　(h) 几何重建的结果
　　面上给出一曲线用于引导　　　样本修复结构纹理　　　化纹理修复方法进行修复
　　结构修复，黄色区域为最先
　　需要修复的重要结构区域

图 7.5　基于结构引导的几何修复

定曲线的带符号的灰度值被优先通过结构引导的纹理合成进行修复，然后其余区域再通过纹理优化来修复。Sun 等(2005)提出了基于结构扩散的图像修复算法，采用置信扩散(belief propagation)先对图像的重要结构信息进行修复，然后采用纹理合成的方法对图像其他的颜色纹理进行修复。

7.4.4　几何克隆技术

　　该算法在细节克隆的基础上给出了与周边区域连接无缝的几何修复。显然，一个模型缺失的区域也可以用取自另一个模型的几何信息作为样本进行修复。用户只需要在任意曲面上指定一个源区域 S，在目标曲面上指定相应的缺失区域 D。通过对源区域 S 进行几何细节滤波，可以得到其带符号的灰度值。通过前面的基于约束化的纹理修复，S 上带符号的灰度值被视为样本纹理来修补在 D 处的光滑片的纹理，然后再将灰度值转化为几何细节，得到图 7.6 所示的几何复制的结果：Lady 模型中的缺失区域通过迁移 Venus 模型中发髻的几何细节得到修复。

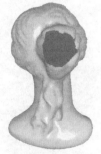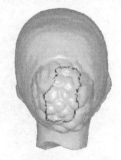

　(a) 原始 Lady 模型　　　(b) 破损的 Lady 模型　　　(c) 作为样本的 Venus 模　　(d) 修复好的 Lady 模型
　　　　　　　　　　　　　　　　　　　　　　　　　型，实线包围的区域为样本

图 7.6　基于几何细节迁移的几何修复

7.4.5　实验结果与讨论

　　基于本章提出的方法开发了一个纹理合成和几何修复的系统。实验结果表明，它为点采样模型的纹理合成、纹理修复和几何修复提供了一个很好的平台。该结果是在微软 Windows XP 上实现的，纹理和几何修复算法复杂度主要取决于纹理合成中最相似邻域的查找。对于基于上下文的几何修复，由于被修补区域相对整个模型比较小，所需时间也大大缩短。图 7.1 中 Bunny 由 240000 个点组成，RBF 基曲面修复需 30s 左右，纹理修复时每次迭代大约需要 2s，20 次循环即可得到满意结果。在图 7.4 中，被修补区域大约含有 14000 个点，不到一分钟就可以完成纹理的修复。在纹理合成时，每个聚类里大约含有 300 个点，合成纹理的尺度可以通过调整 $G(n \times n)$ 来实现，如图 7.1(d) 和图 7.1(e) 所示。

7.5　纹理合成相关工作

　　比较流行的基于样图的纹理合成方法都是基于 Markov 随机场(Markov Random Field, MRF)模型的。该模型认为，纹理具有局部统计相似特征，局部区域的纹理特征由其邻域所决定，且与其具体的位置无关。大部分基于 MRF 模型的纹理合成方法都是基于区域生长进行纹理合成计算的(Wei et al., 2000; Ashikhmin, 2001; Efros et al., 2001; Zelinka et al., 2003; Kwatra et al., 2003; Lefebvre et al., 2005)，它们又可以大致区分为基于像素的纹理合成(Wei et al., 2000; Ashikhmin, 2001; Zelinka et al., 2003; Lefebvre et al., 2005)和基于块的纹理合成(Efros et al., 2001; Kwatra et al., 2003)两类方法。基于像素的合成方法其合成效果往往在视觉上比较连续，但因为其计算方法局部性太强，所以合成结果不容易保持纹理中的结构信息；而基于块的方法能较好地保持纹理的结构特征，但它却容易在块和块之间产生视觉上的不连续。基于 MRF 模型，Kwatra 等(2005)提出了一个不用区域生长而是利用全局优化求解的纹理合成算法，它把整个需要被合成的大块纹理作为一个整体，使用最大期望值(Expectation Maximization, EM)算法求解全局的纹理合成能量函数来得到优化的纹理合成结果。它能够有效减小区域生长算法中普遍存在的在生长过程中误差积累的问题，并且通过改造其能量函数，易于实现用户对合成效果的控制。

　　已经有一些研究者把这些在平面上的基于样图的纹理合成方法推广到三维物体表面上，也就是说，可以在三维几何表面上根据其几何特性合成连续而无缝的纹理图案(Turk, 2001; Wei et al., 2001; Ying et al., 2001; Soler et al., 2002; Zhang et al., 2003; Magda et al., 2003; Zelinka et al., 2003)。Turk (2001)和 Wei 等(2001)将 Efros 等(1999)和 Wei 等(2000)基于像素的区域生长的平面纹理合成方法扩展到三维几何表面上，在纹理合成时按照一定的顺序，根据顶点的邻域提供的约束，给每个顶点赋予其相应的颜色。Zhang 等(2003)在 Turk (2001)方法的基础上给出了能控制纹理方向和尺度渐变的纹理合成算法,他们还提出了 Texton Mask 方法完成了两块不同纹理图案之间的渐变过渡。Soler 等(2002)将基于块的合成方法扩展到三维表面的纹理合成,但该算法无法直接控制纹理合成的方向变化。Magda 等(2003)和 Zelinka 等(2003)各自提出了基于三维表面三角形的纹理合成方法,都对纹理信息进行了预处理以加速绘制算法。

与传统的基于面的造型方法一样,在用于虚拟场景建模时,点采样模型表面造型同样也需要进行纹理映射或纹理的更换,因此针对点采样模型表面的纹理合成技术也同样是需要的。但可惜的是,在三维几何表面上的纹理合成研究工作基本上都是在基于面表示的几何物体上进行的,并且在纹理合成算法中利用了其表面表示中所含有的拓扑结构信息。只有很少的研究工作涉及如何在稠密采样的点元数据上直接合成纹理。Clarenz 等(2004a, 2004c)研究了如何在点采样模型表面上进行有限元的几何处理,作为其应用实例,他们给出了一个简单的基于像素的纹理合成结果,其合成质量一般。当然,要在点采样模型表面进行纹理合成,一种可行的方法是先对点采样模型表面进行网格重建,然后在重建后的网格模型上进行纹理合成,但对稠密采样的点元数据进行网格重建本身就是一个复杂而烦琐的过程,算法也不够稳定可靠。

7.6　基于 EM 算法的图像纹理合成

Kwatra 等(2005)提出了一个全局优化求解的纹理合成算法,它应用 EM 算法迭代优化求解如下的纹理合成能量方程:

$$E_t(x, \{Z_p\}) = \sum_{p \in X^+} \|X_p - Z_p\|^2 \tag{7.4}$$

式中, $E_t(\cdot, \cdot)$ 为全局纹理合成能量方程; x 为待合成的输出纹理; X_p 为 x 上 p 点的邻域; Z_p 为样本纹理中 p 点所对应的邻域; X^+ 为 x 的一个子集。

EM 算法迭代求解过程可分为两个步骤:E 步骤和 M 步骤。在 E 步骤中,固定 Z_p 不变,根据能量最小要求优化 x,即设定样本纹理和输出纹理间的对应关系不变,优化所输出的平面大纹理上的纹理值;而 M 步骤则为固定 x 估计 Z_p,即设定大纹理上像素的纹理值不变,重新寻找更优的对应关系。E 步骤和 M 步骤依次进行,多次迭代得到优化的全局解。

为了加快速度同时保持纹理结构信息,算法在纹理上分块进行。也就是说, X_p 大小有限,而 X^+ 只是 x 中的一个小子集。算法并不将各个样本纹理块的纹理值照搬到目标纹理上。在计算时为了获得纹理块之间的连续性,块之间通常需要设置重叠区域,即不同 X_p 之间存在交集。在 E 步骤时重新计算重叠区域的纹理像素值。

Kwatra 等(2005)指出,如果对全局的纹理合成能量方程加上额外的控制能量项,在迭代求解后即可得到可控的纹理合成结果。

7.7　点采样模型纹理合成预处理

三维点采样模型表面由无序而不规则分布的点元所构成，在将上述方法推广到点采样模型的表面纹理合成时，能量方程式(7.4)中的 X_p、Z_p、X^+ 等项难以获得。因此在进行点采样三维表面上全局优化纹理合成之前，必须先设计一些必要的前期几何数据处理算法来构建 X_p、Z_p、X^+ 这些项。这些前期处理算法包括点采样表面点元的聚类分划、表面方向场的建立和每个聚类内的局部参数化等。

7.7.1　点采样模型均匀聚类剖分

首先要在点采样模型上建立 X_p 和 X^+ 的具体表达。在平面上进行纹理合成时，X_p 大小恒定，以保证输出纹理上各个部分的合成尺度均匀。对于点采样模型，则需要对模型 M 表面按曲率变化进行均匀的点元聚类剖分处理。为此我们改进了基于协方差分析(Pauly et al., 2002)的方法来完成这一任务。

协方差分析广泛地用于估计点采样模型表面的局部性质，如法向量和曲面变分等。定义一个点集的协方差矩阵 C 为

$$C = \begin{pmatrix} p_{i_1} - \overline{p} \\ p_{i_2} - \overline{p} \\ \vdots \\ p_{i_k} - \overline{p} \end{pmatrix}^{\mathrm{T}} \cdot \begin{pmatrix} p_{i_1} - \overline{p} \\ p_{i_2} - \overline{p} \\ \vdots \\ p_{i_k} - \overline{p} \end{pmatrix}$$

式中，$\overline{p}$ 是点集 P 的重心，由于矩阵 C 是对称半正定的矩阵，其三个特征值 λ_i $(i = 0,1,2)$ 为非负的实值，所对应的三个特征向量 v_i $(i = 0,1,2)$ 组成一个正交基。假设 $\lambda_0 \leqslant \lambda_1 \leqslant \lambda_2$，平面 $(x - \overline{p}) \cdot v_0 = 0$ 使得 $\overline{p}$ 周围的点到此平面的距离和为最小，此平面可以看成是点集 P 的切平面。顶点 p 的法向为 v_0，其曲率可估计为 $\sigma_n(p) = \lambda_0 / (\lambda_0 + \lambda_1 + \lambda_2)$，通过 $\overline{p}$ 点以 v_0 为法向量建立一个切平面 $(x - \overline{p}) \cdot v_0 = 0$，如图 7.7 所示。

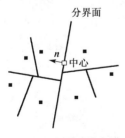
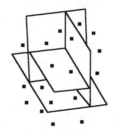
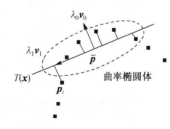

(a) 二维协方差聚类示意图　　　(b) 三维协方差聚类示意图　　　(c) 协方差分析二维示意图

图 7.7　点采样几何表面的协方差分析

为了快速获得一个曲面局部变化比较均匀的聚类结果，先对点采样几何表面进行协方差分析，沿 v_2 的垂直面对点集进行剖分。对剖分后的点集再进行递归的协方差分析剖分，直至点集的曲率变化小于某个给定的阈值。这样就得到一个初始聚类 $M = \{C_1, C_2, \cdots, C_t\}$。每个聚类 C_i 的重心 y_i 的集合形成了对原始模型 $M = \{x_1, x_2, \cdots, x_n\}$ 的一个简化。

初始聚类 $M = \{C_1, C_2, \cdots, C_t\}$ 由层次切分而得到，聚类因曲面变化尚不均匀，锐利的特征较多。因此对它进行优化，使聚类区域划分更加合理。设 Y 由点 $Y = \{y_1, y_2, \cdots, y_t\}$ 组成，其中 y_i 为 C_i 的重心，为每个点 $y_i \in Y$ 确定一个半径为 r 的邻域 $N_i = \{y_j \big| 0 < \|y_j - y_i\| < r\}$，设 $x_k \in C_i$，在 N_i 中找到与之距离最近点 y_j，则 $x_k \in C_j'$，如此调整即可获得给定属性变化比较均匀的类聚结果 $M = \{C_1', C_2', \cdots, C_t'\}$。

7.7.2　具有重叠区域的计算单元块构建

为了使点采样模型表面三维纹理合成的结果在块与块之间过渡连续，在点采样模型表面每个相邻的计算单元块间必须具有重叠区域。这里将讨论如何建立该重叠区域。

设点采样模型采样点之间的平均距离为 h，算法对点采样模型表面上的每个聚类区域，对外生长一个距离为 $\delta = d \cdot h$ 的范围，其中 d 为用户给定的控制值。具体计算方法为：对该聚类区域里所有点，获取其邻域范围为 δ 的所有点元，将原来不在 C_i' 的点加入 C_i' 中，得到一个有重叠区域的新的聚类区域 $\mathrm{Lap\_} C_i$。该聚类视为纹理合成算法的计算单元块，不同的 d 值可获取不同程度的重叠区域，如图 7.8（见插页）所示。

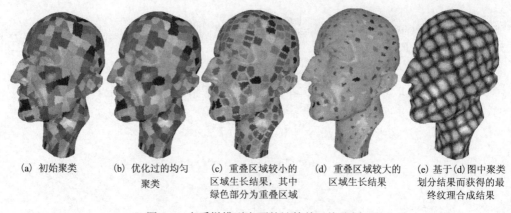

(a) 初始聚类　　(b) 优化过的均匀　　(c) 重叠区域较小的　　(d) 重叠区域较大的　　(e) 基于(d)图中聚类
　　　　　　　　　 聚类　　　　　　区域生长结果，其中　　区域生长结果　　　划分结果而获得的最
　　　　　　　　　　　　　　　　　 绿色部分为重叠区域　　　　　　　　　　终纹理合成结果

图 7.8　点采样模型表面的计算单元块分划

7.7.3　三维表面纹理方向场的建立

为了控制表面纹理合成的方向，并为后续的聚类局部参数化提供基础，采用了文献（Alexa et al., 2003）中的方法，基于用户在点采样模型上交互设置的一些发射源或初

始方向，在三维离散点采样表面有效快速地建立纹理方向场。该算法也用到基于流场控制的点采样模型纹理合成中。

　　算法采用与 Dijkstra 算法类似的方法，基于周围点到用户指定种子点的测地距离，由近及远以扩展方式确定各个点元处的纹理走向，每个待计算点处纹理走向由其邻域中已定向的邻域点的纹理走向进行高斯加权得到，从而建立起整个模型的表面纹理方向场。最后，算法对计算出来的纹理方向场进行光顺修正，如图 7.9（见插页）所示。图中蓝色线为用户设定的方向，红色线为算法计算出来的方向场，图 7.9(a) 和图 7.9(b) 分别是用户指定一个源和多个源的计算结果，图 7.9(c) 为用户直接指定多个点处的纹理方向的计算结果。

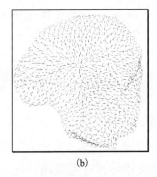

(a)　　　　　　　　　　　(b)　　　　　　　　　　　(c)

图 7.9　三维点采样模型表面纹理方向场的建立

　　在模型上各点元处的纹理走向全部确定以后，将聚类区域中的点投影到由协方差分析求出的聚类区域表面切平面上，由其重心点处的纹理走向来决定在三维表面上进行纹理合成的方向。由于点采样模型一般都很稠密，点元数量巨大。而实际上算法对纹理方向场计算的精度并不敏感。在算法实现的时候，为加快计算速度，在简化的模型上建立纹理方向场，稠密点采样模型上的各点元处的纹理方向场则可以通过插值得到。

7.7.4　计算单元块的局部参数化

　　本节将对每个具有重叠区域的三维计算单元块 Lap_C_i 进行局部参数化，以便于其在后续步骤中与二维样本纹理建立起对应关系。这里需要一个快速有效的聚类区域的参数化算法，使得扭曲尽量小，并且相邻区域间的参数化方向具有连续性。

　　7.7.3 节中所得到的点采样模型表面的连续的纹理方向场为聚类区域局部参数化提供了一个全局一致的平台。由协方差方法可获得每个聚类区域的重心及其法向。以该重心为原点，以重心处的纹理方向矢量在切平面上的投影为 x 轴，以重心的法向为 z 轴，可以建立起该聚类区域一个局部坐标系。

　　一种简单快速局部参数化方法是，在局部坐标系下，由切平面作为参数域，将 Lap_C_i 上的点直接投影到该切平面上。为了体现合成纹理在具有不同表面曲率的聚类区域上的尺度变化，可以利用曲率因素，适当地放缩参数域上的值。设 Lap _ C_i 上点 p 在局部坐标系下的投影点为 p'，则对 p' 的坐标进行相应的放缩 $p'(x,y) = p'(x,y) \cdot (1 + \sigma_i)$，如图 3.4(a) 所示。这种基于直接投影的快速局部化参数化方法优点是计算速度快，计算过程可靠鲁棒。

在需要获得更精确的局部参数化结果，进一步减少聚类区域参数化的扭曲程度时，也采用多维尺度分析参数化(Zigelman et al., 2002)，该方法基于 Tenenbaum 等(2000)提出的降维技巧，是一种不固定边界的参数化方法。该方法首先采用 Dijkstra 算法计算出聚类区域中每个点对之间的测地距离，然后建立一个平方测地距离矩阵 K，K 中每个元素定义为 p_i 和 p_j 之间的几何测地距离 $K_{ij} = d_{\text{geodesic}}(p_i, p_j)$。设 p_i 和 p_j 其平面上的参数点为 v_i 和 v_j，其欧氏距离为 $d_{\text{Euclidean}}(v_i, v_j)$，则参数化的目标是使得 $d_{\text{Euclidean}}(v_i, v_j)$ 与 $d_{\text{geodesic}}(p_i, p_j)$ 之间的误差最少，具体请参见本书 3.4.1 节。

7.8　基于全局优化的点采样模型纹理合成

在点采样模型上建立的重叠的计算单元块分划，实际上是建立了全局纹理合成能量方程中 X_p、X^+ 在点采样模型上的具体表达。而表面纹理方向场的建立和聚类区域局部参数化，使 Z_p 这一项的定义和寻找成为可能。在上述基础上，在三维点采样表面上实现基于全局优化的纹理合成(肖春霞等, 2006b)。

7.8.1　点采样表面上纹理能量方程的建立和求解

在三维点采样模型表面的纹理合成能量方程形式依然相同于式(7.4)，但其具体的表现有所不同。X^+ 即为前面几何处理算法所得到的相互重叠的聚类区域分划。根据式(7.4)，对每个聚类区域，需要寻找其对应的样本纹理区域 Z_p 并计算 $\|x_p - Z_p\|$ 的值。

点采样模型表面为不规则的离散三维采样点，Z_p 的表达则为二维上均匀分布的样本纹理采样值。为了能够给 Lap_C_i 中每个点赋予颜色值，必须先建立点采样模型表面上的点元与纹理样本像素之间双向的对应关系。通过在每个聚类区域的参数域平面上建立一个栅格来解决这一问题，具体如下：① 基于投影的局部参数化，利用局部参数化结果，为每个聚类区域建立一个 $n \times n$ 栅格用于纹理合成；② 每个聚类区域建立一个 $n \times n$ 栅格作为样本用于纹理修复。以聚类区域重心为原点，在参数域上建立一个栅格 G_p，如图 7.10(b) 所示，其分辨率为 $n \times n$，其格子边长为 h。该算法中，所有的 Lap _ C_i 都用统一的间距 h，且 n 也取相同的值。为了计算正确性，该栅格需包围聚类区域内所有点元的参数点。栅格 G_p 中的每个角点 t_{ij} 的参数值可通过围绕它的四个相邻的单元格中所含采样点参数值进行高斯插值确定；而每个参数点的纹理值则由其所在

单元格中四个角点 t_{ij} 处的纹理值作双线性插值获得，如图 7.10(b)所示。由参数化结果可知，在该算法中参数域上每个点的纹理值与其所对应 Lap_C_i 中的点的纹理值一致。基于栅格 G_p 这一桥梁给出点采样模型上的全局能量优化方程：

$$E_t(\boldsymbol{x}, \{\boldsymbol{Z}_p\}) = \sum_{p \in Y} \left\| \boldsymbol{G}_p - \boldsymbol{Z}_p \right\|^2 \tag{7.5}$$

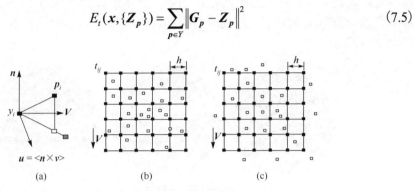

图 7.10　参数域上栅格的建立

与 Kwatra 等(2005)方法类似，分两步求解式(7.5)。

M 步：对每个栅格 $\boldsymbol{G}_p$，固定 $\boldsymbol{G}_p$ 中的纹理值，采用 Wei 等(2000)中的 TSVQ (tree-structured vector quantization)在样本纹理中找到与之最匹配的纹理块 $\boldsymbol{Z}_p$。

E 步：由 M 步得到栅格 $\boldsymbol{G}_p$ 的值插值出 $\boldsymbol{G}_p$ 中每个采样点的纹理值，再对每个 Lap_C_p 重叠处的点的纹理值进行加权平均，即可获得每个 Lap_C_p 中的每个点的纹理值，再由 Lap_C_p 中的每个采样点的纹理值插值修正 $\boldsymbol{G}_p$ 中每个角点的值，作为下一次 M 步迭代的初值。

通过反复进行如上两步迭代优化，可使得式(7.5)的全局能量最小化，最终获得点采样模型纹理合成的结果。图 7.12 和图 7.13 给出了点采样模型的一些纹理合成结果实例。

如果角点 t_{ij} 相邻的单元格中不包含点元模型表面的采样点，则该点的纹理值记为负值，在采用 TSVQ 进行搜索时，只对 $\boldsymbol{G}_p$ 中其取值大于等于零的角点进行匹配，这样能在采用 M 算法搜索最佳匹配的面片时减少计算误差。

算法可以通过控制 $\boldsymbol{G}_p$ 的大小 $n \times n$ 或者控制聚类区域面积方便地决定控制合成纹理的尺度。图 7.11 分别给出了利用不同的栅格大小 $n \times n$ 可以形成不同尺度的纹理合成效果的例子。从中可以看到，由于我们的方法进行纹理合成时采取在聚类上进行优化计算的策略，它有效地保持了合成纹理的结构连续性。

纹理合成的能量方程(7.5)所含有的项，在三维点采样模型表面上的表达方式都可实现。也就是说，已经通过建立点采样模型表面纹理方向场、点元自适应聚类和局部参数化、参数域的栅格重采样，在三维点采样模型上全局优化的纹理合成算法与基于纹理能量的全局优化算法间构建了桥梁。通过架设的这一个桥梁，文献(Kwatra et al. 2005)中的所有对能量方程进行修改而带来计算算法和合成效果变化，都可以容易地转移到三维点采样模型纹理合成计算上。而通过对点采样模型三维表面的聚类区域进行多层次划分，同样可以容易地实现多分辨率的纹理合成方法。该方法在点采样模型表面上有效地保持了生成的纹理结构和视觉效果的连续性和平滑性，如图7.12和图7.13所示。

(a)　　　　　　　(b)　　　　　　　(c)

图 7.11　　栅格的大小影响合成纹理的尺度

图 7.12　　Bunny 模型表面纹理合成结果实例

图 7.13　不同点采样模型上的纹理合成结果实例

7.8.2　基于流场引导的可控纹理合成

在纹理合成的时候，用户往往希望能够控制其纹理合成走向的宏观效果。本节进一步扩展 Kwatra 等(2005)基于流场引导的纹理合成算法到点采样模型表面上。基于流场引导的纹理合成是一种带控制项的纹理合成，就是把流场作为全局能量函数的附加项，使合成的顺序按照流场运动的纹理序列。

该方法由用户在模型上交互指定一些方向，使用 7.7.3 节中给定的表面纹理方向场建立方法，在点采样模型上建立控制流场 f。由于点采样模型上的点元分布的不规则性，在表面控制流场建立以后，需要对点采样模型表面上每个点元，在其流场前进方向上找到预测的大致位置，并用它的颜色作为初值约束后一帧的点采样模型表面纹理合成。设 p 是模型表面上一个点，q 是其邻域中的任一点，该点处的方向为 f_q，向量 $s = p-q$，则取使 $f_q \cdot s$ 最大值的邻域点 q' 为 p 的约束点。在合成第 $i+1$ 帧时，q' 在第 i 帧的颜色值作为 p 的约束值。图 7.14(见插页)给出了基于流控制的点采样模型表面纹理合成效果。图 7.14(a)为方向场，其中蓝线为用户设定的方向，红线由算法生成。图 7.14(b)～图 7.14(e)为基于流引导的纹理合成结果在不同时间上的四个合成结果。

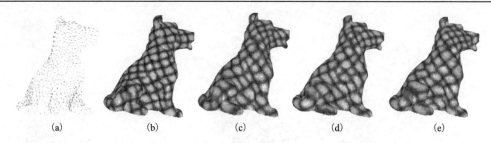

图 7.14　基于流控制的点采样模型表面纹理合成效果

7.8.3　纹理表面的几何粗糙感

很多纹理都具有一定的几何凹凸感和粗糙感。但如果简单地在三维光滑表面贴上纹理，在光照条件下往往会引起成片连续分布的高光，形成绘制结果与纹理结构的不一致性。

本节在点采样模型表面，根据纹理合成结果计算并进行点元的法向扰动，从而使几何表面的光照绘制结果形成与纹理合成结果相应的凹凸感和粗糙感。其技术类似于传统面表示的法向映射（normal mapping），但由于点采样模型表面点元的离散性和稠密性，其法向扰动可以在点元上逐点合成计算，比起在传统面片上的法向映射，实现更加简单，绘制结果更加变化多样。

在进行点采样模型上的法向扰动之前，需要得到合成纹理样本像素点上相对应的样本法向值。这些法向值可以在纹理样本采集或者纹理样本生成的时候得到。但在实际应用中，很多纹理样本都缺乏法向值信息。对此设计了一个类似于基于阴影的形状恢复（shape-from-shading）的方法来粗略估计其法向变化。根据 Phong shading 计算公式（Phong, 1975），采样纹理表面不同点将反射回不同亮度的光，其光亮度值与光源入射方向、视线方向、表面法向方向和表面反射率相关。为了简化计算，假设纹理样本的表面是光滑的，其光源为垂直于纹理平面的照射下来的均匀分布平行光，视线方向与光源方向一致，物体表面属性具有连贯性，相邻像素间的表面反射系数基本一致。进一步设定样本纹理里像素光亮度局部极大点的法向为竖直向上。于是可以根据相邻像素间的光亮度变化梯度简单地估算出法向值。

估算出纹理样本上点的法向变化值之后，算法在进行纹理映射的时候，把纹理样本所在的局部坐标标架，刚性变换到由该点元在前面 7.6 节所求出的方向场方向为 x 轴、该点元原始法向为 z 轴所决定的局部坐标标架上，以该点元所对应的样本纹理像素变换后法向的平均值，来取代该点元的原始法向，作为其光照计算时使用的法向值。特别指出的是，该算法并非三维几何纹理映射算法，在绘制时物体表面点元真正的几何位置和几何形状都保持不变。实验结果表明（图 7.15 和图 7.16），该方法简单易行，并得到了较好的视觉效果，由于点元方向场在表面上全局连续，其法向扰动绘制保持了与纹理合成在结构上全局一致的结果。

(a) 点采样模型外观　　(b) 未进行法向扰动的纹理　　(c) 法向扰动后 shading 效　　(d) 法向扰动同时进行纹理
　　　　　　　　　　　　　　绘制　　　　　　　　　　果图　　　　　　　　　　　绘制的结果

图 7.15　基于纹理合成结果进行法向扰动，可以使纹理表面几何粗糙感增强

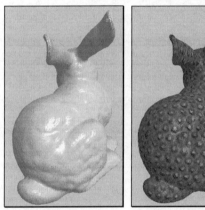

(a) 点采样模型初始外观　　(b) 未进行法向扰动的纹理　　(c) 在表面几何上根据纹理　　(d) 进行了法向扰动并贴上
　　　　　　　　　　　　　　　绘制结果　　　　　　　　合成结果进行了法向扰动　　纹理进行绘制的结果
　　　　　　　　　　　　　　　　　　　　　　　　　　　的结果

图 7.16　基于纹理合成结果进行法向扰动，可以使纹理表面几何粗糙感增强

7.8.4　实验结果

基于 VC++编程，实现了提出的点采样模型纹理合成算法。其程序运行环境是
Windows XP，计算机配置为 AMD Athlon(tm) XP 1800+(1.54GHz)，512MB 内存。该
算法所耗时间主要集中在优化迭代上。图 7.12 中 Bunny 为 280000 个点，对该点采样
模型表面点元均匀聚类只需 4~6s，通常迭代 40~60 次即可获得满意的纹理合成效果，
总共需 7~10min。图 7.14 中给出的基于流场引导的可控纹理合成的结果中，狗模型
由 95063 个点组成，其表面流场的建立需要 39s，纹理样本分辨率为 64×64，合成初
始帧需要 46.9s，以后每帧合成的平均时间为 42.7s(每一帧都迭代优化 60 次左右)。实
验结果说明了该算法是一个在点采样模型上有效的纹理合成算法，在纹理结构和纹理
连续性上都得到了满意的效果。

7.9　本章小结

　　本章提出了针对三维点采样模型的一种基于全局优化的纹理修复和基于上下文的几何修复算法。该算法的创新处在于将曲面几何细节修复转化为曲面的纹理修复。与其他的算法相比，该方法简单、有效，算法鲁棒，而且应用广泛。本章为点采样模型的纹理修复和几何修复提供了一种实用的工具，同时该方法不需要采样点之间的拓扑连接关系，从而该算法可以很容易地扩展到三维网格模型上。

　　本章提出了一种基于全局优化的点采样模型的纹理合成算法。首先通过对点采样模型表面各采样点按其表面曲率变化进行均匀的聚类，然后由局部生长法为聚类区域间建立重叠区域，继而在离散的点采样模型表面建立起连续的纹理方向场，并基于该方向场构建各聚类区域的局部参数化。通过对参数域的均匀栅格重采样，为三维点采样模型和二维样本纹理之间搭建起沟通的桥梁。基于样本纹理，为点采样模型建立了一个全局的能量方程，并采用最大期望值算法通过迭代优化求取一个全局的能量最小解，不仅有效地保持生成的纹理在视觉上连续和平滑，而且可保持纹理结构的完整。同时基于约束化的最大期望值方法，给出了流引导的点采样模型纹理合成算法。在绘制时进一步增强了纹理的几何凹凸感和粗糙感。实验结果表明，该算法是一种有效点采样模型纹理合成算法。

第 8 章　点采样模型的形状造型方法

本章在分析点采样模型细节保持的基础上，提出了针对点采样模型的两种形状造型方法——基于多分辨率的形状编辑造型（肖春霞等，2007）和高频细节调控与保持高频细节编辑（Miao et al., 2008）。本章 8.1 节分析了点采样模型编辑造型的研究背景；8.2 节简要介绍了点采样模型编辑造型的一些相关工作；在此基础上，8.3 节提出了基于多分辨率的形状编辑造型方法；8.4 节提出了点采样模型高频细节调控的方法；8.5节提出了点采样模型保持高频细节编辑造型方法；8.6 节是本章小结。

8.1　三维模型的编辑造型

点采样模型相对于网格模型最大的优点是点采样模型的重建不需要考虑拓扑连接关系，因此对于需要频繁进行重采样的数字几何处理尤其适合于点采样模型。由于点采样模型是由一些离散的点组成的，采样点之间没有任何拓扑连接关系，相对于网格模型，点采样模型的形状编辑有着更大的挑战：①点采样模型的数据量大，决定了逐点操作不可能（与网格模型不一样）；②如何使用户能像对网格模型一样对点采样模型进行交互编辑（编辑区域范围是用户可控的局部或全局范围）；③对大面积的变形如何保持点采样模型变形过程中的模型特征（变形有意义）；④点采样模型的表面细节是一个模型区别于其他模型的主要外观特征，其应用十分广泛（如变脸和模型美容等）。基于模型几何细节映射的点采样模型编辑造型方法是一个值得研究的课题。

三维扫描仪的广泛使用获得了大量有高度复杂几何细节的点采样模型。与传统的 CAD 模型和由隐式曲面构建的光滑曲面不同，这些点采样模型通常包含丰富的高频细节。模型的高频细节是模型的重要外观特征，因此对一个模型进行编辑操作时，保持模型的几何细节是点采样模型编辑造型中一个重要的课题。此外，有时需要对多分辨率几何细节在模型之间进行细节扭曲最小的迁移，此时多分辨率几何细节首先需要被抽取出来以便于接下来的几何编辑。

8.2　点采样模型的形状造型系统

在基于点基元的建模系统方面，以 Zwicker 等（2002）提出的 Pointshop 3D 点采样模型编辑造型系统最为有名。将传统的基于二维像素的编辑操作（Adobe Photoshop）推广到三维离散点上，利用有效的参数化技术和动态自适应重采样技术，设计了一个无网格模型的形状编辑和造型原型系统，该系统提供如纹理映射、雕刻、滤波和重采样等操作，成为广泛使用的一个处理平台。Pauly 等(2003b)提出一种基于无约束的纯几何采样点云和移动最小二乘(MLS)法局部拟合隐式曲面两种表示方式相结合的实体模型表示方法,在模型的局部曲面表示的基础上可以方便地实现点采样模型的变形和布尔运算。将多分辨率网格编辑的相关概念,例如,几何光顺、简化、偏移计算等推广到点采样模型上,Pauly 等(2006)提出了点采样模型的多分辨率造型操作。此后,结合点采样模型 MLS 隐式曲面表示和离散采样点的参数化表示,Guo 等(2003)采用基于体的隐式函数提出了基于物理的点采样模型局部造型方法。然后又将水平集用在点采样模型的基于纯标量场驱动的自由变形。

点采样模型的一个优点是能表现高度复杂的几何细节,传统的纹理映射技术如基于材质属性的纹理映射、凹凸纹理映射、位移映射、法向映射等都是用来生成特定的绘制效果,而并非用来建模造型,即不需要改变模型的几何位置。点采样模型的几何细节在数字几何处理中通常定义为物体的高频信号,而点采样模型的几何细节映射可以看成是位移映射和法向映射在几何上的推广和补充。毫无疑问,几何细节在模型编辑造型和绘制中发挥着不可替代的重要作用(Sorkine et al., 2004; Yu et al., 2004; Lipman et al., 2005; Nealen et al., 2005; Zhou et al., 2005b; Au et al., 2006)。

8.3　点采样模型的多分辨率形状编辑

点采样模型的多分辨率形状编辑造型方法如下(肖春霞等, 2007):基于点采样模型的快速参数化方法,对模型需要编辑的区域采用层次 B 样条曲面进行拟合,层次 B 样条曲面作为待编辑区域的一个基曲面。基于基曲面上局部仿射坐标系定义模型的表面细节,这些几何细节可以映射到任意曲面,包括自身变形的基曲面,实现点采样模型的编辑和几何细节迁移效果。该几何细节映射方法和网格凹凸映射(bump mapping)技术有点类似,但有着不同定义方法和应用领域。

针对点采样模型,多分辨率形状编辑造型具体包括以下步骤。

(1)多分辨率基曲面的定义:基于点采样模型的快速参数化,为需编辑的区域构建一个多分辨率的 B 样条基曲面,该多分辨率基曲面为几何细节抽取设置了参照曲面,并且为几何细节映射提供了一个嵌入空间。

(2)几何细节抽取:几何细节是曲面的一种高频信号,定义几何细节为采样点和其对应在基曲面上的点之间的向量差。几何细节可以看成是一种凹凸纹理,由构建好的基曲面的局部仿射坐标系可抽取和保存几何细节。

(3)交互的保特征曲面编辑:将所有采样点嵌入自身的基曲面所构成的参数空间,则在对基曲面进行多种编辑操作时,例如,雕刻、扭曲变形、层次变形等,均可获得保细节的几何编辑结果。

(4)几何细节迁移:基于目标模型的基曲面提供的嵌入空间,源曲面的几何细节可迁移到目标曲面上,获得几何细节迁移结果。给出了多分辨率几何细节迁移、保特征几何细节迁移和无缝面片移植等编辑算法。

8.3.1　多分辨率基曲面定义

点采样模型的基曲面是曲面的低频信号逼近，Lee 等(1997)采用多层次 B 样条对散乱点进行插值和逼近，为不规则点集构造了一个 C^2 连续的曲面。该算法利用逐步求精的分层次的控制顶点获取一系列双三次 B 样条函数，将这些 B 样条函数相加获得所需要的最终插值函数。对 B 样条进行求精可将这些函数集转化成为一个与之等价的 B 样条函数。

将采用层次 B 样条为点采样模型定义一个基曲面，然而在文献 (Lee et al., 1997)中，层次 B 样条用来逼近二维图像数据，因此要对三维点采样模型数据进行插值逼近，点采样模型数据首先需要参数化到平面上。下面来为点采样模型引入一个快速的参数化方法。

1.　快速参数化

给定三维空间 R^3 点集 $P = (p_1, p_2, \cdots, p_N)$，目标是在二维空间 R^2 中获得它们的对应点 $U = (u_1, u_2, \cdots, u_N)$，即点集 P 在平面上的参数点。希望 U 的几何结构与 P 的几何结构相似，即如果点 p_i 和 p_j 相距较近，则其参数点 u_i 和 u_j 也应相距较近。假设 P 可分成两个子集：内部点集 P_I 和边界点集 P_B。不失一般性，设 $P_I = \{p_1, p_2, \cdots, p_n\}$，$P_B = \{p_{n+1}, p_{n+2}, \cdots, p_N\}$ 沿边界上有序排列。参数化分为两步。

第一步，将边界点 $p_{n+1}, p_{n+2}, \cdots, p_N$ 映射到平面上的一个凸多边形 D 的边界上，通常选择凸多边形为单位圆或者为正方形，取弦长参数将 $p_{n+1}, p_{n+2}, \cdots, p_N$ 的参数点 $u_{n+1}, u_{n+2}, \cdots, u_N$ 按逆时针方向分布在 ∂D 上。

第二步，参数化内部点集 P_I，其基本思想是为每个内点 $p_i \in P_I$ 选择一个半径为 r 包围球 $N_i = \{p_j : 0 < \|p_j - p_i\| < r\}$，然后为每一 $p_j \in N_i$ 选择一个正的权值 λ_{ij} 满足 $\sum_{p_j \in N_i} \lambda_{ij} = 1$，使得每个内点 p_i 的参数点 u_i 是其邻域参数点的凸组合 $u_i = \sum_{p_j \in N_i} \lambda_{ij} u_j$，于是求解内节点转化为求如下的由 n 个方程所组成的线性方程组：$u_i = \sum_{p_j \in N_i} \lambda_{ij} u_j$ $(i = 1, 2, \cdots, n)$。将此方程组写成如下形式 $Au = b$，其中 $A = (a_{ij})_{n \times n}$，$u = (u_1, u_2, \cdots, u_n)^{\mathrm{T}}$，$b = (b_1, b_2, \cdots, b_n)^{\mathrm{T}}$。具体细节请参看本书第 3 章。

从以上的算法可以看出，该算法把获得内点的参数值归结为解一个方程组，文献 (Floater et al., 2001)已证明取合适的半径 r，方程组 $Au = b$ 有唯一解。在此算法中做如下说明：①边界点问题，可以手工标出边界点，也可以采用文献 (Floater et al., 2001) 中提供的求边界点的算法；②点的包围球问题，由于点采样模型没有拓扑结构，且通常情况下数据量很大，采用八叉树算法对点采样模型进行剖分来加速获得每个点的邻域；③计算时取倒数距离权为

$$\lambda_{ij} = \frac{1}{\|\boldsymbol{p}_j - \boldsymbol{p}_i\|} \Bigg/ \sum_{p_k \in N_i} \frac{1}{\|\boldsymbol{p}_k - \boldsymbol{p}_i\|}$$

同时采用共轭梯度法快速求解这个大型稀疏方程组。

此方法简单实用，但是由于点采样模型数据通常很大，所以需要解一个大型稀疏的线性方程组。即使采取压缩存储，即只存储矩阵 $\boldsymbol{A}$ 中非零项，其存储量仍相当大。如此大的存储量和解如此大的方程组所耗的时间难以接受。因此对于大规模数据的点采样模型需采用一种更加快速、高效的参数化方法。

由于从三维扫描设备获得的点采样模型的采样点数据通常很稠密，所以该想法是用一个较稀疏的点采样模型 M' 来逼近原始模型 M，先参数化这个稀疏的点采样模型后，再将原始模型的采样点"填"到参数域上相应的位置，从而完成大规模数据的参数化，算法分三步。

第一步，简化原始模型 M，获得简化模型 M'，设 M' 由点 $\boldsymbol{P}' = (\boldsymbol{p}_1', \boldsymbol{p}_2', \cdots, \boldsymbol{p}_t')$ 组成，其内点为 $\boldsymbol{P}_I' = (\boldsymbol{p}_1', \boldsymbol{p}_2', \cdots, \boldsymbol{p}_s')$，边界点为 $\boldsymbol{P}_B' = (\boldsymbol{p}_{s+1}', \boldsymbol{p}_{s+2}', \cdots, \boldsymbol{p}_t')$。采用的简化算法基于协方差分析方法(Pauly et al., 2002)；用每个聚集的重心来表示这个聚集。

第二步，采用前面的参数化方法对简化模型 M' 进行参数化。获得 $\boldsymbol{P}' = (\boldsymbol{p}_1', \boldsymbol{p}_2', \cdots, \boldsymbol{p}_t')$ 所对应参数点 $\boldsymbol{U}' = (\boldsymbol{u}_1', \boldsymbol{u}_2', \cdots, \boldsymbol{u}_t')$。

第三步，为每个点 $\boldsymbol{p}_i' \in \boldsymbol{P}'$ 确定一个半径为 r 的邻域 $N_i' = \{\boldsymbol{p}_j': 0 < \|\boldsymbol{p}_j' - \boldsymbol{p}_i'\| < r\}$，设 $\boldsymbol{p}_i'$ 为第 i 个聚集 $\boldsymbol{C}_i$ 的重心，设 $\boldsymbol{p}_k \in \boldsymbol{C}_i$，在 N_i' 中找到与之距离最近的三个点 $\boldsymbol{p}_{i,1}', \boldsymbol{p}_{i,2}', \boldsymbol{p}_{i,3}'$，其所对应的参数点为 $\boldsymbol{u}_{i,1}'$，$\boldsymbol{u}_{i,2}'$，$\boldsymbol{u}_{i,3}'$，取距离倒数权 $\lambda_{i,j} = \dfrac{1}{\|\boldsymbol{p}_k - \boldsymbol{p}_{i,j}'\|} \Bigg/ \sum_{j=1}^{3} \dfrac{1}{\|\boldsymbol{p}_k - \boldsymbol{p}_{i,j}'\|}$ （$j = 1, 2, 3$），则 $\boldsymbol{p}_k \in \boldsymbol{C}_i$ 对应的参数点为 $\boldsymbol{u}_k = \sum_{j=1}^{3} \lambda_{i,j} \boldsymbol{u}_{i,j}'$。

值得指出的是本算法适用于参数化大规模稠密的点采样模型。该快速参数化方法有两个主要优点：节省内存和加快参数化速度。如图 8.1 所示的模型由 65868 个点简化为 8384 个点，参数化简化模型耗时 41.19s，简化时间为 0.512s；而直接参数化需要大约 40min。虽然与直接参数化会有误差，但是已对模型的骨架进行了参数化，其他点的参数值的变化只不过是在大框架下固定好的条件下局部扰动，对于采样稠密的点采样模型，误差不会影响参数化应用的效果。图 8.1 给出了此算法的流程图，图 8.2(见插页)是利用此方法实现 Venus 模型快速参数化的例子。

2. 快速基曲面重建

设点集曲面 $\boldsymbol{P} = (\boldsymbol{p}_1, \boldsymbol{p}_2, \cdots, \boldsymbol{p}_N) \subset R^3$ 已被参数化到矩形参数域 $\Omega = \{(u,v) | 0 \leq u \leq m, 0 \leq v \leq n\}$。由 Lee 等(1997)提供的方法可在参数域 Ω 定义三个均匀三次的多层次 B 样条曲面 $f_x(u,v)$，$f_y(u,v)$，$f_z(u,v)$ 分别逼近点列 $\boldsymbol{p}_i = \{x_i, y_i, z_i\}(i = 1, 2, \cdots, N)$。通过此方法可获得三维点采样模型曲面 S 的多层次 B 样条曲面，即基曲面 f。

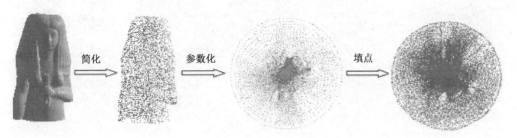

图 8.1　点采样模型的快速参数化流程

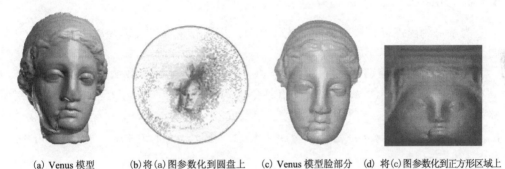

(a) Venus 模型　　(b) 将(a)图参数化到圆盘上　　(c) Venus 模型脸部分　(d) 将(c)图参数化到正方形区域上

图 8.2　点采样模型的快速参数化结果

为了加速曲面重建，可以通过与快速参数化类似的方法对简化模型进行曲面重建，然后在参数域上对参数点进行插值，可获得点采样模型上每个点在基曲面上对应的值。这个方法大大加速了曲面重建过程。由于点采样模型通常采样稠密，这种加速技巧获取的基曲面依然有较高的逼近效果。图 8.3 给出了由两种不同方法重建出基曲面的效果。采用加速的方法，系统用了 0.65s 获取基曲面，简化模型共用了 0.21s，然而直接重建用了 8.891s。两种方法所得效果几乎一样。图 8.3(a) 的包围盒的半径为 1.0。图 8.3(a) 为原始模型 54250 点；图 8.3(b) 为一层控制顶点获取的基曲面；图 8.3(c) 为两层控制顶点获取的基曲面；图 8.3(d) 为三层控制顶点获取的基曲面；图 8.3(e) 为将原始曲面与基曲面重叠获得的结果，平均误差为 0.001664；图 8.3(h) 为非加速所得基曲面与原始曲面重叠所得结果，平均误差为 0.001524。

为了在点采样模型上获取用户指定的编辑区域，可采用第 4 章基于 Level Set 的方法先在模型上计算出有序的边界线，利用点采样模型上 Level Set 演化算法拾取边界线所包围的点集，对编辑区域进行局部的多层次 B 样条曲面重建后，将继续进行接下来的几何编辑操作。

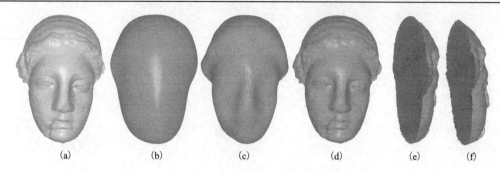

(a)　　　　　　(b)　　　　　　(c)　　　　　　(d)　　　　　(e)　　　(f)

图 8.3　多分辨率基曲面重建

8.3.2　几何细节表示

为了检测出点采样模型曲面的几何细节，将所有采样点投影到基曲面上，在基曲面上每个投影点处建立局部坐标系。

设 $p \in R^3$ 是点集曲面 M 上一采样点，$(u,v) \in R^2$ 是在参数域上对应的参数点，$p' = f(u,v)$ 是在基曲面 M 上对应的点。令 $q = p - p'$，在 $f(u,v)$ 上建立一局部仿射坐标系 $\{f_u, f_v, n\}$，其中 f_u 和 f_v 是 M 关于参数 u 和 v 的偏导数，$n = f_u \times f_v$ 是 $f(u,v)$ 的法向。令 $r = q \cdot f_u$，$s = q \cdot f_v$，$t = q \cdot n$，则有分解 $q = rf_u + sf_v + tn$；$p = f(u,v) + q$，如图 8.4 所示。

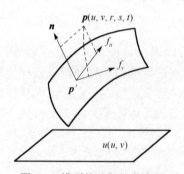

图 8.4　模型的几何细节表示

点采样模型的几何细节定义为所有采样点向量误差 q 的集合，(u,v,r,s,t) 称为采样点 p 在基曲面参数空间的局部仿射坐标，称为凹凸分量(bump component)，其中 (r,s,t) 为定义在局部坐标 $\{f_u, f_v, n\}$ 上的几何细节系数。令 $\bar{M}$ 为点集曲面 M 的基曲面，几何细节可定义为 $D = M - \bar{M}$，D 表现为凹凸分量 (r,s,t) 的集合。由上述可知，几何细节能方便地抽取并映射到其他曲面上。

8.3.3　基于几何细节映射的几何造型

自由变形(Free Form Deformation，FFD)，在三维几何形状造型中有着重要的地位。

自由变形的一个重要特点是几何造型完全不依赖于模型的几何表示方法，因此自由变形尤其适合于点采样模型。点采样模型的形状编辑中的一个重要问题是在变形中如何保持几何特征，本节将基于自由变形给出几种保几何特征的几何造型算子。

设 $\bar{M}$ 为点集曲面 M 的基曲面，$\bar{M}$ 为一张 B 样条基曲面，曲面的几何细节 $D = M - \bar{M}$ 已被抽取。假设 $\bar{M}$ 经过编辑变形得到新的曲面 $\bar{M}_{\text{new}}$，令 D 中 (r,s,t) 对每个点 p 在变形中保持不变常数，如果 $\bar{p}_{\text{new}}$ 为 $\bar{p} \in \bar{M}$ 在变形后的基曲面上对应点，且 $\bar{p}_{\text{new}}$ 对应的局部坐标为 $\{\bar{f}_u, \bar{f}_v, \bar{n}\}$。令 $\bar{q} = r\bar{f}_u + s\bar{f}_v + t\bar{n}$，则 $p_{\text{new}} = \bar{p}_{\text{new}} + \bar{q}$ 为点 p 变形后的位置。整个过程就像将点 p "贴" 在 $\bar{M}$ 上，当 $\bar{M}$ 变形后，"贴" 在上面的点 p 也跟着变形。

通过这种方法，可以得到原始曲面 M 变形后的结果 $M_{\text{new}} = \bar{M}_{\text{new}} + D$，这种自由变形称为保特征变形。任何在基曲面上指定区域进行的变形都会自动地传递到原始曲面。与将几何物体嵌入三维格子的传统自由变形方法比较，该方法操作更灵活且保特征；与基于隐式曲面的几何造型方法比较（Guo et al., 2003; Pauly et al., 2003b），该方法效率更高操作更方便。由 B 样条构成的基曲面是一种功能强大的造型工具，下面将具体给出几种点采样模型造型方法。

1. 雕刻算子

提供一个雕刻算子使得用户可以在曲面上交互刻画，然后曲面将沿着划过的痕迹进行相应的局部弯曲，从而获得雕刻的效果。用户在曲面上划过的采样点将赋予相应的位移值，位移值被传递到相应的基曲面，然后采用直接的自由变形方法（Hsu et al., 1992）可在基曲面上获取雕刻结果，雕刻结果由几何细节映射算法传递到原始曲面上生成点采样模型雕刻效果。调整控制网格的大小，可以设置出雕刻结果的尺度。图 8.5 给出两个雕刻的例子。

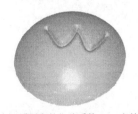
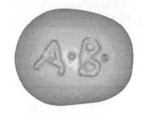

(a) 原始曲面　　　(b) 采用负的位移系数，"w"字符被刻在(a)图上　　　(c) 采用正的位移系数，"A"、"B"字符被浮雕在(a)图上

图 8.5　点采样模型的法向位移算子

2. 扭曲和拉伸算子

首先在 M 上定义一个句柄 p_0 使得 $p_0 \in M$。扭曲算子可使句柄周围的点相应地进行旋转扭曲，拉伸算子则可使句柄沿着鼠标或预定的曲线进行拉伸。由于点集模型通

常采样稠密且没有任何拓扑连接关系，所以对点采样模型进行精确的局部扭曲和拉伸操作并不容易。Forsey 等(1988)提出了一个分层次的 B 样条的求精算法，由于采用多层次 B 样条构建基曲面，所以可将该方法用在基曲面上，扭曲和拉伸结果会传递到点集曲面。图 8.6 给出两个例子。

(a) 图 8.5(a)基础上层次变形后的结果　　　　　　(b) 图 8.5(a)基础上扭曲和拉伸后的变形结果

图 8.6　点采样模型的变形效果

3. 切割和粘贴

本操作将点集面上一区域 $Y = \{y_i, \cdots, y_m\}$ 切割并粘贴到另一点集曲面 $X = \{x_1, x_2, \cdots, x_n\}$ 上，当 X 变形后，Y 相应地改变形状。实现时，先采用八叉树空间剖分获取 X 和 Y 的交线，计算出被 Y 包围的 X 的子曲面 X_s，并采用协方差方法获取点集块 X_s 的参照平面 H。点集 Y 和 X_s 被投影到该共同参照平面 H 上。在 H 上采用最近点搜索法为 Y 和 X_s 上的采样点之间获得对应关系。将 Y "贴"在 X_s 的基曲面上，当 X_s 的基曲面发生变形时，Y 也随之变形。图 8.7(见插页)给出一个例子。图 8.7(a)为细节 Y 被嵌入到点集曲面 X，红线为区域 X_s，H 是参照平面；图 8.7(b)为 Mannequin 模型粘贴到 Bunny 模型上；图 8.7(c)和图 8.7(d)为 Bunny 变形时 Mannequin 也相应变形。

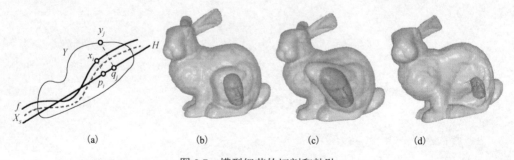

(a)　　　　　　(b)　　　　　　(c)　　　　　　(d)

图 8.7　模型细节的切割和粘贴

8.3.4　几何细节迁移

基于点采样模型基曲面的多分辨率表示方法和几何细节抽取算子，容易剥离出点集曲面几何细节，即原点集模型的高频特征。本节将研究任意两个同胚曲面块之间的几何细节迁移。

1. 几何细节迁移原理

假设需将源曲面 M 的几何细节迁移到目标模型 N 上，交互地指定具有几何细节 M 的边界和 N 的边界。然后采用快速参数化方法将 M 和 N 参数化到同一矩形区域上。设 $\bar{M}$ 和 $\bar{N}$ 分别为 M 和 N 基于同一参数域上建立的基曲面，令几何细节 $D = M - \bar{M}$，则 $N' = \bar{N} + D$ 为 N 获取 M 的几何细节后得到新的编辑模型。

具体算法如下：假设 $p \in M$ 的几何细节将迁移到 $\bar{q} \in \bar{N}$ 上，p 和 q 在参数域上具有同一参数点 $u \in \mathbf{R}^2$。首先抽取出几何细节 $\Delta p = p - \bar{p}$ 并在仿射坐标系表示成 (u, v, r, s, t)，其中 $\bar{p}$ 是 p 在基曲面 $\bar{M}$ 中对应的点，其局部坐标系为 $\{f_u, f_v, n)\}$。设 $\bar{q}$ 在 $\bar{N}$ 中的局部坐标系为 $\{f_u, f_v, n')\}$，令 $(r', s', t') = \omega \cdot (r, s, t)$，其中 ω 关于 $\bar{M}$ 和 $\bar{N}$ 之间差的尺度因子，令 $\Delta = r'f_u' + s'f_v' + t'n'$，则新几何坐标 $q' = \bar{q} + \Delta$ 嵌入了 p 点的几何细节。采用这种方法，曲面块 M 所有的几何细节能被迁移到基曲面 $\bar{N}$ 对应的点上。

注意到曲面块 M 和 N 通常包含不同数量的采样点，与点采样模型 Morphing 算法需要为采样点之间建立对应关系不一样，该方法将所有源模型采样点投影到目标模型的基曲面上，这实质上在目标模型的基曲面上执行了一个重采样操作，目标模型的采样点仅起了构建基曲面形状的作用。

2. 多分辨率几何细节迁移

设 $\bar{M}_i$ 和 $\bar{N}_i$ 为 M 和 N 对应的多分辨率基曲面表示。源模型 M 可定义为不同层次的基曲面 $\bar{M}_i$ 和与之对应的几何细节 D_i 的和：$M = \bar{M}_i + D_i$。将不同分辨率的细节 D_i 迁移到与之对应的目标模型的基曲面 $\bar{N}_i$ 上，则可获得多分辨率几何细节迁移结果。几何细节抽取起了一个高通滤波器的作用，更高层次的几何细节 D_i 则表示更高的截频点。

图 8.8 中 Mannequin 模型不同分辨率的几何细节迁移到目标模上。两个多分辨率 B 样条基曲定义在同一参数域上，各自的采样点提供了全局一致的局部坐标系，这不仅便于几何细节抽取和迁移，更重要的是在几何细节迁移中使得被迁移的几何细节扭曲最小。图 8.8(a) 为源模型 Mannequin；图 8.8(b) 为目标模型；图 8.8(c)、图 8.8(d) 和图 8.8(e) 为 Mannequin 不同层次几何细节迁移到目标模型的结果。

3. 约束化几何细节迁移

在特定应用中，源模型的一些几何细节需要迁移到目标模型的某一特定的位置，图 8.9(a) 为源模型；图 8.9(b) 为目标模型；图 8.9(c) 和图 8.9(d) 为保特征的细节迁移；

图 8.9(e)为将源模型的几何细节迁移到目标模型变形后基曲面上得到的卡通效果。Planck 模型的鼻子、皱纹等几何细节需要迁移到 Mannequin 模型相应的位置上，并要求有最小的扭曲，这就是所谓的约束化的几何细节迁移。

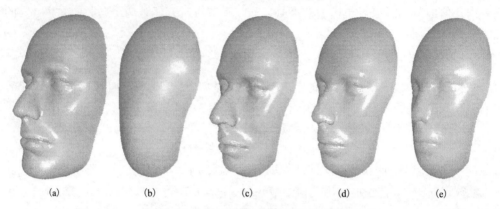

(a)　　　　　　(b)　　　　　　(c)　　　　　　(d)　　　　　　(e)

图 8.8　　Mannequin 模型的多分辨率细节迁移

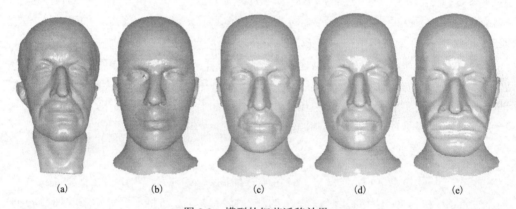

(a)　　　　　　(b)　　　　　　(c)　　　　　　(d)　　　　　　(e)

图 8.9　　模型的细节迁移效果

　　对于网格模型和点采样模型已经提出了许多基于约束化的纹理映射(Levy, 2001; Zwicker et al., 2002; Kraevoy et al., 2003)等，这些方法将纹理图像上的一些特定细节映射到模型的特征上。然而本书将要解决的是点采样模型之间约束化的几何细节迁移，相比之下，这项研究更有难度。采用如下方法解决该问题。首先用户交互地指定源模型和目标模型边界点，将这些边界点映射到同一参数域的边界上，这实际上为两个模型给出了粗略的对应关系。然后用户在源模型和目标模型交互指定对应的特征点，采用一个 Warping 函数将这些对应特征点参数化到共同参数域上同一点，则完成了两个模型之间自然的特征精确匹配，以及其他点的对应关系，同时保持特征点之间的连续过渡。通过此方法给出了 M, N 和对应的基曲面 $\bar{M}$, $\bar{N}$ 之间的对应关系。最后采用几何细节迁移的技巧，源模型的特征即可迁移到目标模型相应的区域，完成约束化的特征迁移过程。

4. 几何细节迁移边界连续性

前几节中给出了点采样模型块之间的几何细节迁移结果，本节将解决细节迁移中获得几何细节的目标模型上的边界连续性问题。

假设曲面块 M 的几何细节迁移到模型 S 中一特定块 N 上，如图 8.9 和图 8.10 所示。要获得满意的效果，除了利用保特征的细节迁移，对应边界接合处需要保持无缝和光滑。因为有时源模型和目标模型的细节在边界处并不完全吻合，当 M 的几何细节迁移到 S 上时，会导致曲面块 N 与 S 在边界处出现明显裂缝。为了消除边界处的不连续现象，首先在源模型和目标模型的边界区域分别建立一个过渡区域，然后利用一个混合函数(blending function)对两模型对应边界区域带的几何细节进行混合。与网格模型不同，由于没有任何拓扑连接关系，所以在点采样曲面定义过渡区域并不容易。幸运的是，在该算法中，由于有一共同的参数域，所以很容易在参数域上定义一过渡区域带，如图 8.11(a)所示，基于此过渡带可定义出其各自在曲面上对应的过渡区域。

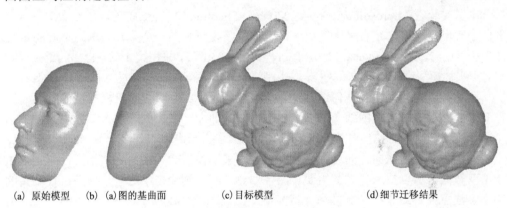

(a) 原始模型   (b) (a)图的基曲面   (c) 目标模型   (d) 细节迁移结果

图 8.10   点采样模型的细节迁移效果

一维 C^1 连续渐变混合函数定义如下(Ma et al., 1997)：

$$F(u) = \begin{cases} B_{2,3}\left(\dfrac{u-e}{a-e}\right) + B_{3,3}\left(\dfrac{u-e}{a-e}\right), & e \leqslant u \leqslant a \\ 1, & a < u < b \\ B_{0,3}\left(\dfrac{u-b}{f-b}\right) + B_{1,3}\left(\dfrac{u-b}{f-b}\right), & b \leqslant u \leqslant f \\ 0, & \text{其他} \end{cases}$$

如图 8.11(b)所示，定义 $R_f = [e,f]$ 为过渡区域(filter region)，$R_s = [a,b]$ 为有效区域(effective region)，其中 $B_{i,3}(u) = C_3^i(1-u)^{3-i}u^i$ （$u \in [0,1]$，$i = 0,1,2,3$）为三次 Bernstein-Bezier 基函数。二维 C^1 连续的渐变函数 $F(u,v)$ 见文献 Ma 等(1997)，如图 8.11 所示。

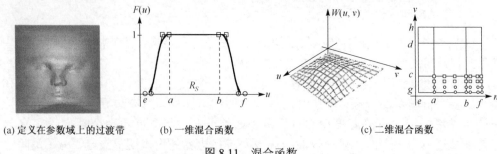

(a) 定义在参数域上的过渡带　　　(b) 一维混合函数　　　　　　　(c) 二维混合函数

图 8.11　混合函数

设源曲面的几何细节 $D_M = M - \bar{M}$ 和目标模型的几何细节 $D_N = N - \bar{N}$，采用渐变函数 $F(u, v)$ 混合 D_M 和 $\bar{N}$，令 $N' = \bar{N} + (1 - F)D_N + FD_M$，则可得到在边界无缝的几何细节迁移结果，如图 8.9 和图 8.10 所示。

8.3.5　实验结果与讨论

本节实验在 Microsoft Windows 2000 PC，　Pentium IV 1.6GHz CPU，512MB RAM 平台上实现。重采样是点采样模型编辑变形中需要研究的一个重要问题。不同的重采样方法已提出，如(Alexa et al., 2001; Pauly et al., 2003b) 等，采用第 4 章中提出的重采样方法对点采样模型进行动态的重采样，采用协方差方法对点采样模型的法向进行重建。

图 8.9 给出了保特征几何细节迁移结果，图 8.9(e)中首先对目标模型的基曲面进行变形，然后将源模型的细节迁移到变形后的基曲面上，得到一个卡通效果。在该例子中采用 8.3.4 节的技巧对边界区域进行处理，得到无缝拼接效果。图 8.12(见插页)中，对图 8.5(a)在法向方向进行变形，获得点采样模型的自由变形结果。该例子中由于形变较大，所以重采样尤其需要。图 8.13(见插页)则给出了对狮子模型进行编辑的结果，注意变形结果在边界区域保持光滑。图 8.10 则给出另一个有意思的结果，将 Mannequin 模型的脸部细节迁移到 Bunny 模型的头部，当然也可给出多分辨率的细节迁移结果。

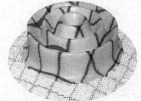

(a) 原始模型　　(b) 对(a)图采用自由变形算法编辑的结果　(c) 对(a)图采用自由变形算法编辑的结果

图 8.12　点采样模型自由变形算法编辑

对点采样模型先进行两个预处理过程后，本章给出的方法可以交互地对点采样模型进行编辑造型。一个预处理是编辑区域的参数化，需要指出的是，在编辑过程中，

| (a) 红线为分割线，绿色为编辑区域 | (b) 翅膀从狮子模型中抽出 | (c) (b)图的不同视点方向 |

图 8.13 点采样模型的局部拾取和编辑

参数化只需要运算一次。而且利用本书提出的快速参数化方法，一般 30s 内即能完成参数化。另一个预处理是基曲面的重构，同样采用快速重建方法，一般都能在几秒内完成。参数化对于获得好的几何映射效果起着重要的作用。虽然该点采样模型参数化不能与一些网格模型的参数化一样具有保角性，但由于点采样模型通常采样稠密，所以并不影响该基曲面重建和点采样模型编辑效果。

8.4 点采样模型的高频细节调控

8.4.1 理论基础

在数字图像处理领域，Fourier 变换和 Fourier 反变换建立起了图像空间域与频率域之间的一座桥梁，使得人们能够利用图像的频率表示实现各种内在的谱处理(Gonzalez et al., 1993)，如图像的增强、图像的去噪、特征检测和提取、图像的重采样等。

在基于频率域的图像增强应用中，首先将输入图像的空间域信息经 Fourier 变换转化为图像的频域信息，然后运用特定的滤波传递函数对图像的低频和高频信息进行滤波，最后将经滤波后的频域信息通过 Fourier 反变换得到输出图像。在上述处理过程中，通过设计不同的滤波函数可以获得不同的图像处理效果。在 Fourier 变换中，低频信息主要决定图像在平滑区域中总体灰度级的显示，而高频信息则决定了图像的细节部分。低通滤波器可以使滤波后的图像高频部分被衰减，平滑原始图像中的尖锐细节；相反，高通滤波器可以突出过渡灰度级的细节部分，使得输出图像特征得到增强，如图 8.14(见插页)所示。

将图像的谱分析理论推广到三维数字几何模型，可以得到针对几何模型的各种造型和编辑方法(Taubin, 1995b; Pauly et al., 2001)。类似于图像的频谱分析，几何模型的高频信息反映了模型的几何细节，针对模型高频几何细节的调控和在高频几何细节保持下模型的编辑是两类重要的造型手段。该方法是通过 Laplace 变换在模型的空间信息和频域信息之间建立一座桥梁，通过在频率域的操作实现模型。然而，这些造型手段都取决于模型的高频几何细节的定义方式的各种造型和编辑效果(图 8.15)。

(a)原始图像

(b)图像的高频细节

(c)经高频提升后的(a)图,
其中图像的细节部分得到了增强

图 8.14　图像的高频提升

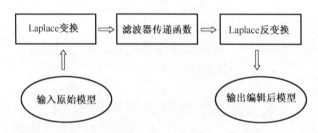

图 8.15　三维模型的细节调控处理流程

8.4.2　高频几何细节定义

将二维图像上的 Fourier 分析方法推广到三维离散几何上(Taubin, 1995b),离散 Laplace 算子的特征向量可以认为是曲面的自然振动模式(natural vibration mode)相应的特征值可以看成是相应的自然频率(natural frequency)。离散 Laplace 算子可以通过对采样点邻域加权得

$$\Delta \boldsymbol{p}_i = \boldsymbol{p}_i - \sum_{\boldsymbol{p}_j \in N_i} \omega_{ij} \boldsymbol{p}_j = \boldsymbol{K} \boldsymbol{p}_j$$

式中,$K = I - W$,非负权因子 ω_{ij} 的选择依赖于邻域点的空间分布,且 $\sum_{\boldsymbol{p}_j \in N_i} \omega_{ij} = 1$。一种简单的选取是取权因子为采样点 $\boldsymbol{p}_i$ 的邻域点个数的倒数 $\dfrac{1}{d_i}$。权因子的另一种选取是取采样点 $\boldsymbol{p}_i$ 和邻域点距离的幂次 $\omega_{ij} = \left\| \boldsymbol{p}_i - \boldsymbol{p}_j \right\|^\mu \Big/ \sum_{\boldsymbol{p}_l \in N_i} \left\| \boldsymbol{p}_i - \boldsymbol{p}_l \right\|^\mu$,幂次 $\mu = -1$ 通常可以得到好的效果。

在离散 Laplace 变换的基础上,通过一定的传递函数在频率域提升模型的高频成

分，可以更好地刻画几何模型的高频细节。对 Laplace 矩阵 $K = I - W$ 进行谱分析，可以得到其特征值为

$$\lambda_1 \leqslant \lambda_2 \leqslant \lambda_3 \leqslant \cdots \leqslant \lambda_n$$

与上述特征值相对应的特征向量：

$$E = \{e_1, e_2, e_3, \cdots, e_n\}$$

组成一个正交基。通常，特征值反映了模型的频率分布，第一个特征向量 e_1 反映了几何信号的低频成分，最后一个特征值反映了高频变化。离散几何信号可以在上述基下分解得

$$p = c_1 e_1 + c_2 e_2 + c_3 e_3 + \cdots + c_n e_n$$

经过 Laplace 变换有

$$Kp = c_1 \lambda_1 e_1 + c_2 \lambda_2 e_2 + c_3 \lambda_3 e_3 + \cdots + c_n \lambda_n e_n$$

从而，在传递函数(transfer function) $f(K)$ 作用下有

$$f(K)p = c_1 f(\lambda_1)e_1 + c_2 f(\lambda_2)e_2 + c_3 f(\lambda_3)e_3 + \cdots + c_n f(\lambda_n)e_n$$

可以通过引进特殊的传递函数，对几何信号的高频成分进行有效提升，实现高频几何细节的调控和保细节的编辑。

一个简单的传递函数是线性函数 $f(K) = \dfrac{1}{\lambda} K$，得到简单的 Laplace 几何细节：

$$\xi(p_i) = \frac{1}{\lambda} \Delta p_i = \frac{1}{\lambda} \left(p_i - \sum_{p_j \in N_i} \omega_{ij} p_j \right)$$

线性传递函数虽然能够提升高频成分，但同时却不能有效地抑制低频成分(图 8.16 (a))。

另一个传递函数为二次函数，如

$$f(K) = \left(\frac{1}{\lambda} + \frac{1}{\mu} \right) K - \frac{1}{\lambda \mu} K^2, \quad \lambda, \mu > 0$$

相应地，可以得到合成的二阶几何细节为

$$\eta(p_i) = \left(\frac{1}{\lambda} + \frac{1}{\mu} \right) \Delta p_i - \frac{1}{\lambda \mu} \Delta^2 p_i = \left(\frac{1}{\lambda} + \frac{1}{\mu} \right) \left(p_i - \sum_{p_j \in N_i} \omega_{ij} p_j \right)$$

$$- \frac{1}{\lambda \mu} \left(p_i - 2 \sum_{p_j \in N_i} \omega_{ij} p_j + \sum_{p_j \in N_i} \sum_{p_k \in N_j} \omega_{ij} \omega_{jk} p_k \right)$$

第三个传递函数为三次函数，如

$$f(K) = \left(\frac{1}{\lambda^2} + \frac{1}{\lambda \mu} + \frac{1}{\mu^2} \right) K^2 - \frac{1}{\lambda \mu} \left(\frac{1}{\lambda} + \frac{1}{\mu} \right) K^3, \quad \lambda, \mu > 0$$

相应地，可以得到合成的三阶几何细节为

$$\varsigma(\pmb{p}_i) = \left(\frac{1}{\lambda^2} + \frac{1}{\lambda\mu} + \frac{1}{\mu^2}\right)\Delta^2\pmb{p}_i - \frac{1}{\lambda\mu}\left(\frac{1}{\lambda} + \frac{1}{\mu}\right)\Delta^3\pmb{p}_i$$

$$= \left(\frac{1}{\lambda^2} + \frac{1}{\lambda\mu} + \frac{1}{\mu^2}\right)\left(\pmb{p}_i - 2\sum_{\pmb{p}_j \in N_i}\omega_{ij}\pmb{p}_j + \sum_{\pmb{p}_j \in N_i}\sum_{\pmb{p}_k \in N_j}\omega_{ij}\omega_{jk}\pmb{p}_k\right)$$

$$- \frac{1}{\lambda\mu}\left(\frac{1}{\lambda} + \frac{1}{\mu}\right)\left(\pmb{p}_i - 3\sum_{\pmb{p}_j \in N_i}\omega_{ij}\pmb{p}_j + 3\sum_{\pmb{p}_j \in N_i}\sum_{\pmb{p}_k \in N_j}\omega_{ij}\omega_{jk}\pmb{p}_k - \sum_{\pmb{p}_j \in N_i}\sum_{\pmb{p}_k \in N_j}\sum_{\pmb{p}_l \in N_k}\omega_{ij}\omega_{jk}\omega_{kl}\pmb{p}_l\right)$$

式中，λ 表示低通频率；μ 表示高通频率。如图 8.16(b) 和图 8.16(c) 所示，位于 $[\lambda, \mu]$ 的高频部分被提升，使得传递函数能够更好地反映点采样模型的高频几何细节。图 8.16(a) 为一次线性传递函数；图 8.16(b) 为二次线性传递函数；图 8.16(c) 为三次线性传递函数。从图中可以看出，三阶合成几何细节与二阶合成几何细节相比，在提升高频细节的同时能更好地抑制低频成分。

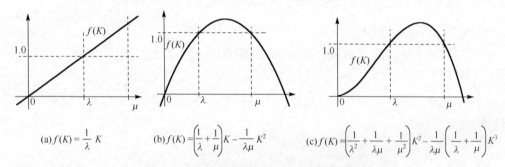

$$(a)\, f(K) = \frac{1}{\lambda}K \qquad (b)\, f(K) = \left(\frac{1}{\lambda} + \frac{1}{\mu}\right)K - \frac{1}{\lambda\mu}K^2 \qquad (c)\, f(K) = \left(\frac{1}{\lambda^2} + \frac{1}{\lambda\mu} + \frac{1}{\mu^2}\right)K^2 - \frac{1}{\lambda\mu}\left(\frac{1}{\lambda} + \frac{1}{\mu}\right)K^3$$

图 8.16　点采样模型的高频几何细节传递函数

图 8.17(见插页)给出了 Bunny 模型高频几何细节的可视化颜色映射结果，并根据高频几何细节的有向大小(dire_mag)确定其颜色，即若高频细节矢量 $\pmb{v}$ 满足 $\pmb{v} \cdot \pmb{n} > 0$，则 dire_mag $= \pmb{v}$，否则 dire_mag $= -\pmb{v}$。为了更好地反映模型的几何细节，首先对点采样模型进行光顺处理得到其基曲面，然后在基曲面上显示模型的高频几何细节。从实验结果可以看出，模型合成的高阶几何细节由于更好地提升了模型的高频成分，与合成的低阶几何细节相比，能够更好地反映出模型的高频细节变化。同时，表示低通频率的参数 λ 越小，表示高通频率的参数 μ 越大，所包含的细节变化越丰富，也能够更好地凸显模型的细节变化。图 8.17(a)、图 8.17(b) 和图 8.17(c) 模型的一阶线性几何细节，分别对应于参数 $\lambda = 0.1$，$\lambda = 0.3$，$\lambda = 0.8$；图 8.17(d)、图 8.17(e) 和图 8.17(f) 模型的二阶合成几何细节，分别对应于参数 $\lambda = 0.1$，$\mu = 1.8$；$\lambda = 0.3$，$\mu = 1.8$ 和 $\lambda = 0.8$，$\mu = 1.6$；图 8.17(g)、图 8.17(h) 和图 8.17(i) 模型的三阶合成几何细节，分别对应于参数 $\lambda = 0.1$，$\mu = 1.8$；$\lambda = 0.3$，$\mu = 1.8$ 和 $\lambda = 0.8$，$\mu = 1.6$。

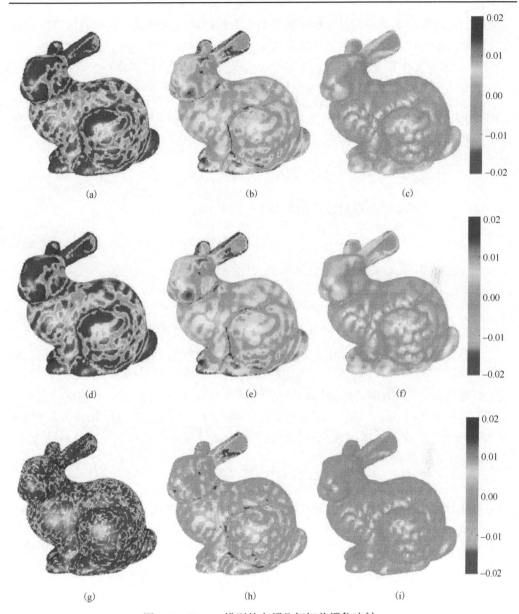

图 8.17　Bunny 模型的高频几何细节颜色映射

8.4.3　高频几何细节调控

点采样模型的高频几何细节调控主要包括两个方面(Miao et al., 2008)，一是点采样模型的高频细节缩放，对模型的某部分细节特征进行缩小或进行放大；二是点采样模型的高频细节增强，类似于图像中的特征增强技术，将点采样模型的某部分特征进行增强。这两方面的细节调控在数字娱乐业中有较好的应用前景,它们通常可以得到独特的、滑稽的和意想不到的数字娱乐效果,是点采样模型的一种新的造型方法。

1. 点采样模型的高频细节缩放

点采样模型的高频细节缩放是直接针对模型的高频几何细节的一种操作。给定点采样模型采样点集 $S = \{(\boldsymbol{p}_i, \boldsymbol{n}_i),\ i = 1, 2, 3, \cdots, N\}$,其内在几何细节可以表示为 Laplace 几何细节:

$$\xi(\boldsymbol{p}_i) = \frac{1}{\lambda} \Delta \boldsymbol{p}_i$$

或二阶合成几何细节、三阶合成几何细节:

$$\eta(\boldsymbol{p}_i) = \left(\frac{1}{\lambda} + \frac{1}{\mu}\right) \Delta \boldsymbol{p}_i - \frac{1}{\lambda\mu} \Delta^2 \boldsymbol{p}_i$$

$$\varsigma(\boldsymbol{p}_i) = \left(\frac{1}{\lambda^2} + \frac{1}{\lambda\mu} + \frac{1}{\mu^2}\right) \Delta^2 \boldsymbol{p}_i - \frac{1}{\lambda\mu}\left(\frac{1}{\lambda} + \frac{1}{\mu}\right) \Delta^3 \boldsymbol{p}_i$$

为了简单起见,将其统一记为采样点的高频几何细节 $\delta_i = \delta(\boldsymbol{p}_i)$。

对位于感兴趣区域(Region of Interest, ROI)内的采样点,通过对其高频几何细节进行缩小或放大 $\delta_i' = s\delta(\boldsymbol{p}_i)$,其中 s 为用户指定的缩放因子,再根据经过缩放后的几何细节重建曲面。具体地说,先由用户指定一些不动点(anchor points),根据这些点确定模型的感兴趣区域 ROI,该操作主要针对感兴趣区域 ROI 内的点进行。用户感兴趣区域 ROI 内采样点经高频细节调控后的新位置可以通过求解下列二次能量极小问题得

$$\min\nolimits_{\boldsymbol{p}'} \alpha \sum_{i=1}^{K} \left\| \delta(\boldsymbol{p}_i') - \delta_i' \right\|^2 + \sum_{i=1}^{m} \left\| \boldsymbol{p}_i' - \boldsymbol{q}_i \right\|^2$$

在上述二次能量中,第一项表示经调控后采样点处的高频几何细节被缩放了 s 倍,第二项表示满足用户交互式指定的位置约束。参数 α 用来权衡细节约束和位置约束,在实验中通常取参数 $\alpha = 1.0$。上述二次能量的极小化过程可以转化为下列线性方程组 $\boldsymbol{Ax} = \boldsymbol{b}$:

$$\alpha\delta(\boldsymbol{p}_i') = \alpha\delta_i', \quad i = 1, 2, 3, \cdots, K$$

$$\boldsymbol{p}_i' = \boldsymbol{p}_i^0, \quad i = 1, 2, 3, \cdots, m$$

并对其相应法方程 $(\boldsymbol{A}^{\mathrm{T}}\boldsymbol{A})\boldsymbol{x} = \boldsymbol{A}^{\mathrm{T}}\boldsymbol{b}$ 利用共轭梯度方法求解得到。

图 8.18 和图 8.19 给出了 Bunny 模型的高频细节缩放的实验结果。缩放比例 s 刻画了细节缩放的程度,$s < 1$ 表示细节得到缩小,$s > 1$ 表示细节得到了放大,而 $s = 1$ 表示原始模型。从模型细节调控的细节变化颜色映射图可以看出调控前后模型的细节得到了有效缩放。图 8.20 则给出了 Gnome 模型的高频细节缩放的结果。

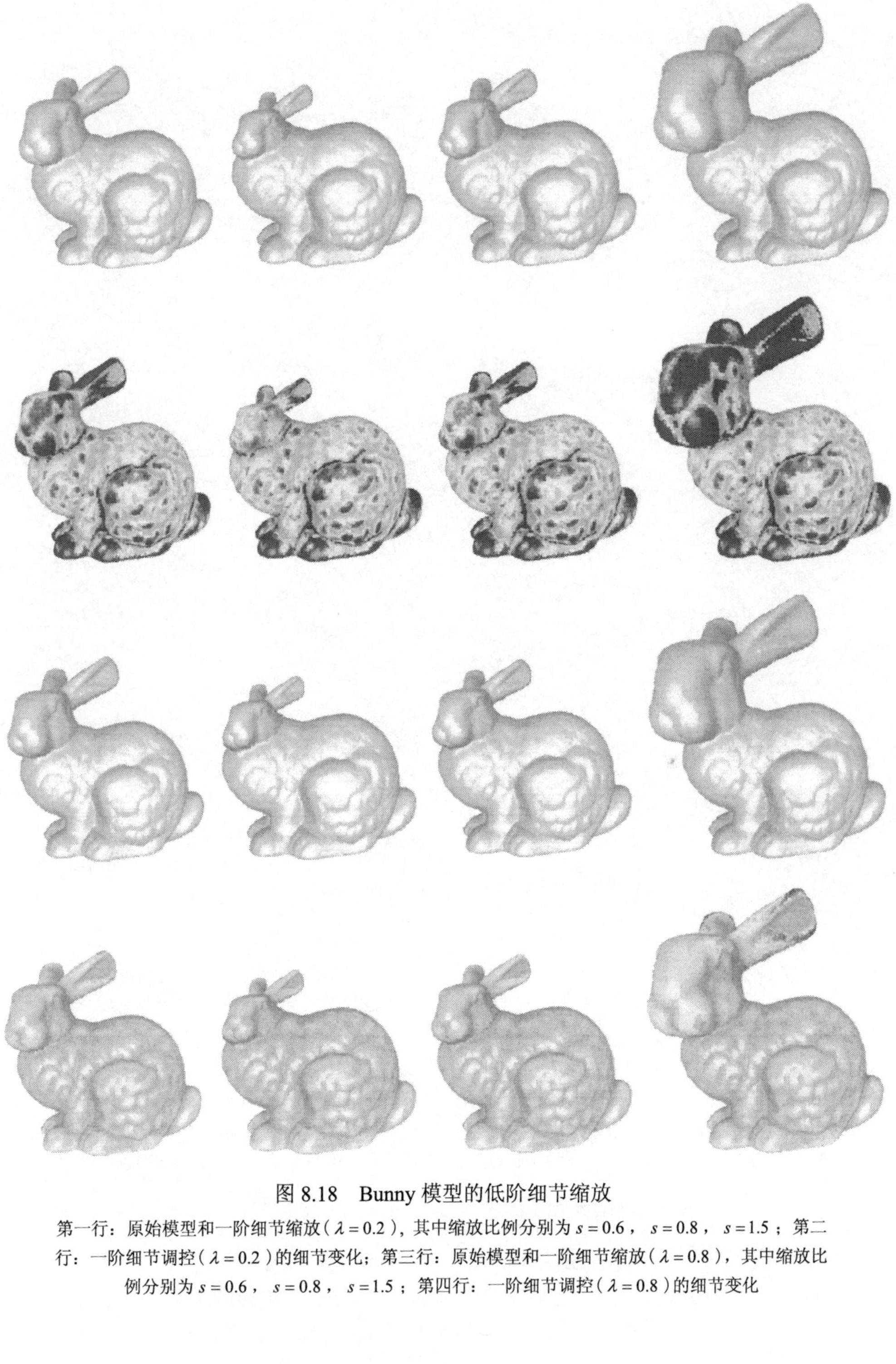

图 8.18　Bunny 模型的低阶细节缩放

第一行：原始模型和一阶细节缩放（$\lambda = 0.2$），其中缩放比例分别为 $s = 0.6$，$s = 0.8$，$s = 1.5$；第二行：一阶细节调控（$\lambda = 0.2$）的细节变化；第三行：原始模型和一阶细节缩放（$\lambda = 0.8$），其中缩放比例分别为 $s = 0.6$，$s = 0.8$，$s = 1.5$；第四行：一阶细节调控（$\lambda = 0.8$）的细节变化

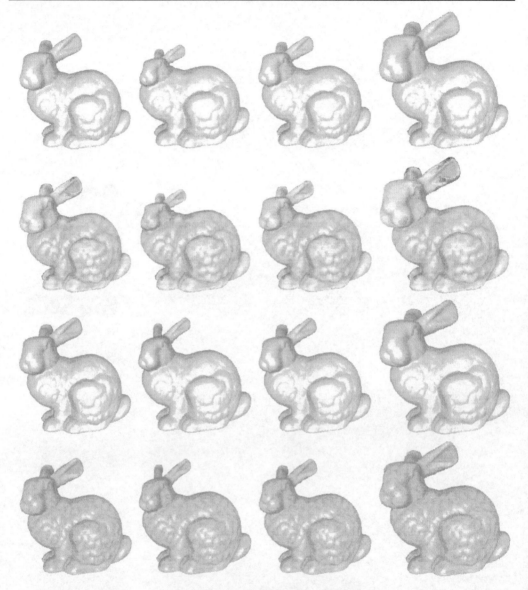

图 8.19 Bunny 模型的高阶细节缩放

第一行：原始模型和二阶合成细节缩放（$\lambda = 0.8$，$\mu = 1.6$），其中缩放比例分别为 $s = 0.6$，$s = 0.8$，$s = 1.2$；第二行：二阶合成细节调控（$\lambda = 0.8$，$\mu = 1.6$）的细节变化；第三行：原始模型和三阶合成细节缩放（$\lambda = 0.8$，$\mu = 1.6$），其中缩放比例分别为 $s = 0.6$，$s = 0.8$，$s = 1.2$；第四行：三阶合成细节调控（$\lambda = 0.8$，$\mu = 1.6$）的细节变化

2. 点采样模型的高频细节增强

点采样模型的高频细节增强是指对模型的某部分细节特征进行增强。在这里模型的细节特征定义为原始模型和光滑基曲面（base surface）之间的细节差异。具体地说，

根据给定的点采样模型 S，利用平衡曲率流光顺方法得到其光滑基曲面 $\bar{S}$。对于原始模型 S 和基曲面模型 $\bar{S}$，可以分别提取其高频几何细节 δ_i 和 $\bar{\delta}_i$。定义采样点处细节特征为 $\sigma_i = \delta_i - \bar{\delta}_i$，高频细节的增强主要是对该细节特征进行有效提升。

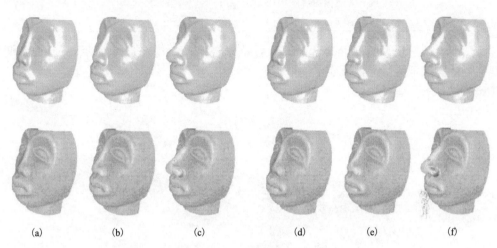

(a)　　　　(b)　　　　(c)　　　　　　(d)　　　　(e)　　　　(f)

图 8.20　Gnome 模型的细节缩放

第一行：Gnome 模型的一阶细节缩放（$\lambda = 0.8$）（图 8.20(a)、图 8.20(b) 和图 8.20(c)），以及二阶合成细节缩放（$\lambda = 0.8$，$\mu = 1.8$）（图 8.20(d)、图 8.20(e) 和图 8.20(f)），其中缩放比例分别为 $s = 0.5$，$s = 1.0$，$s = 1.8$；第二行：Gnome 模型的一阶细节缩放和二阶合成细节缩放的细节变化

　　在实验中，点采样模型的光滑基曲面通过类似于三角网格上的曲率流光顺方法（Desbrun et al., 1999）得到。Desbrun 等（1999）运用隐式的 Laplace 算子，提出了一种基于三角网格的曲率法向算子，利用平衡曲率流方程处理网格光顺问题，将顶点的移动方向限制在法向方向，沿顶点法向方向的移动量取决于顶点处的法向曲率，从而较好地解决了光顺过程中的顶点漂移问题，得到了很好的光顺结果（Desbrun et al., 1999）。网格的平衡曲率流方法也可以方便地推广到点采样模型上，使光顺过程中采样点沿着其法向方向移动，而移动量则取决于采样点处的方向曲率，平衡曲率流光顺算法伪代码如下：

```
输入原始点采样模型 P = (p_i, n_i);
for( Iteration = 1, 2,⋯, MaxIteration )
    for(模型中的每一个采样点 p_i)
        根据采样点 p_i 的邻域点集估计采样点处的法向 n_i^est 和曲率 k_i^est;
```
$$
\text{计算曲率方向 Dire} = \frac{\displaystyle\sum_{\boldsymbol{p}_j \in N_i} < \boldsymbol{p}_i - \boldsymbol{p}_j, \boldsymbol{n}_i^{est} > \exp\left(-\frac{d(\boldsymbol{p}_i, \boldsymbol{p}_j)^2}{2\sigma^2}\right)}{\displaystyle\sum_{\boldsymbol{p}_j \in N_i} \exp\left(-\frac{d(\boldsymbol{p}_i, \boldsymbol{p}_j)^2}{2\sigma^2}\right)};
$$
```
        if (Dire ≥ 0) sgn = 1; else sgn = -1;
```

$$取方向曲率\ \bar{k}_i = \text{sgn} \cdot k_i^{\text{est}};$$
$$\boldsymbol{P}_i = \boldsymbol{P}_i + \text{Step} * (-\bar{k}_i * \boldsymbol{n}_i^{\text{est}});$$
$$\boldsymbol{n}_i = \boldsymbol{n}_i^{\text{est}};$$

```
    end   //for(模型中的每一个采样点 Pi)
end   //for( Iteration= 1, 2,···, MaxIteration )
```

Bunny 模型和 Max-Planck 模型的光顺基曲面如图 8.21(见插页)所示。该基曲面仅包含了模型的低频信息，反映了模型的整体形状，模型的高频细节都经平衡曲率流光顺过程被抹去了。

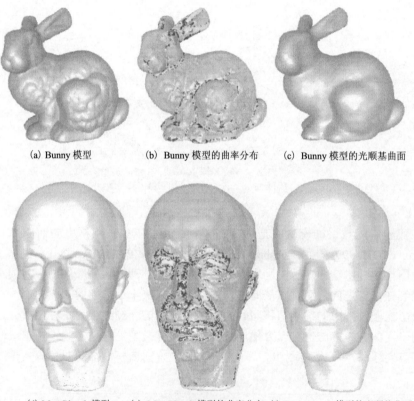

(a) Bunny 模型　　　　(b) Bunny 模型的曲率分布　　　(c) Bunny 模型的光顺基曲面

(d) Max-Planck 模型　　(e) Max-Planck 模型的曲率分布　(f) Max-Planck 模型的光顺基曲面

图 8.21　平衡曲率流方法得到的基曲面

该高频细节增强是通过对采样点处细节特征 σ_i 进行增强的，得到增强后的采样点几何细节 $\delta_i' = \bar{\delta}_i + s\sigma_i$，并根据增强后的几何细节重建曲面 S'。具体地说，类似于点采样模型的高频细节缩放，感兴趣区域内采样点经高频细节增强后的新位置可以通过求解下列二次能量极小问题得到：

$$\min_{p'} \alpha \sum_{i=1}^{K} \|\delta(p_i') - \delta_i'\|^2 + \sum_{i=1}^{m} \|p_i' - q_i\|^2$$

在上述二次能量中，第一项表示经调控后采样点处的高频细节被增强了，第二项表示满足用户交互式指定的位置约束。同样此二次能量的极小化过程可以转化为线性方程组求解。

图 8.22 和图 8.23 给出了 Armadillo 模型腿部的高频细节增强的实验结果。增强因子 s 刻画了细节增强的程度，$s > 1$ 表示模型的高频细节被增强了，$s = 1$ 表示原始模型。从模型细节特征增强的细节变化颜色映射图可以看出调控后模型的细节得到了有效增强。

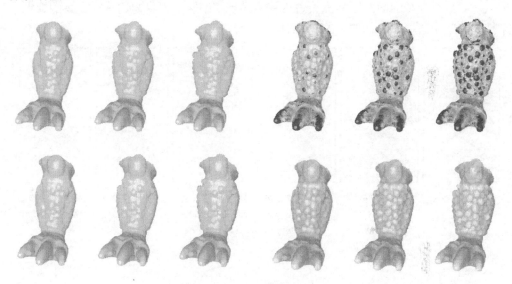

图 8.22　Armadillo 模型腿部的一阶细节增强

第一行：Armadillo 模型的一阶细节增强（$\lambda = 0.2$），其中增强因子分别为 $s = 1.0$，$s = 2.0$，$s = 3.0$ 及其相应的细节变化；第二行：Armadillo 模型的一阶细节增强（$\lambda = 0.8$），其中增强因子 $s = 1.0$，$s = 2.0$，$s = 3.0$ 及其相应的细节变化

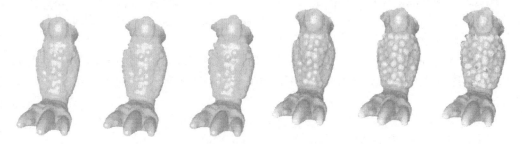

图 8.23　Armadillo 模型腿部的二阶合成细节增强

（$\lambda = 0.8, \mu = 1.6$），其中增强因子分别为 $s = 1.0$，$s = 2.0$，$s = 3.0$ 及其相应的细节变化

8.5　点采样模型的保持高频细节编辑

在点采样模型的保细节大范围编辑中，为了表现物理模型复杂表面细节，需要编辑和处理的采样点数目非常庞大，从而对计算机的时间和空间资源提出了相当高的要求。根据这一特点，在点采样模型保持高频细节的大范围编辑中，将编辑过程分两步进行（Miao et al., 2008），首先对较小规模的简约采样点集进行保高频细节编辑，然后将简约采样点集上的编辑效果扩散到整个点采样模型上，以达到高效编辑点采样模型的目的。上述编辑流程包括点采样模型的 Meanshift 聚类分片，根据分片提取简约采样点，对数量较少的简约采样点集进行保高频细节编辑，再将简约采样点集的编辑结果扩散到整个模型等，如图 8.24（见插页）所示。

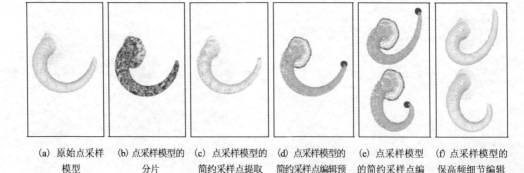

(a) 原始点采样　　(b) 点采样模型的　　(c) 点采样模型的　　(d) 点采样模型的　　(e) 点采样模型　　(f) 点采样模型的
　　模型　　　　　　　分片　　　　　简约采样点提取　　简约采样点编辑预　　的简约采样点编　　保高频细节编辑
　　　　　　　　　　　　　　　　　　　　　　　　　　　　处理　　　　　辑结果　　　　　　结果

图 8.24　点采样模型保高频细节编辑流程图

8.5.1　生成简约采样点集

为了充分表现三维物理模型的复杂表面细节，模型采样点数据通常包含十几万乃至上百万个采样点。在点采样模型的编辑中，直接处理这些采样点通常是非常耗时和耗费计算机资源的。为了在保持几何特性的前提下减少数据的复杂度，需要进行点采样模型编辑的预处理。

在用 Meanshift 方法分类邻域点的基础上，采用层次聚类方法根据其局部几何属性生成简约采样点集。层次聚类方法使用空间二叉剖分将点云数据递归分成一些类（cluster），剖分过程在以下规则下进行。

（1）类中采样点的数目大于用户指定的最大数目（通常可以取 50 个采样点，或根据模型的采样点多少而定）。

（2）类中采样点的 Meanshift 局部模式变化过大，大于用户给定的阈值。

按照上述两个准则，可以建立一颗空间二叉树，每一个叶节点代表一个类，每一个类取一个采样点，利用协方差方法估计该采样点的法向量。类的中心位置和估计得到的法向作为简约采样点的面元表示的两个要素。从而得到了原始模型的简约采样点集SP。

Meanshift 聚类同时考虑了采样点的空间分布和局部几何属性，使得生成的简约采样点能够较好地反映模型的内在几何特征，如图 8.25（见插页）所示，在模型的高曲率区域生成的简约采样点较多，在模型的低曲率平坦区域生成的简约采样点较少。图中简约采样点的大小是根据它所对应模型的一片中所含采样点数目而定的。

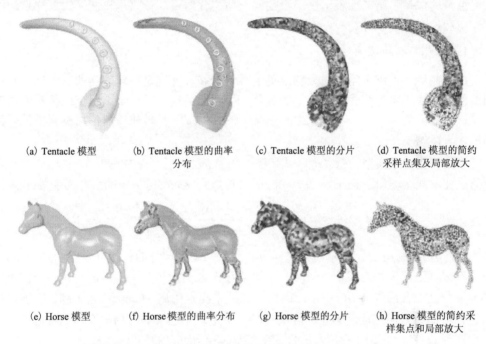

(a) Tentacle 模型　　　(b) Tentacle 模型的曲率　　(c) Tentacle 模型的分片　　(d) Tentacle 模型的简约
　　　　　　　　　　　　　分布　　　　　　　　　　　　　　　　　　　　采样点集及局部放大

(e) Horse 模型　　　(f) Horse 模型的曲率分布　　(g) Horse 模型的分片　　(h) Horse 模型的简约采
　　　　　　　　　　　　　　　　　　　　　　　　　　　　　　　　　　　　　样集点和局部放大

图 8.25　点采样模型的简约采样点集

8.5.2　保细节编辑简约采样点集

给定点采样模型的简约采样点集 $SP = \{SP_i = (x_i, y_i, z_i), i = 1, 2, 3, \cdots, N\}$，其内在几何细节表示为 Laplace 几何细节，合成的二阶几何细节或三阶几何细节，将其统一记为采样点的高频几何细节 $\delta(\boldsymbol{p}_i)$。

在简约采样点集上执行保细节编辑，用户需要交互式指定部分简约采样点作为操作手柄（Handle）并指定其变形后位置 SP_i^0，$i = 1, 2, 3, \cdots, m$，使得

$$SP_i' = SP_i^0, \quad i = 1, 2, 3, \cdots, m$$

系统根据这些位置约束信息自动求解出位于感兴趣区域内其余采样点的经过变形后的位置 SP_i $i = m+1, m+2, m+3, \cdots, K$，使 $SP' = \{SP_i', i = 1, 2, 3, \cdots, K\}$ 拟合原始简约采样点集 SP 的内在几何细节。

简约采样点集的变形后位置 $\{\mathrm{SP}_i',\ i=1,\ 2,\ 3,\cdots,\ K\}$ 可以通过求解二次能量极小问题得

$$\min_{\mathrm{SP}'} \alpha \sum_{i=1}^{K} \left\| \delta(\mathrm{SP}_i') - \delta_i' \right\|^2 + \sum_{i=1}^{m} \left\| \mathrm{SP}_i' - \mathrm{SP}_i^0 \right\|^2$$

式中，δ_i' 表示在变形标架下的高频几何细节。上述二次能量定义中的第一项表示高频几何细节的保持，第二项表示用户给定的一些位置约束。参数 α 权衡简约采样点的细节保持和位置约束条件。

1. 局部变换的传播

由于高频几何细节定义对采样点处的线性变换，特别是旋转变换非常敏感。在保细节编辑前，确定各简约采样点处的局部变换非常关键。采用基于距离的传播方法确定采样点处的局部变换 T_i，将原坐标系统下的几何细节 δ_i 转化成变形后标架下的几何细节 $\delta_i' = T_i \delta_i$。

在用户指定了模型的感兴趣区域和模型的 Handles 后，在 Handles 上的编辑结果可以通过变形强度场(deformation strength field)传播到感兴趣区域中的所有其余采样点：

$$f(\boldsymbol{p}) = \beta \left(\frac{d_0(\boldsymbol{p})}{d_0(\boldsymbol{p}) + d_1(\boldsymbol{p})} \right)$$

式中，$d_0(\boldsymbol{p})$ 和 $d_1(\boldsymbol{p})$ 分别表示简约采样点 $\boldsymbol{p}$ 到感兴趣区域外简约采样点集和到 Handles 中简约采样点集的相对距离；$\beta(\cdot)$ 是一个连续混合函数，且 $\beta(0)=0$，$\beta(1)=1$，可简单地取线性混合函数：$\beta(x)=x$。因此，简约采样点距离 Handles 点集越近，变形效果越强；简约采样点接近感兴趣区域外时，变形效果非常弱。局部变形 T_i 可以表示成一个四元数 Q_i，在简约采样点 $\boldsymbol{p}$ 的最终变换四元数可以利用插值得

$$Q_p = f(\boldsymbol{p}) Q_{\mathrm{Handles}} + (1 - f(\boldsymbol{p})) Q_I$$

式中，Q_I 表示恒等变换的四元数。此方法将 Handles 处的变换和恒等变换之间通过依赖于距离的强度场进行混合。结果，模型在 Handles 处的变换可以光滑传播到感兴趣区域内的所有简约采样点。Tentacle 模型的局部变换的传播的例子见图 8.26(b)、图 8.26(c) 和图 8.26(d)。可以注意到触角上的吸孔(sucker)的方向细节在经过旋转后得到了很好的保持。图 8.26(a) 为原始 Tentacle 模型；图 8.26(b) 为保持线性几何细节的编辑结果；图 8.26(c) 和图 8.26(d) 为分别根据不同的 Handles 进行保持合成几何细节得到的不同的编辑结果。在编辑过程中，用户指定的 Handle Point 位于 Tentacle 模型的末端。

2. 二次能量极小化

在用户交互指定 Handles 点的变形位置后，位于感兴趣区域内简约采样点集的变

形位置可以通过极小化二次能量得到。二次能量的极小化过程可以转化为下列线性方程组 $Ax = b$：

$$\alpha\delta(\mathrm{SP}_i') = \alpha\delta_i, \quad i = 1, 2, 3, \cdots, K$$

$$\mathrm{SP}_i' = \mathrm{SP}_i^0, \quad i = 1, 2, 3, \cdots, m$$

该线性系统可以通过对其相应法方程 $(A^{\mathrm{T}}A)x = A^{\mathrm{T}}b$ 利用共轭梯度方法求解。

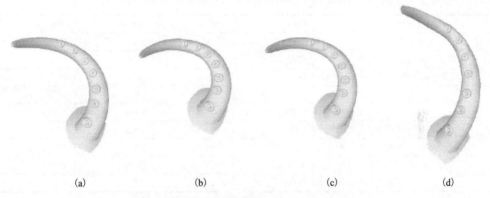

(a)　　　　　　　　(b)　　　　　　　　(c)　　　　　　　　(d)

图 8.26　用该方法整体编辑 Tentacle 模型的结果

8.5.3　扩散变形场

简约采样点集的保细节编辑定义了简约采样点处的变形场。该变形场还需扩散到整个点采样模型，获得整个模型上每一采样点处的变形效果。为了保持模型的内在形状特征，取变形面片各采样点在局部标架下的相对坐标在变形前后保持不变(Wicke et al., 2005)。

假设 p 是当前需要变形的采样点(称为活化采样点)，$\mathrm{SP} = \{\mathrm{SP}_i, \ i = 0, 1, 2, \cdots, m\}$ 是与 p 相邻的简约采样点(已经按照与活化采样点 p 的距离从小到大排序)，其中简约采样点 SP_0 与活化采样点 p 距离最近。在每一个简约采样点 SP_i，可以建立局部标架 $\{E_i^1, E_i^2, E_i^3\}$，考虑相对偏移 $p - \mathrm{SP}_0$ 在局部标架下的相对坐标 (c_i^1, c_i^2, c_i^3)，$i \in \{1, 2, 3, \cdots, m\}$，则

$$p - \mathrm{SP}_0 = c_i^1 E_i^1 + c_i^2 E_i^2 + c_i^3 E_i^3$$

在对简约采样点集进行保细节编辑后，每一简约采样点的局部坐标系 $\{E_i'^1, E_i'^2, E_i'^3\}$ 可以根据其变形后位置 $\{\mathrm{SP}_i', \ i = 1, 2, 3, \cdots, m\}$ 实时重建。在 SP_i 的局部标架下，活化采样点的局部坐标可以重新转化为绝对坐标，得到活化采样点的 m 个位置为

$$p_i' = \mathrm{SP}_0' + c_i^1 E_i'^1 + c_i^2 E_i'^2 + c_i^3 E_i'^3$$

最终活化采样点 p 的变形后位置 p' 可以通过对 m 个位置 p_i' 进行加权和得到。

8.5.4　实验结果

在配置为 Pentium IV 2.0GHz CPU，512MB 内存，程序运行环境是 Windows XP 的 PC 上，基于 Visual C++语言实现了点采样模型的大范围编辑算法。表 8.1 给出了大范围编辑不同模型的相关数据统计和时间统计。从实验的统计结果可以看出，该方法对于编辑大规模点采样模型是有效的，用户可以交互式编辑和变形点采样模型。

表 8.1　编辑不同点采样模型的相关数据统计和时间统计

点采样模型		Horse	Dog	Tentacle	Dinosaur
模型总采样点数目		48484	95063	44383	56194
模型总简约采样点数目		3287	5275	3339	5954
感兴趣区域内简约采样点数目		687	2135	3122	4464
线性几何细节	编辑简约采样点时间	0.10s	0.32s	1.61s	1.89s
	扩散变形场时间	0.32s	0.75s	0.83s	0.91s
二阶合成细节	编辑简约采样点时间	0.19s	0.95s	1.98s	2.93s
	扩散变形场时间	0.32s	0.75s	0.83s	0.91s
三阶合成细节	编辑简约采样点时间	1.17s	9.45s	20.78s	45.59s
	扩散变形场时间	0.32s	0.75s	0.84s	0.93s

图 8.27 和图 8.28 给出了编辑不同模型的感兴趣区域的实验结果。对 Horse 模型的头部(图 8.27)和 Armadillo 模型的左右手(图 8.28)进行了保持高频几何细节的编辑。为了反映模型编辑前后几何细节的变化，对模型的每一个编辑结果都给出了编辑前后模型的几何细节颜色映射以作对照。从实验结果看，在保高频细节的编辑中，模型的细节得到了有效的保持。图 8.27(a)～图 8.27(c)分别为原始 Horse 模型、Horse 模型的曲率分布和 Horse 模型的 Meanshift 分片；图 8.27(d)～图 8.27(f)为保持模型的一阶几何细节编辑结果($\lambda = 0.2$)；图 8.27(g)～图 8.27(i)为保持模型的一阶几何细节编辑结果($\lambda = 1.0$)；图 8.27(j)～图 8.27(l)为保持模型的二阶合成几何细节编辑结果($\lambda = 0.2$，$\mu = 1.8$)；图 8.27(m)～图 8.27(o)为保持模型的二阶合成几何细节编辑结果($\lambda = 1.0$，$\mu = 1.6$)；图 8.27(p)～图 8.27(r)为保持模型的三阶合成几何细节编辑结果($\lambda = 0.2$，$\mu = 1.8$)；图 8.27(s)～图 8.27(u)为保持模型的三阶合成几何细节编辑结果($\lambda = 1.0$，$\mu = 1.6$)。为了进行对比，在 Horse 模型的各阶编辑中对模型 Handle Point 的操纵是完全相同的。值得注意的是，在模型编辑结果的每组图中，第一张图表示编辑前模型的几何细节，第二张图表示模型的编辑结果，第三张图表示编辑后模型的几何细节，以示对照(同图 8.28)。图 8.28(a)～图 8.28(c)分别为原始 Armadillo 模型、Armadillo 模型的曲率分布和 Armadillo 模型的 Meanshift 分片；图 8.28(d)～图 8.28(f)为保持模型的一阶几何细节编辑结果($\lambda = 0.6$)；图 8.28(g)～图 8.28(i)为保持模型的二阶合成几何细节编辑结果($\lambda = 0.2$，$\mu = 1.8$)；图 8.28(j)～图 8.28(l)为保持模型的三阶合成几何细节编辑结果($\lambda = 0.6$，$\mu = 1.8$)。

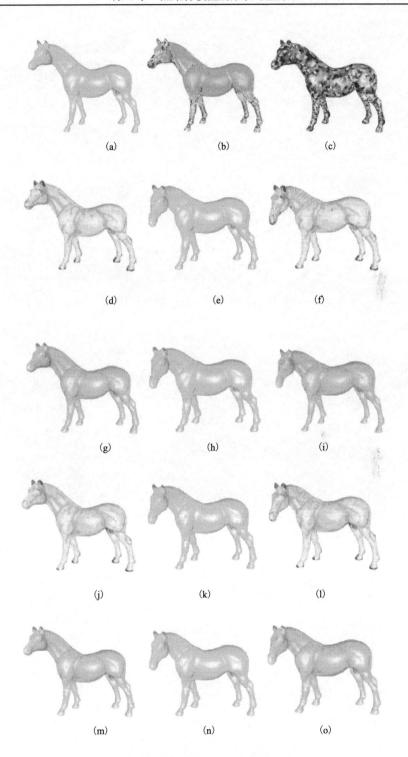

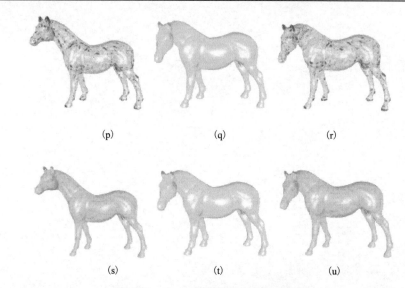

(p)　　　　　　　　　　(q)　　　　　　　　　　(r)

(s)　　　　　　　　　　(t)　　　　　　　　　　(u)

图 8.27　Horse 模型的保高频细节编辑

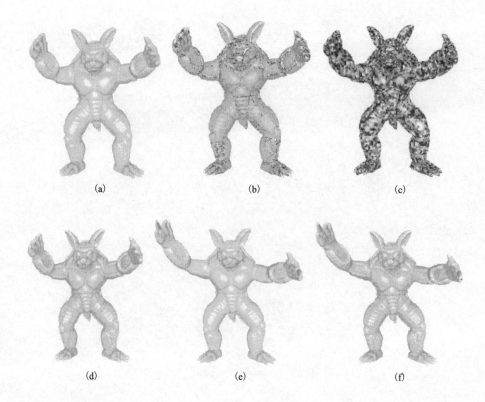

(a)　　　　　　　　　　(b)　　　　　　　　　　(c)

(d)　　　　　　　　　　(e)　　　　　　　　　　(f)

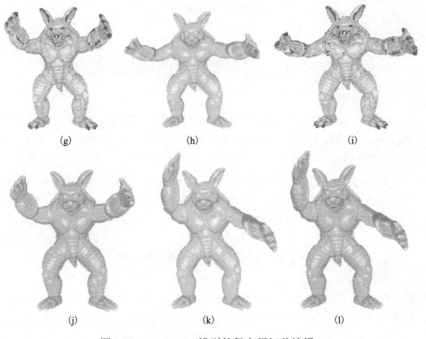

图 8.28　Armadillo 模型的保高频细节编辑

8.6　本章小结

　　本章提出了一种基于几何细节映射的点采样模型的形状编辑方法。几何细节是曲面的一种重要属性，本书定义几何细节为原始曲面和基曲面之间的向量差，该基曲面由多层次 B 样条所构建。在得到了点采样模型的多分辨率基曲面表示之后，通过基曲面上的局部仿射坐标，则可得到与之对应的多分辨率几何细节表示，曲面的低频信息和高频信息易被用户所指定的频段分离。通过调节基曲面的形状再将这些几何细节映射回去，可以对模型进行保细节的变形；如果将几何细节映射到别的物体上，那么将可以实现几何细节迁移。本章为点采样模型开发了多种特征保持的编辑算子，实验结果表明本章提出的方法是一种有效的点采样模型造型算法。

　　基于频域上的滤波传递函数，提出了点采样模型高频几何细节的一种定义，并且在此定义的基础上，研究了模型高频细节的一些调控手段，例如，模型高频细节的缩放和模型高频细节的增强，为点采样模型造型提供了一些新的手段。根据点采样模型高频几何细节的定义，进一步研究了点采样模型的保高频细节的大范围编辑。在大范围编辑过程中，为了使点采样模型编辑更加高效，首先采取聚类方法将模型简化成较小规模的简约采样点集，对简约采样点集进行保高频几何细节的编辑，最后将简约采样点集上的编辑效果扩散到点采样模型上，得到大范围编辑的效果。实验结果和统计数据表明，该方法是一种有效的方法，可以达到交互编辑的目的。

第 9 章　点采样模型的形状变形方法

本章在分析点采样模型形状编辑和变形的基础上，提出了针对点采样模型的保细节编辑(Miao et al., 2006)和形状 Morphing 方法(Xiao et al., 2004)。本章 9.1 节简要介绍了点采样模型形状编辑和变形的研究背景；9.2 节介绍了点采样模型编辑和变形的相关工作；在此基础上，9.3 节提出了点采样模型的保细节编辑方法；9.4 节提出了点采样模型的 Morphing 算法框架；9.5 节提出了点采样模型 Morphing 中动态重采样；9.6 节提出了基于分片的点采样模型 Morphing 方法；9.7 节是本章小结。

9.1　三维模型的形状变形

由于三维数字摄影(digital photographic)和数字扫描设备(scanning devices)的快速发展，大规模点采样模型变得越来越普遍。针对点采样模型的编辑变形算法是数字几何处理的研究热点。在点采样模型的细节编辑中，表面几何细节的定义至关重要。常采用的 Laplace 细节基于每个采样点与其相邻采样点邻域中心的距离来定义。然而，这类几何细节仅从采样点的位置来考虑，而忽视了采样点的法向信息在模型细节描述中的作用，实际上模型的细节表示应该同时考虑细节的位置和法向。为此，在本章提出了模型的法向几何细节和位置几何细节的定义，实现了在保细节的前提下点采样模型的局部感兴趣区域的编辑。

形状 Morphing 技术在影视特技、广告，以及在医学图像和科学计算可视化中均有广泛的应用，形状 Morphing 的主要目的是将源物体的形状渐变为目标物体的形状，也称为形状过渡(形状渐变)。由于多边形网格成为一种广泛应用的模型表示，所以网格模型 Morphing 获得了研究者的广泛关注，Kent 等(1992)提出三维多面体物体之间的 Morphing 方法，该方法通过合并一对三维多面体物体模型的拓扑结构，使它们具有相同的顶点、边、面网格结构，然后对相应的网格顶点进行插值。继而又出现了多种网格 Morphing 方法，如球面参数化方法(Alexa, 2000; Praun et al., 2003)，同构分割方法(Kanai et al., 2000)等，此后网格 Morphing 技术不断改进，基本方法日渐成熟，具体可参考 Alexa 的综述性文章(Alexa, 2002)。

点采样模型是基于采样点的复杂物体表面的一种离散表示方式，相比之下，针对点采样模型的 Morphing 技术并不是很多，Cmolik 等(2003)写了一篇技术报告，该报告提供了几种将点采样模型进行类聚的方法，对源模型和目标模型分别建立二叉树，再在两个二叉树的节点间建立对应关系，但该方法在 Morphing 过程中会产生大量的裂缝和小洞。众所周知，网格模型是一种分段线性的边界表示方法，具有拓扑信息，即顶点、边和面结构。点采样模型是一些没有拓扑连接关系的点的采样集合，离散点便是点采样模型基本组成单元，它只有三维空间的位置坐标、法向量、颜色、透明度、大小等信息。由于点采样模型并没有提供表面的解析表达式和参数化信息，从而增加了点采样模型 Morphing 技术的研究难度。然而，点采样模型的 Morphing 比网格Morphing 有诸多优点：①点采样模型数据结构简单，便于构建和存储，而网格模型由面片所组成，数据结构复杂，存储、编辑、维护都显得不便。②网格模型在 Morphing过程中常出现面片翻转和面片扭曲现象，这在点采样模型 Morphing 过程中不会出现。大规模点采样模型 Morphing 过程中可以看到"粒子"的涌动现象，比网格 Morphing更逼真。

9.2　点采样模型的静态建模和动态造型

对于无网格模型的动态造型，研究者提出了基于隐式的造型方法和基于物理的造型方法。Pauly 等(2003b)利用距离依赖的光滑变形场，通过用户交互对模型进行自由变形。Guo 等(2004a, 2004b)利用 Level Set 方法，将需要处理的区域表示为距离场的等值面，通过操作 Level Set 获得模型各种变形的效果。Muller 等(2005)基于形状匹配，将物体之间相互作用的能量转化为距离约束和几何约束，提出了基于物理的变形方法。将无网格模型的处理方法和动态曲面重采样及动态体重采样技术结合，Pauly等(2005a)模拟了弹性和塑性材料的复杂的破碎效果。Guo 和 Qin 利用体隐函数，提出了基于物理的局部变形造型(Guo et al., 2003)和无网格模型的实时变形方法(Guo et al., 2005)。Wicke 等(2005)利用基于薄盘和薄片的 Kirchhoff 理论，模拟了点采样模型的变形效果。基于整体保形参数化，Guo 等(2006)提出了无网格模型的一种物理模拟方法，模拟薄片的弹性变型和破裂效果。

9.3　点采样模型的保细节形状编辑

9.3.1　法向几何细节定义

法向几何细节可以利用隐式曲面上的 Laplace 算子来定义。运用隐式曲面方法可以插值离散点云位置信息和相应法向量(Nielson et al., 2004)。对于给定的离散点云 $P = \{\boldsymbol{p}_i(x_i, y_i, z_i), i = 1, 2, 3, \cdots, N\}$ 和相应的法向量 $N = \{\boldsymbol{n}_i(n_{x_i}, n_{y_i}, n_{z_i}), i = 1, 2, 3, \cdots, N\}$。可以构造隐式曲面 $S = \{\rho \mid \rho(\boldsymbol{p}) = 0\}$ 插值离散点云 $\boldsymbol{P}$ 和相应的法向量 $\boldsymbol{N}$，即

$$\rho(\boldsymbol{p}) = \sum_{i=1}^{N} \omega_i(\boldsymbol{p}) < \boldsymbol{p} - \boldsymbol{p}_i, \boldsymbol{n}_i >$$

其中权函数 $\omega_i(\boldsymbol{p})$ 定义为

$$\omega_i(\boldsymbol{p}) = \frac{\dfrac{1}{\left\|\boldsymbol{p}-\boldsymbol{p}_i\right\|^2}}{\displaystyle\sum_{i=1}^{N}\dfrac{1}{\left\|\boldsymbol{p}-\boldsymbol{p}_i\right\|^2}} = \frac{\displaystyle\prod_{j\neq i}\left\|\boldsymbol{p}-\boldsymbol{p}_j\right\|^2}{\displaystyle\sum_{j=1}^{N}\prod_{k\neq j}\left\|\boldsymbol{p}-\boldsymbol{p}_k\right\|^2}$$

权函数 $\omega_i(\boldsymbol{p})$ 的一阶梯度算子和二阶 Laplace 算子具有以下特性：

$$\nabla\omega_i(\boldsymbol{p}_i) = 0, \nabla\omega_i(\boldsymbol{p}_j) = 0$$

$$\nabla^2\omega_i(\boldsymbol{p}_i) = -2\sum_{k\neq i}\frac{1}{\left\|\boldsymbol{p}_i-\boldsymbol{p}_k\right\|^2}$$

$$\nabla^2\omega_i(\boldsymbol{p}_j) = \frac{2}{\left\|\boldsymbol{p}_i-\boldsymbol{p}_j\right\|^2}$$

利用权函数的梯度算子和 Laplace 算子的上述特性，采样点 $\boldsymbol{p}_i$ 处的二阶 Laplace 变换为

$$\Delta\rho(\boldsymbol{p}_i) = \sum_{j\neq i}\frac{2}{\left\|\boldsymbol{p}_i-\boldsymbol{p}_j\right\|^2}<\boldsymbol{p}_i-\boldsymbol{p}_j,\boldsymbol{n}_j>$$

上述二阶 Laplace 变换可以作为法向几何细节（Normal Geometric Detail，NGD）的一种定义：

$$\delta(\boldsymbol{p}_i) = \sum_{\boldsymbol{p}_j\in N_i,\boldsymbol{p}_j\neq\boldsymbol{p}_i}\frac{2}{\left\|\boldsymbol{p}_i-\boldsymbol{p}_j\right\|^2}<\boldsymbol{p}_i-\boldsymbol{p}_j,\boldsymbol{n}_j>$$

式中，N_i 表示正则点 $\boldsymbol{p}_i$ 的自适应邻域。

　　法向几何细节（NGD）反映了曲面在采样处的弯曲程度，它是一个刚体变换下的不变量，在平移变换和旋转变换下保持不变。图 9.1（见插页）为针对不同模型的法向几何细节的可视化图，图中不同的颜色表示不同法向几何细节值。

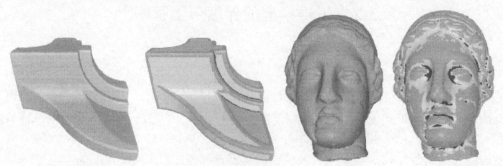

(a) Fandisk 模型　　　(b) Fandisk 模型法向几何细节　　　(c) Venus 模型　　　(d) Venus 模型法向几何细节

(e) Armadillo 模型　　(f) Armadillo 模型法向几何细节　　(g) Dog 模型　　(h) Dog 模型法向几何细节

图 9.1　法向几何细节颜色映射

9.3.2　点采样模型的保细节编辑

在点采样模型的保细节编辑中，要求在改变模型的大尺度特征的同时，使得模型的局部几何细节保持不变(Miao et al., 2006)，其中模型的内在几何细节用法向几何细节和位置几何细节(Position Geometric Detail，PGD)来表示。法向几何细节定义为

$$\delta(\boldsymbol{p}_i) = \sum_{\boldsymbol{p}_j \in N_i, \boldsymbol{p}_j \neq \boldsymbol{p}_i} \frac{2}{\left\| \boldsymbol{p}_i - \boldsymbol{p}_j \right\|^2} < \boldsymbol{p}_i - \boldsymbol{p}_j, \boldsymbol{n}_j >$$

位置几何细节或位置 Laplace 定义为

$$L(\boldsymbol{p}_i) = \boldsymbol{p}_i - \sum_{\boldsymbol{p}_j \in N_i} \omega_{ij}^P \boldsymbol{p}_j, \quad \sum_{\boldsymbol{p}_j \in N_i} \omega_{ij}^P = 1,$$

对于每一采样点 $\boldsymbol{p}_i$，N_i 表示其自适应邻域，ω_{ij}^P 表示采样点 $\boldsymbol{p}_j$ 相对于采样点 $\boldsymbol{p}_i$ 的正权值。

为了利用法向几何细节和位置几何细节对点采样模型进行保细节编辑，用户首先交互式指定部分点云(Handle Point)的变形后位置，如 $\boldsymbol{p}_i' = \boldsymbol{q}_i$，$i \in \{1, 2, 3, \cdots, m\}$。然后系统计算在用户感兴趣区域)内其余采样点的变形后位置 $\boldsymbol{p}_i'$，$i \in \{m+1, m+2, \cdots, K\}$，使得变形后几何 $S' = \{\boldsymbol{p}_i', i = 1, 2, 3, \cdots, K\}$ 的法向几何细节和位置几何细节拟合原始曲面 S 的几何细节。

用户感兴趣区域内采样点的变形后位置 $\boldsymbol{p}_i'$，$i \in \{1, 2, 3, \cdots, K\}$ 的计算可以通过求解下列二次能量极小问题得到，即

$$\min_{\boldsymbol{p}'} \quad \alpha \sum_{i=1}^{K} \left\| \delta(\boldsymbol{p}_i') - \delta_i \right\|^2 + \beta \sum_{i=1}^{K} \left\| L(\boldsymbol{p}_i') - L_i \right\|^2 + \sum_{i=1}^{m} \left\| \boldsymbol{p}_i' - \boldsymbol{q}_i \right\|^2$$

在上述二次能量中，第一项表示保持变形后采样点处的法向几何细节，第二项表示保持变形后采样点处的法向几何细节,第三项表示满足用户交互式指定的位置约束。参数 α 和 β 用来加权两种类型的几何细节(法向几何细节和位置几何细节)。同时它们也用来权衡细节保持和位置约束。

在编辑过程中，一旦用户指定了一些 Handle Point 采样点的变形位置，位于感兴趣区域内的采样点的编辑变形后的位置可以通过求解上述二次能量极小问题得到，而求解过程可以转化为一个拟线性方程组：$Ax = b$，此方程组可以通过对相应法方程 $(A^\mathrm{T}A)x = A^\mathrm{T}b$ 利用共轭梯度方法来迭代求解。

9.3.3　实验结果

在 Pentium 4 2.0 GHz CPU，512M 内存的微机环境上实现了上述模型编辑的实例，如图 9.2～图 9.4 所示。图 9.2 中，对 Bunny 模型，首先在 Bunny 的耳朵周围选定 Handle Point，从而确定了待编辑区域感兴趣区域，对感兴趣区域进行保细节局部编辑，然后再对 Bunny 的下巴进行局部编辑。对 Face 模型的鼻子部分和 Armadillo 模型的腿部进行保细节编辑的结果分别见图 9.3 和图 9.4。

(a) 原始模型　　　　　　　(b) 局部编辑效果　　　　　　　(c) 编辑前后的比较

图 9.2　Bunny 模型局部编辑效果

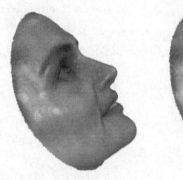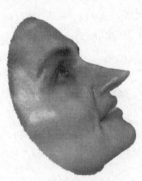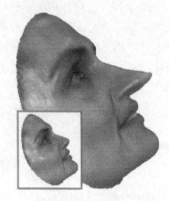

(a) 原始模型　　　　　　　(b) 局部编辑效果　　　　　　　(c) 编辑前后的比较

图 9.3　Face 模型局部编辑效果

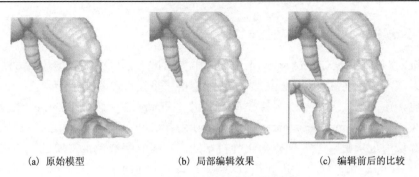

(a) 原始模型　　　　　(b) 局部编辑效果　　　　(c) 编辑前后的比较

图 9.4　Armadillo 模型局部编辑效果

9.4　点采样模型的形状 Morphing

与网格模型的 Morphing 算法类似，点采样模型的 Morphing 也分为两步：①建立源模型和目标模型各采样点之间的对应关系；②插值对应的点。其中第一步建立点之间的对应关系是难点，而插值问题相对来说比较简单，通常用线性插值或 Hermite 插值来插值对应顶点。通过点采样模型的参数化来确定源模型和目标模型点之间的对应关系。

本节提出的点采样模型形状 Morphing 算法(Xiao et al., 2004)的具体流程包括：第一步参数化源模型和目标模型；第二步分别在两个参数域上局部移动对应的参数点，使相对应的特征点位置重合；第三步将两个参数域合并成一个共同的参数域空间，进而对融合参数域进行自适应的类聚；第四步为每个类聚建立一个映射；第五步为插值对应的点。图 9.5(见插页)是本节算法的流程图，以下各小节将分步骤介绍各步的算法。

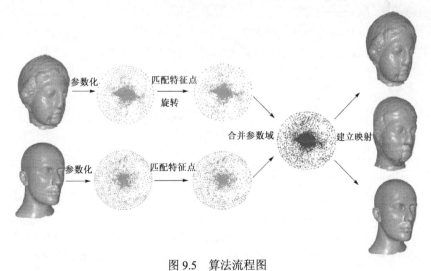

图 9.5　算法流程图

参数域中绿色的点为边界点，合并参数域中红色点为源模型的参数点，绿色的点为目标模型的点

9.4.1　大规模点采样模型数据的参数化

Zwicker 等在文献(Zwicker et al., 2002)中提出过点采样模型的参数化方法，这种参数化方法本质是对 Levy（2001）为多边形网格模型约束纹理映射而建立的连续函数的离散化，该方法主要用于点采样模型的编辑。Floater 在文献(Floater, et al., 2001)中提出了少网格参数(meshless parameterization)化方法，实现无序点集的参数化和三角化。该算法通过求解一个大型稀疏矩阵将这些点映射到参数域上，通过三角化参数域上的点，在原始点集上重建三角面片。该算法主要用于曲面重建。对 Floater 方法(Floater et al., 2001)进行了推广，提出大规模点采样模型数据的快速参数化方法，可以用于对点采样模型的多层次 B 样条基曲面重建，为了便于在参数域上进行特征点匹配，将点采样模型参数化到一个圆盘上，如图 9.6（见插页）所示。

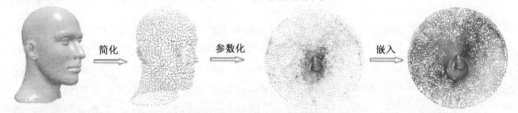

(a) 原始模型为98250 个点　(b) 简化模型为8856 个点　　(c) 简化模型参数化结果　　　(d) 快速参数化的结果

图 9.6　点采样模型的快速参数化

9.4.2　特征点匹配

在网格模型 Morphing 的算法中，在源模型和目标模型上指定相对应的特征点是在 Morphing 过程中常用的方法。在对参数域进行合并时，将源模型和目标模型相应的特征点的参数点放置在合并参数域平面上的同一个位置，或者相近的位置，在变形过程中对相应的特征点进行插值，则能有效地保持模型在 Morphing 过程中的特征。在点采样模型的 Morphing 中同样采用特征点对准的方法。

注意在点采样模型变形过程中会出现网格 Morphing 不会出现的问题(裂缝或小洞的情况)。网格模型 Morphing 中源模型和目标模型的表面面积通常是不同的，由于网格模型由面片组成，尽管在 Morphing 过程中会出现面片的扭曲、变形，但面片之间还是连续的，所以不会出现裂缝这种现象。可以说网格 Morphing 的本质是面片形状，位置的变化。由于点采样模型的表面是由一些代表固定尺寸表面积的离散点所组成的，点元之间没有任何拓扑联系，所以如果源模型和目标模型的点之间没有好的对应关系，则在 Morphing 过程中可能出现大裂缝或空洞现象。点采样模型的 Morphing 不仅需要解决保持特征、平滑过渡的问题，还需要解决在变形过程中消除裂缝的问题。

下面讨论如何解决第一个问题，即如何对准特征点。

设参数点 U^1 和 U^2 分别是源模型和目标模型参数圆上的点，F^1 和 F^2 分别是两个模

型上相对应的有序的特征点各自的参数值(假设$\left|F^1\right|=\left|F^2\right|$),记 U^1 和 U^2 的第 i 个点分别为 $\boldsymbol{u}_i^1$ 和 $\boldsymbol{u}_i^2$,F^1 和 F^2 的第 i 个点为 $\boldsymbol{f}_i^1$ 和 $\boldsymbol{f}_i^2$,目的是对每一个 i,$\boldsymbol{u}_{f_i^1}^1=\boldsymbol{u}_{f_i^2}^2$。算法分两步:①绕圆心旋转源模型参数圆,使得源模型和目标模型相应特征点之间的距离和的平方达到最小值;②移动相应的特征点及其周围局部的点,使得相应特征点尽可能的重合。

在步骤①中设逆时针旋转源模型参数圆 α 角,则相应特征点之间距离平方和 $S=\sum_i\left\|\boldsymbol{u}_{f_i^1}^1-\boldsymbol{u}_{f_i^2}^2\right\|^2$ 的最小值可以转化为一个以 α 为变量的函数的最小值问题,可通过数值方法求得使 S 最小值的 α。

步骤②中假设将点从位置 $\boldsymbol{v}$ 移到位置 $\boldsymbol{w}$,定义如下函数

$$f(\boldsymbol{x})=\begin{cases}\boldsymbol{x}+\dfrac{1}{2}(r-\|\boldsymbol{x}-\boldsymbol{v}\|)(\boldsymbol{w}-\boldsymbol{v}), & \|\boldsymbol{x}-\boldsymbol{v}\|<r \\ \boldsymbol{x}, & \|\boldsymbol{x}-\boldsymbol{v}\|\geqslant r\end{cases} \tag{9.1}$$

式中,r 是此函数的影响区域半径;$f(\boldsymbol{x})$ 将作用于参数圆中所有的点,即当其移动一个点时,邻域中其他的点也将做相应的局部位置移动,此函数相当于给以 $\boldsymbol{v}$ 为中心,半径为 r 的圆域中的点一个不同大小的推(排)斥力。具体算法如下。

(1)绕圆心旋转源模型参数圆,使得相应特征点的距离平方和 S 达到最小值。

(2)定义 $\boldsymbol{p}_i^1=\boldsymbol{u}_{f_i^1}^1-\boldsymbol{u}_{f_i^2}^2$,对源模型参数圆中的各个特征点做如下映射(对每一个 j):

$$\boldsymbol{u}_j^1=\begin{cases}\boldsymbol{u}_j^1+\dfrac{1}{2}\boldsymbol{p}(d-\|\boldsymbol{u}_j^1-\boldsymbol{u}_{f_i^1}^1\|), & \left\|\boldsymbol{u}_j^1-\boldsymbol{u}_{f_i^1}^1\right\|<d \\ \boldsymbol{u}_j^1, & \left\|\boldsymbol{u}_j^1-\boldsymbol{u}_{f_i^1}^1\right\|\geqslant d\end{cases} \tag{9.2}$$

式中,d 为每个特征点在参数域上影响区域,先对源模型参数圆域中每个特征点 $\boldsymbol{f}_i^1$ 做上述映射。

(3)定义 $\boldsymbol{p}_i^2=\boldsymbol{u}_{f_i^2}^2-\boldsymbol{u}_{f_i^1}^1$,对目标模型参数圆中各个特征点 $\boldsymbol{f}_i^2$ 做步骤(2)中的映射。

(4)若 $\max_i\left\|\boldsymbol{u}_{f_i^1}^1-\boldsymbol{u}_{f_i^2}^2\right\|>error$ 时转入步骤(2)和步骤(3)。

注意特征匹配会导致 Morphing 过程中出现裂缝。假设曲面上特征 $\boldsymbol{f}_i^1$ 的投影点由式(9.2)移动,如果 d 大于 $\left\|\boldsymbol{p}_i^1\right\|/2$,则所有位于影响区域的点 $\boldsymbol{u}_j^1$ 在特征匹配后仍然位于原来的影响区域,使得所有采样点和它在参数域上的投影点仍然构成一个一一对应关系。但如果 $d/\left\|\boldsymbol{p}_i^1\right\|$ 接近于 1/2 时,则投影点的稠密度会变得极度不均匀。如果 d 小于 $\left\|\boldsymbol{p}_i^1\right\|/2$,则 Wrap 后的影响区域会在原来的影响区域之外重叠。后面两种情况都可能出现裂缝现象。

为了尽可能消除 Morphing 过程中的裂缝,通常取一个较大的影响区域,即 d 取

一较大的值，如图 9.7 所示。当然有时这种方法并不能完全消除裂缝，下面给出一个动态重采样方法来解决这一问题。

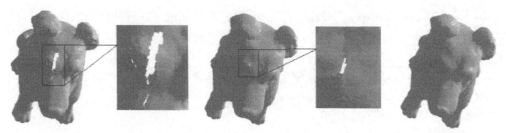

(a) 当 $d=2\|\boldsymbol{p}\|$ 时有相对较大的裂缝　　　(b) 当 $d=5\|\boldsymbol{p}\|$ 时有相对较小的裂缝　　　(c) 当 $d=8\|\boldsymbol{p}\|$ 时无明显裂缝

图 9.7　影响区域不同的值对裂缝大小的影响(图中为 $t=0.4$ 时的情况)

我们的算法与 Alexa(2000) 的方法类似，Alexa 的方法是用来实现准球面上的特征点的匹配，该方法在循环过程中需要判断面片是否翻转。而在点采样模型中则可免去这一过程。

9.4.3　参数域类聚合并和映射生成

如前所述，点采样模型 Morphing 算法的关键问题是建立源模型和目标模型点之间的对应关系。在 9.4.2 节中描述了对应特征点之间的匹配关系，这节主要是建立其他点之间的对应关系。由于源模型和目标模型的点的数目通常不同，所以将会出现源模型的多个点对应目标模型的一个点，或其一个点对应目标模型的多个点。为了快速有效、比较准确地找到源模型上的每个点在目标模型上的对应点，将含有匹配特征点的两个圆合并，形成一个合并圆，然后对这个合并圆内的采样点进行类聚，为每个类聚 C_i 建立一个映射，重复执行上述过程，即可为两个模型表面上点采样建立对应关系。

对合并参数圆内的采样点，利用协方差方法建立自适应二叉树结构，对合并圆 U 进行递归分割获得一个类聚集 $\{C_i\}$，使得 U^1 和 U^2 在每个 C_i 至少有一个点，且每个 C_i 中点的个数限制在阈值 σ 以内，为了减小误差，σ 值不要取得过大，在我们的算法中取 $\sigma=10$。分割平面经过每个点集的重心，以点集所生成的协方差矩阵最大特征值 λ_2 所对应的特征向量 $\boldsymbol{v}_2$ 为法向。

设类聚 C_i 包含两个点集：$A_i=(\boldsymbol{a}_1,\boldsymbol{a}_2,\cdots,\boldsymbol{a}_k)\subset U^1$ 和 $B_i=(\boldsymbol{b}_1,\boldsymbol{b}_2,\cdots,\boldsymbol{b}_l)\subset U^2$ $(k,l\geqslant1)$。接下来是为 C_i 中的点建立一个映射，构建一个有 m 个点对的集合，其中 $m=\max(k,l)$。假设 $k>l$，则该映射为一个从 A_i 到 B_i 的满射：$\varphi:A_i\rightarrow B_i$。度量误差可表示为：$\sum_{i=1}^{k}\|\varphi(\boldsymbol{a}_i)-\boldsymbol{a}_i\|^2$，一个好的映射应使得此度量最小且效率高。

通过如下方法建立一个有最小度量误差的映射。如果 $k>l$，则建立一个从 A_i 到

B_i 的映射，方法如下：首先对 B_i 中的每一个点 u_i^2，算出在 A_i 与之相距最近且没有被标记的点 u_i^1，则 u_i^1 对应 u_i^2，同时将 u_i^1 标记；然后对采样中每一个没有标记的点 u_i^1 算出在 B_i 中与之相距最近的点 u_i^2，则 u_i^1 对应 u_i^2。反之，如果 $k > l$，则建立一个从 B_i 到 A_i 的映射。由于 m 通常较小，例如，如果 $\sigma = 10$ 则 $m < 9$，所以算法速度快，在度量误差上也能取得满意效果。

由上述算法可知，如果 $k > l$，则在每个类聚 C_i 中，B_i 中一个点可能对应 A_i 中与之相距最近的多个点，反之，则 A_i 中一个点可能对应 B_i 中与之相距最近的多个点。将该算法应用到每个 C_i 中，则可为两个点采样模型的采样点之间建立一个对应关系。

本算法将建立一个全局性的对应关系转化为每个类聚 C_i 建立一个局部的映射，从而为源模型和目标模型每个点之间找到一个对应关系，极大地减少了误差，且效率高，速度快。参数域中为两个模型之间的点建立对应关系的伪代码如下。

将合并圆 U 看成是一个点集 P，则类聚参数域和映射生成的算法如下。

```
MergedSubBitree(点集 P)
{
        IF(点集 P 中包含点的个数小于 σ，且 U¹ 和 U² 在 P 至少有一个点)
            将点集 P 作成一个类聚 Cᵢ，为类聚 Cᵢ 建立一个映射；
        ELSE{
                采用协方差方法将点集 P 分割成两个子集 P₁ 和 P₂；
                IF(U¹ 和 U² 在 P₁ 至少有一个点且 U¹ 和 U² 在 P₂ 至少有一个点)
{
MergedSubBitree(点集 P₁)；
MergedSubBitree(点集 P₂)；
}
ELSE
    将点集 P 做成一个类聚 Cᵢ，为类聚 Cᵢ 建立一个映射；
                }
        }
```

9.4.4 Morphing 路径问题

上述步骤已为源模型点和目标模型点之间建立了对应关系。在形状 Morphing 中对每个类聚 C_i 相对应点的三维坐标和点的半径等进行插值。但对于点的法向量，由于在插值过程中法向量的长度不是常数，所以在 Morphing 中需将法向量单位化。由于法向量在 Morphing 过程中角度旋转的速度不是常数，所以最好是旋转法向量而不是插值法向量。在本节的实验中，采取的是线性插值方法，即设对应的点对为 (s_i, t_j)，则 Morphing 中的中间点为

$$\text{path}_i(t) = f(s_i, t_j, t) = (1-t)s_i + t \cdot t_j, \qquad t \in (0,1) \tag{9.3}$$

式中，(s_i, t_j)可代表对应点的三维几何坐标、法向、颜色纹理信息等，t 表示时刻。

9.5　点采样模型 Morphing 中动态重采样

本节中将解决 Morphing 过程中可能会出现的裂缝现象。由于参数化不可避免地会带来扭曲和特征对应过程中点集不一致的对应关系，所以虽然在 9.4 节中采取一较大的影响区域即 d 取一较大值，Morphing 过程中仍然可能会出现裂缝。为了消除裂缝，首先必须检测出局部采样不足的区域，然后给出一种有效的重采样方法对裂缝进行修复填充。

为了动态地检测出过渡模型中采样不足的区域，首先估计并记录源模型和目标模型每个点 p_i 的局部稠密度 ρ_i。设与点 p_i 距离最小 K 个点集 P_i 的包围球半径为 r_i，设点 p_i 的稠密度定义为 $\rho_i = K/r_i^2$。为了比较准确地获得 ρ_i，通常取 $K = 20$。

由式(9.3)可知，令 $\text{path}_i(t)$ 为 Morphing 中的一过渡点，ρ_i 为 $\text{path}_i(t)$ 的采样稠密度。如果 ρ_i' 为点 s_i 的稠密度，ρ_j'' 为点 t_j 的稠密度。令 T 为重采样设置的一个阈值，如果 $\rho_i < ((1-t)\rho_i' + t\rho_j'')T$，则需要对 $\text{path}_i(t)$ 邻域插入新点进行重采样。

局部重采样可以看成是一个局部曲面重建的过程。本书第 5 章提出的 MLS 方法对点采样模型进行重采样以获得高精度的测地距离，同样采用 MLS 方法对 Morphing 过程中过渡模型欠采样的区域进行快速、有效的重采样。新插入的点的法向也可由 MLS 曲面的梯度获得。图 9.8 中给出了一个重采样的实例。

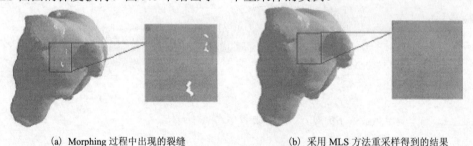

(a) Morphing 过程中出现的裂缝　　　　　(b) 采用 MLS 方法重采样得到的结果

图 9.8　Morphing 过程中的裂缝

9.6　基于分片的点采样模型 Morphing

9.6.1　点采样模型 Morphing

本章前面已给出了两个有边界的点采样模型曲面块之间的 Morphing，现在将此方法推广到复杂模型之间的 Morphing。

对于零亏格的模型，用户可先在点采样模型上交互地选取一些特征点，特征点之间采用测地线连接起来，这些特征线构成了点采样模型上一有序的封闭的分割线用于参数化，分割线包围的内部点可由 Level Set 方法进行拾取，于是点采样模型表面分成两个区域，如图 9.9 所示。可对源模型和目标模型进行相应的分割。建立相对应各部分中的采样点之间的对应关系，可获得两个零亏格模型之间的 Morphing，如图 9.9 所示。图 9.9(a) 为点采样模型上的测地线；图 9.9(b) 为点采样模型的分割线；图 9.9(c) 和图 9.9(d) 为区域拾取；图 9.9(c) 中深色区域对应图 9.9(d) 中深色区域。采用同样的点采样模型分割算法，也可实现非零亏格模型之间的 Morphing。

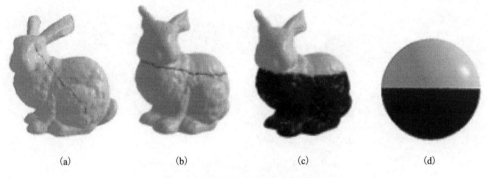

　　(a)　　　　　　　　　(b)　　　　　　　　　(c)　　　　　　　　　(d)

图 9.9　点采样模型的区域拾取

9.6.2　实验结果与讨论

　　在 VC++6.0 的环境下实现了本书算法，程序在 Pentium III 1.0GHz CPU，内存为 512MB 的 PC 机环境下运行。将方程 $\boldsymbol{Au} = \boldsymbol{b}$ 分解为如下两个独立的线性系统：

$$\boldsymbol{Au}^1 = \boldsymbol{b}^1, \quad \boldsymbol{Au}^2 = \boldsymbol{b}^2 \tag{9.4}$$

　　采用共轭梯度法分别求解以上两个方程组。表 9.1 给出了参数化的时间及其迭代次数。图 9.10、图 9.11 和图 9.12 是具有边界的点采样模型之间的 Morphing 结果，图 9.10 和图 9.11 没有出现裂缝，而在图 9.12 中采用 MLS 方法对过渡结果进行了重采样，图 9.13 给出了基于分片的点采样模型 Morphing 结果。图 9.10(a) 中原始 Venus 模型包含 40818 个采样点；图 9.10(b)～图 9.10(e) 为点采样模型 Morphing 过程；图 9.10(f) 中目标 Manthead 模型包含 109450 个采样点。图 9.11(a) 中原始 Isis 模型包含 118250 个采样点；图 9.11(b)～图 9.11(e) 为点采样模型 Morphing 过程；图 9.11(f) 中目标 Rabbit 模型包含 34234 个采样点。图 9.12(a) 中原始 Dog 模型包含 98250 个采样点；图 9.12(b)～图 9.12(e) 为点采样模型 Morphing 过程；图 9.12(f) 中目标 Cat 模型包含 84348 个采样点。图 9.13(a) 中原始球面模型包含 70081 个采样点；图 9.13(b)～图 9.13(e) 为点采样模型 Morphing 过程图；9.13(f) 中目标 Bunny 模型包含 107992 个采样点。

表 9.1　直接参数化和快速参数化所需时间和迭代次数比较

点采样模型	特征点对数目	原始模型采样点数目	简化模型采样点数目	简化前和简化后模型的迭代次数	CPU 运行时间/s
Venus\\Manthead	5	40818 \\109450	40818\\10580	1920/1890 \\ 250/231	180.41/178.21 \\ 11.11/10.08
Dog\\Cat	5	98250 \\84348	10814\\12513	220/251 \\ 260/281	10.11/15.08 \\ 13.11/15.08
Isis \\Rabbit	4	118250\\ 34234	11214\\34234	243/231\\ 1685/1599	12.11/11.01\\ 161.41/158.31

F 为特征点对的个数，#(O) 为模型未简化前的点的个数，#(S) 为简化后点的个数，此外还给出了简化前和简化后两个模型迭代的次数和 CPU 时间。

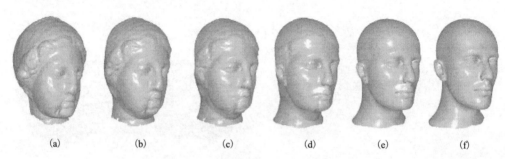

(a)　　　　(b)　　　　(c)　　　　(d)　　　　(e)　　　　(f)

图 9.10　利用五个特征点进行 Morphing

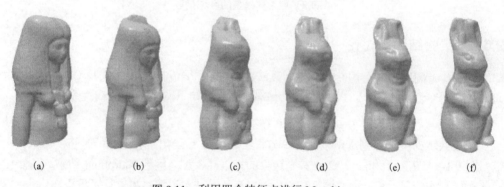

(a)　　　　(b)　　　　(c)　　　　(d)　　　　(e)　　　　(f)

图 9.11　利用四个特征点进行 Morphing

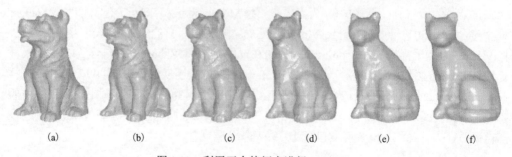

(a)　　　　(b)　　　　(c)　　　　(d)　　　　(e)　　　　(f)

图 9.12　利用五个特征点进行 Morphing

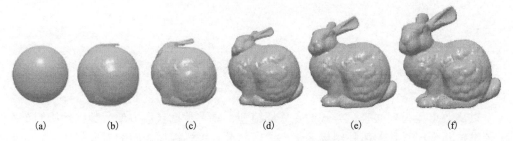

图 9.13　基于分片的点采样模型 Morphing 结果

9.7　本 章 小 结

本章提出了点采样模型的保细节编辑和形状 Morphing 方法。在点采样模型保细节编辑中，为了保细节编辑点采样模型上的局部区域，提出了法向几何细节的一种新的定义方式，并给出了在保持法向几何细节和位置几何细节的要求下，有效地编辑所给点采样模型的局部感兴趣区域的方法。在大规模点采样模型数据的 Morphing 算法中，在点采样模型上选取相应的特征点，采取局部松弛迭代方法对初始模型和目标模型对应的特征点进行匹配，然后将两个参数域合并成一个参数域。通过对合并后的参数域中进行类聚，在每个类聚中为分属于不同模型的点建立映射。同时，通过 MLS 重采样方法消除 Morphing 过程中过渡模型可能出现的裂缝。实验结果表明，算法简单、高效、快速，容易实现，理论证明充分，能有效地避免点采样模型 Morphing 过程中常出现的裂缝现象，Morphing 过程光滑。

第 10 章   总结与展望

以离散点元为表面表达方式的点采样模型，具有数据获取方便、数据结构简单，无须维护其全局一致的拓扑结构等优点。以离散点采样模型为研究对象的数字几何处理及其绘制算法催生了计算机图形学中一个新的研究领域——基于点的图形学（point-based computer graphics）。

本书主要介绍了点采样模型数字几何处理的两个重要方面——几何处理和形状造型，旨在为点采样模型数字几何处理提供一系列鲁棒、方便实用、更加合理的处理方法和处理技术。

10.1   总   结

本书围绕点采样模型几何处理和形状造型中一些重要的理论和应用问题进行了深入的分析和探讨，介绍作者在三维点采样模型几何处理和形状造型方面的相关研究成果，主要内容包括以下几个方面。

（1）三维模型采样点邻域的选取问题和点采样模型微分属性的估计问题。在分析已有方法的基础上提出了能够反映采样点处各向异性的内在几何特征的邻域确定方法——Meanshift 邻域选取。针对点采样模型采样点处微分属性的估计问题，提出了两种方法：基于能量极小原理的估计方法和基于投影的估计方法。

（2）基于调和映射的参数化方法和基于统计的参数化方法。在基于调和映射的参数化方法中，利用调和映射球面中值性质导出了参数化映射的一种新的权因子确定方法。在基于统计的参数化方法中，利用 IsoMap 的降维技术，将统计上的多维尺度分析（MDS）方法应用在点采样模型参数化中，使得模型采样点之间的平方测地距离和参数化后参数点之间的平方欧氏距离扭曲极小，从而得到了较好的参数化结果。

（3）基于采样点 K-Means 聚类的分片方法和基于 Level Set 的交互式区域分割方法。在采样点 K-Means 聚类分片中，提出了一种新的基于采样点欧氏距离和局部微分属性角度偏差的度量标准，并通过 K-Means 迭代，实现模型的聚类分片。在基于 Level Set 的交互式分割方法中，通过为点采样曲面建立一个光滑有界的窄带，再将窄带嵌入到笛卡儿网格中，采用 Level Set 方法计算出窄带中网格点到初始网格点的测地距离。通过局部多项式的逼近拟合，计算出点采样曲面任意两点之间的测地线，从而实现点采样模型的交互式分割。

（4）基于动态平衡曲率流的保特征光顺去噪方法和基于非局部几何信号的去噪方

法。基于动态平衡曲率流方程的各向异性光顺算法中，平衡曲率流方程包含一个各向异性的曲率流算子和一个保持体积的强迫项。通过在这两项之间建立一个平衡算子，使得曲面的特征和噪声获得不同的处理方法，在剔除噪声的同时，有效地保持了曲面特征。进一步在平衡流方程的基础上提出了动态平衡流的算法，使得光顺后的模型是原始模型的一个更精确的解。基于非局部几何信号的去噪算法中，基于模型上每个点的相邻点集的微分信息的相似度进行匹配计算，对点采样模型上的几何灰度值进行全局的加权平均，获得该点最终的微分信号，并重建出该点的几何信息实现非局部去噪。

(5)基于自适应 Meanshift 聚类的自适应重采样方法和基于 Gaussian 球的特征敏感重采样方法。基于 Meanshift 聚类的重采样中，利用自适应 Meanshift 聚类分析方法在多模特征空间分析中的有效性，实现了一种曲率特征敏感的自适应重采样方法。基于 Gaussian 球映射的重采样中，基于 Gaussian 球的正则三角化和曲面采样点法向量在 Gaussian 球上的投影，实现了一种针对三维点采样模型的特征敏感的重采样方法。

(6)基于上下文的几何修复方法，基于全局优化的表面颜色纹理修复和纹理合成方法。针对三维点采样模型，通过将曲面几何细节修复转化为曲面的纹理修复，实现了一种基于全局优化的纹理修复和基于上下文的几何修复算法。在基于全局优化的点采样模型纹理合成中，通过在离散的点采样模型表面建立起连续的纹理方向场，并基于该方向场构建各聚类区域的局部参数化。基于样本纹理为点采样模型建立了一个全局的能量方程，并采用最大期望值算法通过迭代优化求取一个全局的能量最小解，不仅有效地保持生成的纹理在视觉上连续和平滑，而且可保持纹理结构的完整。同时基于约束化的最大期望值方法，给出了流引导的点采样模型纹理合成算法。

(7)基于多分辨率的形状编辑造型和高频细节调控与保持高频细节编辑。利用点采样模型的多分辨率几何细节表示，通过调节基曲面的形状再将这些几何细节映射回去，可以对模型进行保细节的变形；如果将几何细节映射到别的物体上，将可以实现几何细节迁移。基于频域上的滤波传递函数，提出了点采样模型高频几何细节的一种定义，并且在此定义的基础上，研究了模型高频细节的一些调控手段，如模型高频细节的缩放、模型高频细节的增强、模型保高频细节的大范围编辑等。

(8)点采样模型的保细节编辑和动态形状渐变 Morphing 方法。在点采样模型保细节编辑中，为了保细节编辑点采样模型上的局部区域，提出了法向几何细节的一种新的定义方式，并给出了在保持法向几何细节和位置几何细节的要求下，有效地编辑所给点采样模型的局部感兴趣区域的方法。在大规模点采样模型数据的 Morphing 算法中，在点采样模型上选取相应的特征点，采取局部松弛迭代方法对初始模型和目标模型对应的特征点进行匹配，然后将两个参数域合并成一个参数域。通过对合并后的参数域进行类聚，在每个类聚中为分属于不同模型的采样点建立映射。同时，通过 MLS 重采样方法消除 Morphing 过程中过渡模型可能出现的裂缝。

10.2　工作展望

1) 点采样模型采样点最优邻域的选取

点采样模型表面的光顺、去噪、法向估算、曲率估算和局部几何重建等表面处理技术中都涉及采样点的邻域的选取。在传统的算法中，采样点邻域大小往往是按经验选取邻近 n 个点，通常取 15～30 个点。采样点邻域点数目的多少对点采样模型的数字几何处理甚至点采样模型绘制都有着非常明显的影响。这个邻域究竟取多大？如何选取为最佳？这些问题一直是点采样模型几何处理中需要考虑的问题。

2) 基于表面细节的形状建模和动态造型

在点采样模型的静态形状建模中，模型表面的一些细微的表面细节，如模型的凹凸、折痕、皱纹，在视觉认知上属于非常敏感的特征，研究表面细节的高效编辑算法，如表面细节增强、表面细节转移、基于相似度的表面细节编辑算法等具有重要意义。在点采样模型的动态造型中，进一步可以研究表面细节保持的动态编辑，研究如何将已有模型的变形结果转移到当前模型上，使新模型具有原有模型的变形动作等。

3) 基于特征敏感和几何相似度的几何处理

研究数据点噪声对点采样模型微分属性估计结果的影响，寻求较少受噪声干扰的更加鲁棒的估计方法。研究基于微分属性，特别是法曲率、主曲率和主方向等属性相关的点采样模型几何处理方法，如模型参数化、模型简化和采样等。探讨对点采样模型采样点局部几何相似性的更加合理的定义方式，并且利用几何相似度的定义，研究点采样模型基于相似度的模型修复、基于相似度的细节增强、基于相似度的光顺去噪等。

4) 点采样模型的简化重采样、模型压缩和传输

在点采样模型的简化重采样过程中，必须要很好地保持模型的几何特征，如模型的折痕、棱边、尖角等。同时，采样点的增加要满足模型不同部分对采样密度的不同要求，例如，对于相对平坦区域，采样点可以少一些；而对于特征明显区域，采样点必须多一些。点采样模型的重采样问题一直是一个值得研究的方向。

由于点采样模型数据量通常较大，它们对现有的三维图形引擎的处理能力和速度提出了巨大的挑战，使得我们要花费更多的代价存储这些几何数据。再者，随着网络图形学的发展，越来越多地需要通过网络来存取那些储放在异地的三维几何数据。这使得本已十分有限的网络带宽变得更加紧张。要解决问题，仅依靠提高三维图形引擎的处理速度和能力，以及增加网络带宽等硬件方面的措施是不够的，研究占用空间小、绘制速度快、适合于计算机网络传输的点采样模型压缩方法有着十分重要的意义。

5) 基于物理的流引导纹理合成、体纹理合成

纹理合成是一个视觉问题，与去噪一样，期待在这一领域出现更深入、更实用的算法。考虑在点采样模型表面上基于物理建立一个精确的流场，流场将根据物理规律随时间而变化，合成的纹理结果也随之呈现出丰富而真实的变化效果。更进一步，结

合物理模型，引入用户交互，实现基于约束的纹理合成。此外点采样模型的体纹理合成也是一个有意义的研究方向。

6) 点采样模型的数字水印技术

数字水印(digital watermark)技术是指用信号处理的方法在数字化的多媒体数据中嵌入只有通过专用的检测器或阅读器才能提取的隐蔽标记，数字水印是信息隐藏技术的一个重要研究方向。研究用于点采样模型的数字水印技术是一个有应用前景的研究课题。

7) 点采样模型的离散微分几何

研究直接针对点采样模型的离散微分几何是一个重要的研究方向。将微分几何中的活动标架的理论应用到离散点采样模型，研究适用于点采样模型新的建模方法，是一个重要研究方向。

8) 任意拓扑和亏格的点采样模型之间的 Morphing

现有的基于参数化(平面和球面参数化)和特征点匹配的点采样模型 Morphing 算法或基于物理的 Morphing 算法，都不能处理任何拓扑、任意亏格的点采样模型之间的形状 Morphing，如何实现任意亏格点采样模型之间的 Morphing 是一项具有挑战性的工作，同时多个模型(两个以上)之间的连续 Morphing 和形状 Interpolation 也有研究价值。

9) 点采样模型的动画(爆炸、烟雾等效果)

由于点采样模型的离散采样点表示方法，点采样模型的动画将是一个最有前景、最能体现其优势的研究领域之一。基于物理的或基于几何的点采样模型动画算法已经陆续获得了研究人员的关注，这是一个有前景的研究方向。

10) 基于点元表示的自然场景建模

基于点采样的表面几何造型的最大特点是模型表面的采样点元之间无须建立任何拓扑关系，可充分利用这个特点构造一些日常生活中不含拓扑连接关系的自然景物模型，如树、烟花、水面波光等。上述自然景物采用传统的网格造型通常难以取得逼真的效果，尤其在处理其动态效果时采用网格表示，数据结构尤其复杂。

参 考 文 献

胡国飞. 2005. 三维数字表面去噪光顺技术研究[博士学位论文]. 杭州: 浙江大学.

苗兰芳. 2005. 点采样模型的表面几何建模和绘制[博士学位论文]. 杭州: 浙江大学.

缪永伟. 2007. 点采样模型的几何处理和形状编辑[博士学位论文]. 杭州: 浙江大学.

缪永伟. 2009. 基于特征的三维模型几何处理[博士后出站报告]. 杭州: 浙江大学.

缪永伟, 王章野, 肖春霞,等. 2004. 点采样模型曲面的调和映射参数化. 计算机辅助设计与图形学学报, 16(10): 1371-1376.

肖春霞. 2006. 三维点采样模型的数字几何处理技术研究[博士学位论文]. 杭州: 浙江大学.

肖春霞, 冯结青, 缪永伟,等. 2005. 基于 Level Set 方法的点采样曲面测地线计算及区域分解. 计算机学报, 28(2): 250-258.

肖春霞, 李辉, 缪永伟,等. 2006a. 基于非局部几何信号的点采样模型去噪算法. 软件学报, 17(11): 110-119.

肖春霞, 赵勇, 郑文庭,等. 2006b. 三维离散点采样表面基于全局优化的纹理合成算法. 计算机学报, 29(12): 2061-2070.

肖春霞, 冯结青, 周廷方,等. 2007. 点采样模型的多分辨率形状编辑. 软件学报, 18(9): 2336-2345.

周昆. 2002. 数字几何处理：理论和应用[博士学位论文]. 杭州: 浙江大学.

Adams B, Dutré P. 2003. Interactive boolean operations on surfel-bounded solids. ACM Transactions on Graphics, 22(3): 651-656.

Adams B, Wicke M, Dutré P, et al. 2004a. Interactive 3d painting on point-sampled objects. Proceedings of Eurographics Symposium on Point-Based Graphics, Zurich, Switzerland: 57-66.

Adams B, Dutré P. 2004b. Boolean operations on surfel-bounded solids using programmable graphics hardware. Proceedings of Eurographics Symposium on Point-Based Graphics, Zurich, Switzerland: 19-24.

Adamson A, Alexa M. 2003. Ray tracing point set surfaces. IEEE International Conference on Shape Modeling and Applications, Seoul, Korea: 272-282.

Alexa M. 2000. Merging polyhedral shapes with scattered features. The Visual Computer, 16(1): 26-37.

Alexa M. 2002. Recent advances in mesh morphing. Computer Graphics Forum, 21(2): 173-196.

Alexa M, Adamson A. 2004. On normals and projection operators for surfaces defined by point sets. Proceedings of Eurographics Symposium on Point-Based Graphics, Zurich, Switzerland: 149-155.

Alexa M, Behr J, Cohen-Or D, et al. 2001. Point set surfaces. Proceedings of IEEE Visualization, San Diego, CA, USA: 21-28.

Alexa M, Behr J, Cohen-Or D, et al. 2003. Computing and rendering point set surfaces. IEEE Transactions on Visualization and Computer Graphics, 9(1): 3-15.

Amenta N, Bern M, Kamvysselis M. 1998. A new voronoi-based surface reconstruction algorithm. Proceedings of ACM SIGGRAPH, Orlando, FL, USA: 415-421.

Amenta N, Kil Y J. 2004. Defining point-set surfaces. ACM Transactions on Graphics, 23(3): 264-270.

Andersson M, Giesen J, Pauly M, et al. 2004. Bounds on the k-neighborhood for locally uniformly sampled surfaces. Proceedings of Eurographics Symposium on Point-Based Graphics, Zurich, Switzerland: 167-171.

Ashikhmin M. 2001. Synthesizing natural textures. Proceedings of ACM Symposium on Interactive 3D Graphics, North Carolina, USA: 217-226.

Au O C, Tai C L, Liu L, et al. 2006. Dual laplacian editing for meshes. IEEE Transactions on Visualization and Computer Graphics, 12(3): 386-395.

Bajaj C L, Xu G. 2003. Anisotropic diffusion of subdivision surfaces and functions on surfaces. ACM Transactions on Graphics, 22(1): 4-32.

Barash D, Comaniciu D. 2004. Meanshift clustering for DNA microarray analysis. International IEEE Computer Society Computational Systems Bioinformatics Conference, Stanford, CA, USA: 578-579.

Barhak J, Fischer A. 2001. Parameterization and reconstruction from 3d scattered points based on neural network and PDE techniques. IEEE Transactions on Visualization and Computer Graphics, 7(1): 1-16.

Besl P J, Mckay N D. 1992. A method for registration of 3d shapes. IEEE Transactions on Pattern Analysis and Machine Intelligence, 14(2): 239-256.

Botsch M, Pauly M, Kobbelt L, et al. 2007. Geometric modeling based on polygonal meshes. Proceedings of ACM SIGGRAPH Course Notes, San Diego, CA, USA.

Botsch M, Spernat M, Kobbelt L. 2004. Phong splatting. Proceedings of Eurographics Symposium on Point-Based Graphics, Zurich, Switzerland: 25-32.

Buades A, Coll B, Morel J M. 2005. A non-local algorithm for image denoising. IEEE Computer Society International Conference on Computer Vision and Pattern Recognition, San Diego, CA, USA: 60-65.

Carr J, Beatson R, Cherrie J, et al. 2001. Reconstruction and representation of 3d objects with radial basis functions. Proceedings of ACM SIGGRAPH, Los Angeles, CA, USA: 67-76.

Carr N A, Hart J C. 2004. Painting detail. ACM Transactions on Graphics, 23(3): 845-852.

Christoudias C, Georgescu B, Meer P. 2002. Synergism in low-level vision. Proceedings of 16th International Conference on Pattern Recognition, Quebec, Canada: 150-155.

Cignoni P, Rocchini C, Scopigno R. 1998. Metro: measuring error on simplified surfaces. Computer Graphics Forum, 17(2): 167-174.

Clarenz U, Diewald U, Dziuk G, et al. 2004c. A finite element method for surface restoration with smooth boundary conditions. Computer Aided Geometric Design, 21(5): 427-445.

Clarenz U, Diewald U, Rumpf M. 2000. Anisotropic geometric diffusion in surface processing. Proceedings of IEEE Visualization, Salt Lake City, Utah, USA: 397-405.

Clarenz U, Rumpf M, Telea A. 2004a. Finite elements on point based surfaces. Proceedings of Eurographics Symposium on Point Based Graphics, Zurich, Switzerland: 201-211.

Clarenz U, Rumpf M, Telea A. 2004b. Fairing of point based surfaces. Proceedings of Computer Graphics International, Crete, Greece: 600-603.

Cmolik L, Uller M. 2003. Point cloud morphing. http://www.cg. tuwien.ac.at/studentwork /CESCG/CESCG-2003/LCmolik /paper.pdf.

Cohen-Steiner D, Alliez P, Desbrun M. 2004. Variational shape approximation. ACM Transaction on Graphics, 23 (3): 905-914.

Comaniciu D, Meer P. 1999. Mean shift analysis and applications. Proceedings of IEEE International Conference on Computer Vision, Kerkyra, Corfu, Greece: 186-196.

Comaniciu D, Meer P. 2002. Mean shift: a robust approach toward feature space analysis. IEEE Transactions on Pattern Analysis and Machine Intelligence, 24 (5): 603-619.

Comaniciu D, Ramesh V, Meer P. 2000. Real-time tracking of non-rigid objects using mean shift. IEEE Computer Society International Conference on Computer Vision and Pattern Recognition, Hilton Head, SC, USA: 142-149.

Criminisi A, Perez P, Toyama K. 2003. Object removal by exemplar-based inpainting. IEEE Computer Society International Conference on Computer Vision and Pattern Recognition, Madison, WI, USA: 417-424.

Curless B, Levoy M. 1996. A volumetric method for building complex models from range images. Proceedings of ACM SIGGRAPH, New Orleans, LA, USA: 303-312.

Davis J, Marschner S, Garr M, et al. 2002. Filling holes in complex surfaces using volumetric diffusion. International Symposium on 3D Data Processing, Visualization, and Transmission, Padova, Italy: 428-438.

Davis P J. 1975. Interpolation and Approximation. New York: Dover Publications.

DeCarlo D, Santella A. 2002. Stylization and abstraction of photographs. ACM Transactions on Graphics, 21 (3): 769-776.

Dellaert F, Kwatra V, Oh S M. 2005. Mixture trees for modeling and fast conditional sampling with applications in vision and graphics. IEEE Computer Society International Conference on Computer Vision and Pattern Recognition, San Diego: 619-624.

DeRose T, Kass M, Truong T. 1998. Subdivision surfaces in character animation. Proceedings of ACM SIGGRAPH, Orlando, FL, USA: 85-94.

Desbrun M, Meyer M, Alliez P. 2002. Intrinsic parameterizations of surface meshes. Computer Graphics Forum, 21 (3): 209-218.

Desbrun M, Meyer M, Schröder P, et al. 1999. Implicit fairing of irregular meshes using diffusion and curvature flow. Proceedings of ACM SIGGRAPH, Los Angeles, CA, USA: 317-324.

Desbrun M, Meyer M, Schröder P, et al. 2000. Anisotropic feature preserving denoising of height fields and Bivariate Data. Proceedings of Graphics Interface, Montreal, Quebec, Canada: 145-152.

Dey T K, Giesen J, Hudson J. 2001. Decimating samples for mesh simplification. Proceedings of 13th Canadian Conference on Computational Geometry, Waterloo, Ontario, Canada: 85-88.

DoCarmo M P. 1976. Differential Geometry of Curves and Surfaces. New Jersey: Prentice-Hall. Inc, Englewood Cliffs.

Eck M, Hoppe H. 1996. Automatic reconstruction of B-spline surfaces of arbitrary topological type. Proceedings of ACM SIGGRAPH, New Orleans, LA, USA: 325-334.

Eells J, Lemaire L. 1988. Another report on harmonic maps. Bulletin of the London Mathematical Society, 20(5): 385-524.

Efros A A, Freeman W T. 2001. Image quilting for texture synthesis and transfer. Proceedings of ACM SIGGRAPH, Los Angeles, CA, USA: 341-346.

Efros A A, Leung T K. 1999. Texture synthesis by non-parametric sampling. Proceedings of the International Conference on Computer Vision, Kerkyra, Corfu, Greece: 1033-1038.

Farin G. 2002. Curves and Surfaces for CAGD: a Practical Guide. 5th Edition. San Francisco: Morgan Kaufmann Publishers.

Fleishman S, Drori I, Cohen-Or D. 2003. Bilateral mesh denoising. ACM Transactions on Graphics, 22(3): 950-953.

Floater M. 1997. Parameterization and smooth approximation of surface triangulations. Computer Aided Geometric Design, 14(3): 231-250.

Floater M. 2003. Mean value coordinates. Computer Aided Geometric Design, 20(1): 19-27.

Floater M, Hormann K. 2005. Surface parameterization: a tutorial and survey. Advances in Multiresolution for Geometric Modeling, Springer Berlin Heidelberg: 157-186.

Floater M, Reimers M. 2001. Meshless parameterization and surface reconstruction. Computer Aided Geometric Design, 18(2): 77-92.

Forsey D, Bartels R. 1988. Hierarchical b-spline refinement. Proceedings of ACM SIGGRAPH, Atlanta, GA, USA: 205-212.

Gal R, Cohen-OR D. 2006. Salient geometric features for partial shape matching and similarity. ACM Transactions on Graphics, 25(1): 130-150.

Garland M, Heckbert P. 1997. Surface simplification using quadric error metrics. Proceedings of ACM SIGGRAPH, Los Angeles, CA, USA: 209-216.

Garland M, Willmott A, Heckbert P. 2001. Hierarchical face clustering on polygonal surfaces. Proceedings of ACM Symposium on Interactive 3D Graphics, North Carolina, USA: 49-58.

Georgescu B, Shimshoni I, Meer P. 2003. Mean shift based clustering in high dimensional: a texture classification example. Proceedings of International Conference on Computer Vision, Nice, France: 456-463.

Gonzalez R C, Woods R E. 1993. Digital Image Processing. Boston, MA: Addision-Wesley Publisher.

Gopi M, Krishnan S, Silva C. 2000. Surface reconstruction based on lower dimensional localized Delaunay triangulation. Computer Graphics Forum, 19(3): 467-478.

Gotsman C, Gu X, Sheffer A. 2003. Fundamentals of spherical parameterization for 3D meshes. ACM Transactions on Graphics, 22(3): 358-363.

Gross M, Pfister H. 2007. Point Based Graphics. Burlington, MA: Morgan Kaufmann Publisher.

Grossman J P, Dally W J. 1998. Point sample rendering. Proceedings of Eurographics Workshop on Rendering, Vienna, Austria: 181-192.

Gruss A, Tada S, Kanade T. 1992. A VLSI smart sensor for fast range imaging. Proceedings of IEEE International Conference on Intelligent Robots and Systems, Raleigh, NC, USA: 977-986.

Gu X, Gortler S J, Hoppe H. 2002. Geometry images. ACM Transactions on Graphics, 21(3): 355-361.

Gu X, Yau S T. 2003. Global conformal surface parameterization. Proceedings of Eurographics/ACM SIGGRAPH Symposium on Geometry Processing, Aachen, Germany: 127-137.

Guennebaud G, Barthe L, Paulin M. 2006. Splat/mesh blending, perspective rasterization and transparency for point-based rendering. Proceedings of Eurographics Symposium on Point-Based Graphics, Boston, MA, USA: 49-57.

Gumhold S, Wang X, McLeod R. 2001. Feature extraction from point clouds. Proceedings of 10th International Meshing Roundtable, New-port Beach, CA, USA: 293-305.

Guo X, Hua J, Qin H. 2004a. Point set surface editing techniques based on level-sets. Proceedings of Computer Graphics International, Crete, Greece: 52-59.

Guo X, Hua J, Qin H. 2004b. Scalar-function-driven editing on point set surfaces. IEEE Computers Graphics and Application, 24(4): 43-52.

Guo X, Li X, Bao Y, et al. 2006. Meshless thin-shell simulation based on global conformal parameterization. IEEE Transactions on Visualization and Computer Graphics, 12(3): 375-385.

Guo X, Qin H. 2003. Dynamic sculpting and deformation of point set surfaces. Proceedings of Pacific Graphics, Canmore, Alberta, Canada: 123-130.

Guo X, Qin H. 2005. Real-time meshless deformation. Computers Animation Virtual Worlds, 16(3-4): 189-200.

Guskov I, Sweldens W, Schroder P. 1999. Multiresolution signal processing for meshes. Proceedings of ACM SIGGRAPH, Los Angeles, CA, USA: 325-334.

Hildebrandt K, Polthier K. 2004. Anisotropic filtering of non-linear surface features. Computer Graphics Forum, 23(3): 391-400.

Hoffmann C M. 1989. Geometric and Solid Modeling: an Introduction. San Francisco: Morgan Kaufmann Publishers.

Hoppe H. 1999. New quadric metric for simplifying meshes with appearance attributes. Proceedings of IEEE Visualization, San Francisco, CA, USA: 59-66.

Hoppe H, DeRose T, Duchamp T, et al. 1992. Surface reconstruction from unorganized points. Computer Graphics, 26(2): 71-78.

Horn D, Axel I. 2003. Novel clustering algorithm for microarray expression data in a truncated SVD space. Bioinformatics, 19: 1110-1115.

Hsu W M, Hughes J F, Kaufman H. 1992. Direct manipulation of free-form deformation. Computer Graphics, 26(4): 177-184.

Hu G, Peng Q, Forrest A. 2006. Mean shift denoising of point-sampled surfaces. The Visual Computer, 22(3): 147-157.

Hubeli A, Gross M. 2001. Multiresolution feature extraction from unstructured meshes. Proceedings of IEEE Visualization, San Diego, CA, USA: 287-294.

Ji Z, Liu L, Chen Z, et al. 2006. Easy mesh cutting. Computer Graphics Forum, 25(3): 283-291.

Jia Y B, Mi L, Tian J. 2006. Surface patch reconstruction via curve sampling. Proceedings of the IEEE International Conference on Robotics and Automation, Orlando, FL, USA: 1371-1377.

Jones T R, Durand F, Desbrun M. 2003. Non-iterative, feature-preserving mesh smoothing. ACM Transactions on Graphics, 22(3): 943-949.

Jones T R, Durand F, Zwicker M. 2004. Normal improvement for point rendering. IEEE Computer Graphics and Applications, 24(4), 63-56.

Ju T. 2004. Robust repair of polygonal models. ACM Transactions on Graphics, 23(3): 888-895.

Kalaiah A, Varshney A. 2001. Differential point rendering. Proceedings of 12th Eurographics Workshop on Rendering Techniques, London, UK: 139-150.

Kalaiah A, Varshney A. 2003a. Modeling and rendering of points with local geometry. IEEE Transactions on Visualization and Computer Graphics, 9(1): 30-42.

Kalaiah A, Varshney A. 2003b. Statistical point geometry. Proceedings of Eurographics Symposium on Geometry Processing, Aachen, Germany: 113-122.

Kalaiah A, Varshney A. 2005. Statistical geometry representation for efficient transmission and rendering. ACM Transactions on Graphics, 24(2): 348-373.

Kanai T, Suzuki H, Kimura F. 2000. Metamorphosis of arbitrary triangular meshes. IEEE Computer Graphics and Applications, 20(2): 62-75.

Kanungo T, Mount D M, Netanyahu N S, et al. 2002. An efficient k-means clustering algorithm: analysis and implementation. IEEE Transactions on Pattern Analysis and Machine Intelligence, 24(7): 881-892.

Kass M, Witkin A, Terzopoulos D. 1988. Snakes: active contour models. International Journal of Computer Vision, 1(4): 321-331.

Katz S, Tal A. 2003. Hierarchical mesh decomposition using fuzzy clustering and cuts. Proceedgins of ACM SIGGRAPH, San Diego, CA, USA: 954-961.

Kent J R, Carlson W E, Parent R E. 1992. Shape transformation for polyhedral objects. Computer Graphics, 26(2): 47-54.

Kimmel R, Sethian J. 1998. Computing geodesic paths on manifolds. Proceedings of National Academy of Sciences of USA, 95(15): 8431-8435.

Kobbelt L P, Bareuther T, Seidel H P. 2000. Multiresolution shape deformations for meshes with dynamic vertex connectivity. Computer Graphics Forum, 19(3): 249-260.

Kobbelt L P, Botsch M. 2004. A survey of point-based techniques in computer graphics. Computers & Graphics, 28(6): 801-814.

Kraevoy V, Sheffer A, Gotsman C. 2003. Matchmaker: constructing constrained texture maps. ACM Transactions on Graphics, 22(3): 326-333.

Krishnan S, Lee P Y, Moore J B, et al. 2005. Global registration of multiple 3d point sets via optimization-on-a-manifold. Proceedings of Symposium on Geometry Processing, Vienna, Austria: 187-196.

Kwatra V, Essa I, Bobick A, et al. 2005. Texture optimization for example-based synthesis. ACM Transaction on Graphics, 24(3): 795-802.

Kwatra V, Schödl A, Essa I, et al. 2003. Graph cut textures: image and video synthesis using graph cuts. ACM Transactions on Graphics, 22(3): 277-286.

Lai Y, Hu S, Gu D, et al. 2005. Geometric texture synthesis and transfer via geometry images. Proceedings of ACM Solid and Physical Modeling, Cambridge, Massachusetts, USA: 15-26.

Lai Y, Zhou Q, Hu S, et al. 2007. Robust feature classification and editing. IEEE Transactions on Visualization and Computer Graphics, 13(1): 34-45.

Lange C, Polthier K. 2005. Anisotropic smoothing of point sets. Computer Aided Geometric Design, 22(7): 680-692.

Lawrence J, Funkhouser T. 2004. A painting interface for interactive surface deformations. Graphical Models, 66(6): 418-438.

Lee S, Wolberg G, Shin S Y. 1997. Scattered data interpolation with multilevel B-spline. IEEE Transactions on Visualization and Computer Graphics, 3(3): 228-244.

Lee Y, Lee S. 2002. Geometric snakes for triangular meshes. Computer Graphics Forum, 21(3): 229-238.

Lefebvre S, Hoppe H. 2005. Parallel controllable texture synthesis. ACM Transactions on Graphics, 24(3): 777-786.

Levin D. 1998. The approximation power of moving least-squares. Mathematics of Computation, 67(224): 1517-1531.

Levin D. 2004. Mesh-independent surface interpolation. Geometric Modeling for Scientific Visualization, Springer Berlin Heidelberg: 37-49.

Levoy M, Pulli K, Curless B, et al. 2000. The digital michelangelo project: 3D scanning of large statues. Proceedings of ACM SIGGRAPH, New Orleans, Louisiana, USA: 131-144.

Levoy M, Whitted T. 1985. The use of points as display primitives. Technical Report TR-85-022, The University of North Carolina at Chappel Hill, Department of Computer Science.

Levy B. 2001. Constrained texture mapping for polygonal meshes. Proceedings of ACM SIGGRAPH, Los Angeles, California, USA: 417-424.

Levy B. 2003. Dual domain extrapolation. ACM Transactions on Graphics, 22 (3): 364-369.

Levy B, Petitjean S, Ray N, et al. 2002. Least squares conformal maps for automatic texture atlas generation. ACM Transactions on Graphics, 21 (3): 362-371.

Liepa P. 2003. Filling holes in meshes. Proceedings of the Eurographics/ACM SIGGRAPH Symposium on Geometry Processing, Aachen, Germany: 200-205.

Linsen L. 2001. Point cloud representation. http://www.math-inf.unigreifswald.de/ linsen/publications/ Linsen01a.pdf.

Lipman Y, Sorkine O, Levin D, et al. 2005. Linear rotation-invariant coordinates for meshes. ACM Transactions on Graphics, 24 (3): 479-487.

Liu R, Zhang H. 2004. Segmentation of 3D meshes through spectral clustering. Proceedings of Pacific Graphics, Seoul, Korea: 298-305.

Liu Y, Heidrich W. 2003. Interactive 3d model acquisition and registration. Proceedings of Pacific Graphics, Canmore, Alberta, Canada: 115-122.

Ma L, Lau R W H, Feng J, et al. 1997. Surface deformation using the sensor glove. Proceedings of the ACM Symposium on Virtual Reality Software and Technology, Lausanne, Switzerland: 189-196.

Magda S, Kriegman D. 2003. Fast texture synthesis on arbitrary meshes. Proceedings of the 14th Eurographics Workshop on Rendering, Leuven, Belgium: 82-89.

Maillot J, Yahia H, Verroust A. 1993. Interactive texture mapping. Proceedings of ACM SIGGRAPH, Anaheim, CA, USA: 27-34.

Mangan A, Whitaker R. 1999. Partitioning 3D surface meshes using watershed segmentation. IEEE Transactions on Visualization and Computer Graphics, 5 (4): 309-321.

Medioni G, Nevatia R. 1984. Description of 3-d surface using curvature properties. Proceedings of Image Understanding Workshop, DARPA, New Orleans, LA, USA, pp.291-299.

Memoli F, Sapiro G. 2001. Fast computation of weighted distance functions and geodesics on implicit hyper-surfaces. Journal of Computational Physics, 173 (2): 730-764.

Memoli F, Sapiro G. 2002. Distance functions and geodesics on point clouds. http://citeseer. ist.psu. edu/memoli02distance.html.

Meyer M, Desbrun M, Schröder P, et al. 2003. Discrete differential-geometry operators for triangulated 2-manifolds. Visualization and Mathematics III, Springer Berlin Heidelberg: 35-57.

Miao Y, Bosch J, Pajarola R, et al. 2012. Feature sensitive re-sampling of point set surfaces with Gaussian spheres. Science China Information Sciences, 55 (9): 2075-2089.

Miao Y, Diaz-Gutierrez P, Pajarola R, et al. 2009b. Shape isophotic error metric controllable re-sampling for point-sampled surfaces. IEEE International Conference on Shape Modeling and Applications, Beijing, China: 28-35.

Miao Y, Feng J, Peng Q. 2005. Curvature estimation of point sampled surfaces and its applications. Workshop of Computer Graphics and Geometric Modeling O Gervasi et al (Eds): Lecture Notes in Computer Science 3482: 1023-1032.

Miao Y, Feng J, Xiao C, et al. 2006. Detail-preserving local editing for point-sampled geometry. Proceedings of Computer Graphics International, Hangzhou, China: 673-681.

Miao Y, Feng J, Xiao C, et al. 2007. Differentials-based segmentation and parameterization for point-sampled surfaces. Journal of Computer Science and Technology, 22(5): 749-760.

Miao Y, Feng J, Xiao C, et al. 2008. High frequency geometric detail manipulation and editing for point-sampled surfaces. The Visual Computer, 24(2): 125-138.

Miao Y, Pajarola R, Feng J. 2009a. Curvature-aware adaptive resampling for point-sampled geometry. Computer-Aided Design, 41(6): 395-403.

Moenning C, Dodgson N A. 2003. A new point cloud simplification algorithm. International Conference on Visualization, Imaging and Image Processing, Benalmadena, Spain: 1027-1033.

Moenning C, Dodgson N A. 2004. Intrinsic point cloud simplification. Proceedings of the 14th GrahiCon, Moscow: 1147-1154.

Muller M, Heidelberger B, Teschner M, et al. 2005. Meshless deformations based on shape matching. ACM Transactions on Graphics, 24(3): 471-478.

Muller M, Keiser R, Nealen A, et al. 2004. Point based animation of elastic, plastic and melting objects. Proceedings of Eurographics/ACM SIGGRAPH Symposium on Computer Animation, Grenoble, France: 141-151.

Museth K, Breen D E, Whitaker R T, et al. 2002. Level set surface editing operators. ACM Transactions on Graphics, 21(3): 330-338.

Nealen A, Sorkine O, Alexa M, et al. 2005. A sketch-based interface for detail-preserving mesh editing. ACM Transactions on Graphics, 24(3): 1142-1147.

Nehab D, Shilane P. 2004. Stratified point sampling of 3d models. Proceedings of Eurographics Symposium on Point-Based Graphics, Zurich, Switzerland: 49-56.

Nguyen M X, Yuan X, Chen B. 2005. Geometry completion and detail generation by texture synthesis. The Visual Computer, 21(8-10): 669-678.

Nielson G M. 2004. Radial hermite operators for scattered point cloud data with normal vectors and applications to implicitizing polygon mesh surfaces for generalized csg operations and smoothing. Proceedings of IEEE Visualization, Austin, Texas, USA: 203-210.

Nordström K N. 1990. Biased anisotropic diffusion: a unified regularization and diffusion approach to edge detection. Proceedings of the 1st European Conference on Computer Vision, Antibes, France: 18-27.

Ohtake Y, Belyaev A, Alexa M, et al. 2003a. Multi-level partition of unity implicits. Proceedings of ACM SIGGRAPH, San Diego, CA, USA: 463-470.

Ohtake Y, Belyaev A, Seidel H P. 2003b. A multi-scale approach to 3D scattered data interpolation with compactly supported basis functions. IEEE International Conference on Shape Modeling and Applications, Seoul, Korea: 153-161.

Ohtake Y, Belyaev A, Seidel H P. 2004. Ridge-valley lines on meshes via implicit surface fitting. ACM Transactions on Graphics, 23(3): 609-612.

Osher S, Sethian J. 1988. Fronts propagating with curvature dependent speed: algorithms based on the Hamilton-Jacobi formulation. Journal of Computational Physics, 79(1): 12-49.

Page D L, Koschan A F, Abidi M A. 2003. Perception-based 3D triangle mesh segmentation using fast marching watersheds. IEEE Computer Society Conference on Computer Vision and Pattern Recognition, Madison, WI, USA: 27-32.

Pajarola R, Sainz M, Guidotti P. 2004. Confetti: object-space point blending and splatting. IEEE Transactions on Visualization and Computer Graphics, 10(5): 598-608.

Park S, Guo X, Shin H, et al. 2005. Shape and appearance repair for incomplete point surfaces. Proceedings of International Conference on Computer Vision, Beijing, China: 1260-1267.

Pauly M. 2003. Point Primitives for Interactive Modeling and Processing of 3D Geometry. PHD Dissertation. Zürich, Switzerland: the Swiss Federal Institute of Technology.

Pauly M, Gross M. 2001. Spectral processing of point sampled geometry. ACM Transactions on Graphics, 20(3): 379-386.

Pauly M, Gross M, Kobbelt L. 2002. Efficient simplification of point-sampled surfaces. Proceedings of IEEE Visualization, Boston, MA, USA: 163-170.

Pauly M, Keiser R, Adams B, et al. 2005a. Meshless animation of fracturing solids. ACM Transactions on Graphics, 24(3): 957-964.

Pauly M, Keiser R, Gross M. 2003a. Multi-scale feature extraction on point-sampled surfaces. Computer Graphics Forum, 22(3): 281-290.

Pauly M, Keiser R, Kobbelt L, et al. 2003b. Shape modeling with point-sampled geometry. ACM Transactions on Graphics, 22(3): 641-650.

Pauly M, Kobbelt L, Gross M. 2006. Point-based multiscale surface representation. ACM Transactions on Graphics, 25(2): 177-193.

Pauly M, Mitra N, Giesen J, et al. 2005b. Example based 3D scan completion. Proceedings of the Eurographics/ACM SIGGRAPH Symposium on Geometry Processing, Vienna, Austria: 23-32.

Perez P, Gangnet M, Blake A. 2003. Poisson image editing. ACM Transactions on Graphics, 22(3): 313-318.

Perona P, Malik J. 1990. Scale-space and edge detection using anisotropic diffusion. IEEE Transactions on Pattern Analysis and Machine Intelligence, 12(7): 629-639.

Pfister H, Zwicker M, van Baar J, et al. 2000. Surfels: surface elements as rendering primitives. Proceedings of ACM SIGGRAPH, New Orleans, Louisiana, USA: 335-342.

Phong B T. 1975. Illumination for computer generated images. Communications of the ACM, 18(6): 311-317.

Pottmann H, Steiner T, Hofer M, et al. 2004. The isophotic metric and its applications to feature sensitive morphology on surfaces. Lecture Notes in Computer Science, 3024: 560-572.

Praun E, Hoppe H. 2003. Spherical parametrization and remeshing. ACM Transactions on Graphics, 22 (3): 340-349.

Press W, Flannery B, Teukolsky S, et al. 1992. Numerical Recipes in C: the Art of Scientific Computing. 2nd Edition. Cambridge: Cambridge University Press.

Proenca J, Jorge J A, Sousa M C. 2007. Sampling point-set implicits. Proceedings of Eurographics Symposium on Point-Based Graphics, Prague, Czech Republic: 11-18.

Rouy E, Tourin A. 1992. A viscosity solutions approach to shape-from-shading. SIAM Journal on Numerical Analysis, 29 (3): 867-884.

Rusinkiewicz S, Levoy M. 2000. QSplat: a multiresolution point rendering system for large meshes. Proceedings of ACM SIGGRAPH, New Orleans, Louisiana, USA: 343-352.

Sainz M, Pajarola R. 2004. Point-based rendering techniques. Computers & Graphics, 28 (6): 869-879.

Sander P, Gortler S, Snyder J, et al. 2002. Signal-specialized parameterization. Proceedings of 13th Eurographic Workshop on Rendering, Pisa, Italy: 87-100.

Sander P, Snyder J, Gortler S, et al. 2001. Texture mapping progressive meshes. Proceedings of ACM SIGGRAPH, Los Angeles, CA, USA: 409-416.

Sander P, Wood Z, Gortler S, et al. 2003. Multi-chart geometry images. Proceedings of the Eurographics/ACM SIGGRAPH Symposium on Geometry Processing, Aachen, Germany: 146-155.

Savchenko V, Kojekine N. 2002. An approach to blend surfaces. Advances in Modelling, Animation and Rendering, Springer London: 139-150.

Schröder P, Sweldens W. 2001. Digital geometry processing. Proceedings of ACM SIGGRAPH Course Notes, Los Angeles, CA, USA.

Sethian J A. 1996. A fast marching level set method for monotonically advancing fronts. Proceedings of the National Academy of Sciences of USA, 93 (4): 1591-1595.

Sethian J A. 1999. Level Set Methods and Fast Marching Methods. Cambridge: Cambridge University Press.

Shamir A. 2004. A formulation of boundary mesh segmentation. Proceedings of the International Symposium on 3D Data Processing, Visualization, and Transmission, Thessaloniki, Greece: 82-89.

Sharf A, Alexa M, Cohen-Or D. 2004. Context-based surface completion. ACM Transactions on Graphics, 23 (3): 878-887.

Sheffer A, de Sturler E. 2001. Parameterization of faceted surfaces for meshing using angle based flattening. Engineering with Computers, 17 (3): 326-337.

Shlafman S, Tal A, Katz S. 2002. Metamorphosis of polyhedral surfaces using decomposition. Computer Graphics Forum, 21 (3): 219-228.

Soler C, Cani M P, Angelidis A. 2002. Hierarchical pattern mapping. ACM Transactions on Graphics, 21 (3): 673-680.

Sorkine O, Cohen-Or D, Goldenthal R, et al. 2002. Bounded-distortion piecewise mesh parameterization. Proceedings of IEEE Visualization, Boston, MA, USA: 355-362.

Sorkine O, Lipman Y, Cohen-Or D, et al. 2004. Laplace surface editing. Proceedings of the Eurographics/ACM SIGGRAPH Symposium on Geometry Processing, Nice, France: 179-188.

Sun J, Yuan L, Jia J, et al. 2005. Image completion with structure propagation. ACM Transactions on Graphics, 24(3): 861-868.

Szeliski R, Tonnesen D. 1992. Surface modeling with oriented particle systems. Computer Graphics, 26(2): 185-194.

Taubin G. 1995a. Estimating the tensor of curvature of a surface from a polyhedral approximation. Proceedings of the International Conference on Computer Vision, Boston, MA, USA: 902-907.

Taubin G. 1995b. A signal processing approach to fair surface design. Proceedings of ACM SIGGRAPH, Los Angeles, CA, USA: 351-358.

Tenenbaum J, Silva V, Langford J. 2000. A global geometric framework for nonlinear dimensionality reduction. Science, 290: 2319-2323.

Tomasi C, Manduchi R. 1998. Bilateral filtering for gray and color images. Proceedings of the International Conference on Computer Vision, Bombay, India: 839-846.

Turk G. 1992. Re-tiling polygonal surfaces. Proceedings of ACM SIGGRAPH, Chicago, Illinois, USA: 55-64.

Turk G. 2001. Texture synthesis on surfaces. Proceedings of ACM SIGGRAPH, Los Angeles, California, USA: 347-354.

Velho L, Gomes J, de Figueiredo L H. 2002. Implicit Objects in Computer Graphics. New York: Springer Verlag.

Verdera J, Caselles V, Bertalmio M, et al. 2003. Inpainting surface holes. Proceedings of International Conference on Image Processing, Barcelona, Spain: 903-906.

Wang A, Xu Y Q, Shum H Y, et al. 2004. Video tooning. ACM Transactions on Graphics, 23(3): 574-583.

Welch W, Witkin A. 1994. Free form shape design using triangulated surfaces. Proceedings of ACM SIGGRAPH, Orlando, FL, USA: 247-256.

Wei L, Levoy M. 2000. Fast texture synthesis using tree structured vector quantization. Proceedings of ACM SIGGRAPH, New Orleans, Louisiana, USA: 479-488.

Wei L, Levoy M. 2001. Texture synthesis over arbitrary manifold surfaces. Proceedings of ACM SIGGRAPH, Los Angeles, California, USA: 355-360.

Weyrich T, Pauly M, Keiser R, et al. 2004. Post-processing of scanned 3D surface data. Proceedings of Eurographics Symposium on Point-Based Graphics, Zurich, Switzerland: 85-94.

Wicke M, Steinemann D, Gross M. 2005. Efficient animation of point-sampled thin shells. Computer Graphics Forum, 24(3): 667-676.

Witkin A P, Heckbert P S. 1994. Using particles to sample and control implicit surfaces. Proceedings of ACM SIGGRAPH, Orlando, FL, USA: 269-278.

Wu J, Kobbelt L. 2004. Optimized sub-sampling of point sets for surface splatting. Computer Graphics Forum, 23(3): 643-652.

Xiao C, Miao Y, Liu S, et al. 2006. A dynamic balanced flow for filtering point-sampled geometry. The Visual Computer, 22(3): 210-219.

Xiao C, Zheng W, Peng Q, et al. 2004. Robust morphing of point-sampled geometry. Journal of Visualization and Computer Animation, 15(3-4): 201-210.

Xiao C, Zheng W, Miao Y, et al. 2007. A unified method for appearance and geometry completion of point set surfaces. The Visual Computer, 23(6): 433-443.

Yamauchi H, Gumhold S, Zayer R, et al. 2005a. Mesh segmentation driven by Gaussian curvature. The Visual Computer, 21(8-10): 649-658.

Yamauchi H, Lee S, Lee Y, et al. 2005b. Feature sensitive mesh segmentation with mean shift. IEEE International Conference on Shape Modeling and Applications, Cambridge, MA, USA: 238-245.

Yamazaki I, Natarajan V, Bai Z, et al. 2006. Segmenting point sets. IEEE International Conference on Shape Modeling and Applications, Matsushima, Japan: 4-13.

Ying L, Hertzmann A, Biermann H, et al. 2001. Texture and shape synthesis on surfaces. Proceedings of the Eurographics Symposium on Rendering, London, UK: 301-312.

Yu Y, Zhou K, Xu D, et al. 2004. Mesh editing with poisson-based gradient field manipulation. ACM Transactions on Graphics, 23(3): 644-651.

Zelinka S, Garland M. 2003. Interactive texture synthesis on surfaces using jump maps. Proceedings of Eurographics Symposium on Rendering, Leuven, Belgium: 90-96.

Zhang J, Zhou K, Velho L, et al. 2003. Synthesis of progressively-variant textures on arbitrary surfaces. ACM Transactions on Graphics, 22(3): 295-302.

Zhou K, Huang J, Snyder J, et al. 2005a. Large mesh deformation using the volumetric graph laplacian. ACM Transactions on Graphics, 24(3): 496-503.

Zhou K, Wang X, Tong Y, et al. 2005b. Texture montage: seamless texturing of arbitrary surfaces from multiple images. ACM Transactions on Graphics, 24(3): 1148-1155.

Zigelman G, Kimmel R, Kiryati N. 2002. Texture mapping using surface flattening via multidimensional scaling. IEEE Transactions on Visualization and Computer Graphics, 8(2): 198-207.

Zwicker M, Pauly M, Knoll O, et al. 2002. Pointshop 3D: an interactive system for point-based surface editing. ACM Transactions on Graphics, 21(3): 322-329.

Zwicker M, Pfister H, van Baar J, et al. 2001a. Surface splatting. Proceedings of ACM SIGGRAPH, Los Angeles, California, USA: 371-378.

Zwicker M, Pfister H, van Baar J, et al. 2001b. EWA volume splatting. Proceedings of IEEE Visualization, San Diego, CA, USA: 29-36.

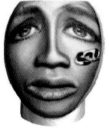

(a)带纹理绘制效果　　(b)低失真的参数化和纹理映射效果　　(c)雕刻效果

图 1.13　PointShop3D 提供了各种各样的点采样模型操作(Zwicker et al., 2002)

(a)　点采样模型形状造型(Pauly et al., 2003b)　　　　(b)　点采样模型布尔操作(Adams et al., 2004b)

图 1.14　点采样模型几何造型

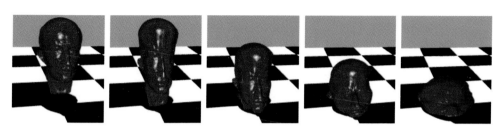

图 1.15　点采样模型的动画(Muller et al., 2004)

（a）Bunny 模型

（b）Bunny 模型的 K-最近
点邻域 Cluster 结果

（c）Bunny 模型的 K-最近
点邻域的局部放大

（d）基于 K-最近点的曲
率估计

（e）Bunny 模型的 Meanshift
邻域 Cluster 结果

（f）Bunny 模型的 Meanshift
邻域的局部放大

（g）基于 Meanshift 邻域
的曲率估计

图 2.2　Bunny 模型的 Meanshift 邻域分析

（a）Max-Planck 模型

（b）Max-Planck 模型的 K-
最近点邻域 Cluster 结果

（c）Max-Planck 模型的 K-
最近点邻域的局部放大

（d）基于 K-最近点的曲
率估计

（e）Max-Planck 模型的
Meanshift 邻域 Cluster 结果

（f）Max-Planck 模型的
Meanshift 邻域的局部放大

（g）基于 Meanshift 邻域
的曲率估计

图 2.3　Max-Planck 模型的 Meanshift 邻域分析

(a) 原始模型　(b) 协方差方法估计　(c) 根据采样点的不　(d) 根据采样点的不　(e) 由自适应方法确
曲率　同邻域大小,利用能量　同邻域大小,利用能量　定的邻域,用能量极小
极小方法估计曲率的　极小方法估计曲率的　方法估计曲率的结果
结果,邻域大小为 σ_{16}　结果,邻域大小为 σ_{30}

图 2.6　Bunny 模型的曲率估计的比较

(a) 原始模型　(b) 协方差方法估计　(c) 根据采样点的不　(d) 根据采样点的不　(e) 由自适应方法确
曲率　同邻域大小,利用能量　同邻域大小,利用能量　定的邻域,用能量极小
极小方法估计曲率的　极小方法估计曲率的　方法估计曲率的结果
结果,邻域大小为 σ_{16}　结果,邻域大小为 σ_{30}

图 2.7　Santa 模型的曲率估计的比较

(a) 原始模型　(b) 模型的第一主曲率估计　(c) 模型的第二主曲率估计　(d) 模型的高斯曲率估计　(e) 模型的平均曲率估计

(f) 原始模型　(g) 模型的第一主曲率估计　(h) 模型的第二主曲率估计　(i) 模型的高斯曲率估计　(j) 模型的平均曲率估计

图 2.12　不同方法估计 Horse 模型微分属性的结果比较
上一行为采用投影方法的估计结果;下一行为采用 Taubin 的 IEM 的相应曲率估计结果

(a) 原始模型　(b) 模型的第一主曲率估计　(c) 模型的第二主曲率估计　(d) 模型的高斯曲率估计　(e) 模型的平均曲率估计

图 2.13　投影方法估计 Venus 模型的局部微分属性

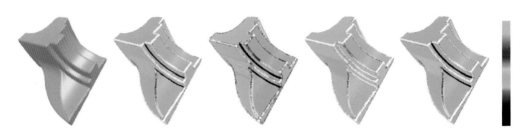

(a) 原始模型　(b) 模型的第一主曲率估计　(c) 模型的第二主曲率估计　(d) 模型的高斯曲率估计　(e) 模型的平均曲率估计

图 2.14　投影方法估计 Fandisk 模型的局部微分属性

(a) Bunny 模型上一片　(b) 用多维尺度分析参数　(c) 用 Floater 均匀参数化，　(d) 用 Floater 倒距离参数
　　　　　　　　　　　　化，距离扭曲为 1.1112　　　距离扭曲为 1.2156　　　　化，距离扭曲为 1.1652

图 3.4　Bunny 模型的单片参数化

(a) 原始 Bunny 模型　　(b)基于第一主方向的模型分片　　(c) 分片参数化形成纹理图集

图 3.6　Bunny 模型的分片参数化结果

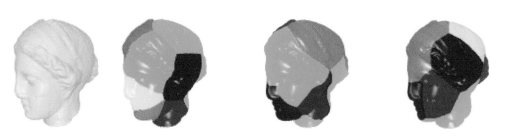

(a) Venus 模型　(b) 仅根据欧氏距离分片（$\lambda=1.0$）(c) 利用距离和法向加权分片（$\lambda=0.3$）(d) 仅根据法向分片（$\lambda=0.0$）

图 4.1　利用距离和法向加权的 K-Means 聚类分片实例

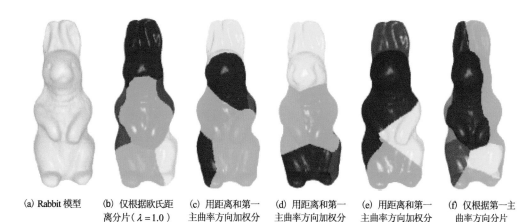

| (a) Rabbit 模型 | (b) 仅根据欧氏距离分片（$\lambda=1.0$） | (c) 用距离和第一主曲率方向加权分片（$\lambda=0.8$） | (d) 用距离和第一主曲率方向加权分片（$\lambda=0.5$） | (e) 用距离和第一主曲率方向加权分片（$\lambda=0.3$） | (f) 仅根据第一主曲率方向分片（$\lambda=0.0$） |

图 4.2　利用距离和第一主曲率方向加权的 K-Means 聚类分片实例

（a）Horse 模型　　（b）仅根据欧氏距离　（c）用距离和第二主　（d）用距离和第二主　（e）仅根据第二主曲
　　　　　　　　　　　分片（$\lambda=1.0$）　　曲率方向加权分片　　曲率方向加权分片　　率方向分片
　　　　　　　　　　　　　　　　　　　　　（$\lambda=0.8$）　　　　（$\lambda=0.4$）　　　（$\lambda=0.0$）

图 4.3　利用距离和第二主曲率方向加权的 K-Means 聚类分片实例

   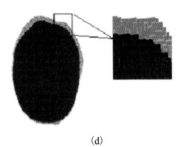

（a）　　　　　　　（b）　　　　　　　（c）　　　　　　　　　（d）

图 4.9　点采样模型的交互式分割

 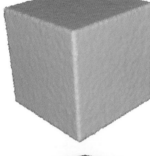 

（a）噪声模型　　　　　　（b）保体积流光顺结果　　　　　　（c）动态保体积流结果

图 5.6　保体积流和动态保体积流的光顺去噪

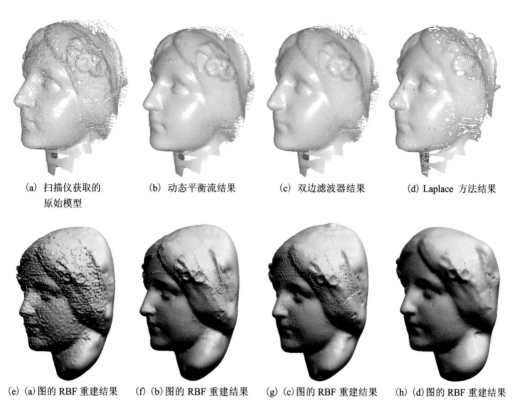

(a) 扫描仪获取的　　　　(b) 动态平衡流结果　　　(c) 双边滤波器结果　　　(d) Laplace 方法结果
　　　原始模型

(e)（a)图的 RBF 重建结果　(f)（b)图的 RBF 重建结果　(g)（c)图的 RBF 重建结果　(h)（d)图的 RBF 重建结果

图 5.9　扫描数据的光顺去噪和 RBF 重建

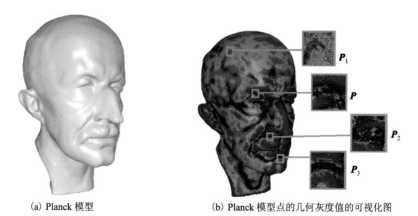

(a) Planck 模型　　　　　　　(b) Planck 模型点的几何灰度值的可视化图

图 5.11　采样点邻域相似性比较

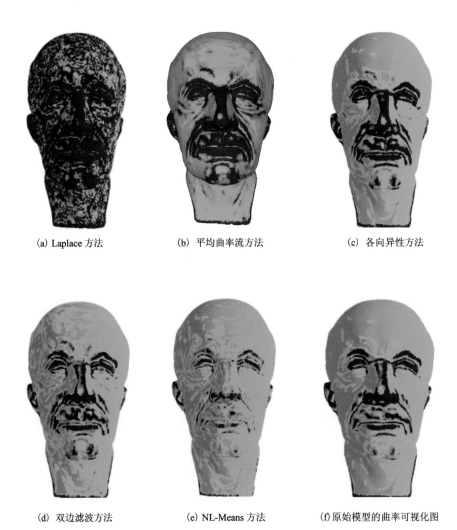

(a) Laplace 方法　　　　　(b) 平均曲率流方法　　　　(c) 各向异性方法

(d) 双边滤波方法　　　　(e) NL-Means 方法　　　(f)原始模型的曲率可视化图

图 5.12　对无噪声的 Planck 模型分别用五种方法光顺(所有方法的邻域半径相同)

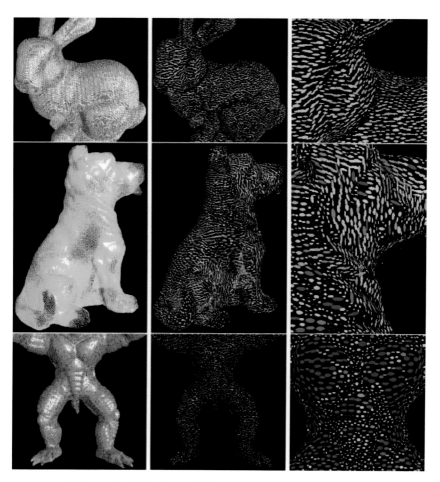

图 6.2　由采样点位置和法向属性决定的自适应重采样结果

左列：原始点采样模型；中列：在位置信息欧氏空间域和法向信息特征空间域上执行 Meanshift 聚类操作的重采样结果，其中不同的颜色反映了聚类的不同大小，粉红色表示相对较小的聚类，蓝色表示相对较大的聚类；右列：模型采样结果的局部放大图

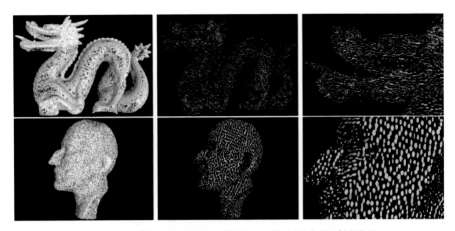

图 6.3　由采样点位置和法向属性决定的自适应重采样结果

第一行：采样点非均匀分布的 Dragon 模型的重采样结果；第二行：带有噪声的 Max-Planck 模型的重采样结果

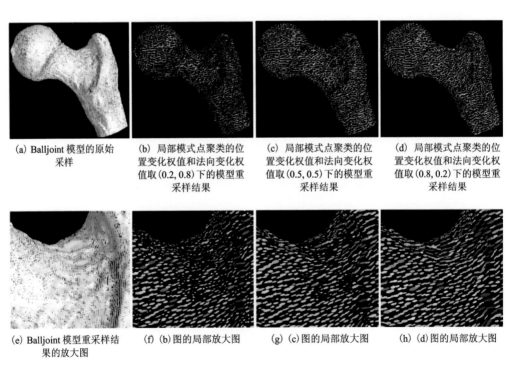

(a) Balljoint 模型的原始
采样

(b) 局部模式点聚类的位
置变化权值和法向变化权
值取 (0.2, 0.8) 下的模型重
采样结果

(c) 局部模式点聚类的位
置变化权值和法向变化权
值取 (0.5, 0.5) 下的模型重
采样结果

(d) 局部模式点聚类的位
置变化权值和法向变化权
值取 (0.8, 0.2) 下的模型重
采样结果

(e) Balljoint 模型重采样结
果的放大图

(f) (b) 图的局部放大图

(g) (c) 图的局部放大图

(h) (d) 图的局部放大图

图 6.5　局部模式点聚类的位置变化权值和法向变化权值的不同选取对
模型重采样结果的影响，其中 Meanshift 聚类阈值取为 0.10

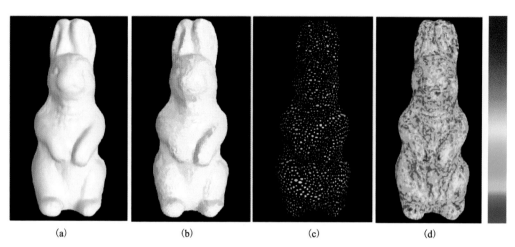

(a)　　　　　　　(b)　　　　　　　(c)　　　　　　　(d)

图 6.6　Rabbit 模型简化的几何误差分析

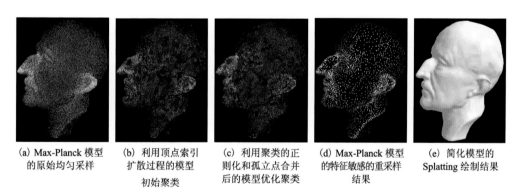

(a) Max-Planck 模型　　(b) 利用顶点索引　　(c) 利用聚类的正　　(d) Max-Planck 模型　　(e) 简化模型的
　的原始均匀采样　　　扩散过程的模型　　则化和孤立点合并　　的特征敏感的重采样　　Splatting 绘制结果
　　　　　　　　　　初始聚类　　　　后的模型优化聚类　　结果

图 6.9　特征敏感的模型重采样流程

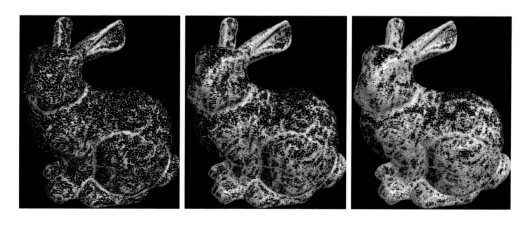

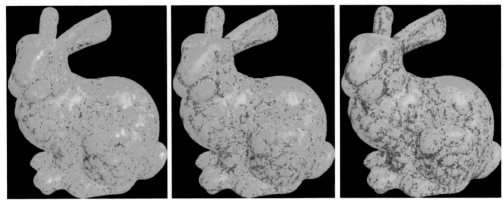

图 6.11 Gaussian 球细分层次的不同选取对模型重采样结果的影响

第一行：在 Gaussian 球的细分层次分别取 $n = 8$，16 和 24 下，Bunny 模型的不同重采样结果；

第二行：在不同的细分层次下简化模型的几何误差分析，其中不同颜色表示采样点处的不同规范化几何误差，黄色表示较大的几何误差，蓝色表示较小的几何误差，而绿色介于其中

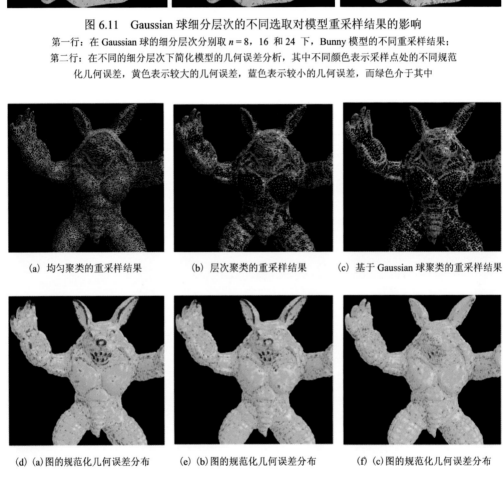

(a) 均匀聚类的重采样结果 (b) 层次聚类的重采样结果 (c) 基于 Gaussian 球聚类的重采样结果

(d) (a)图的规范化几何误差分布 (e) (b)图的规范化几何误差分布 (f) (c)图的规范化几何误差分布

图 6.13 用基于聚类的不同简化方法的重采样结果和几何误差比较

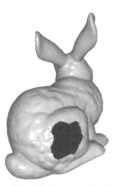

（a）破损的 Bunny 模型

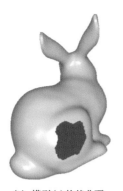

（b）模型（a）的基曲面

（c）将几何细节转化为基曲面上的带符号的几何灰度值

（d）修复好的基曲面

（e）对基曲面"修补片"上的颜色纹理进行修复

（f）重建后得到的几何修复结果

（g）采用 RBF 对（a）图插值得到的结果

（h）原始的 Bunny 模型

图 7.1　点采样模型几何修复的流程图

（a）原始 Venus 模型

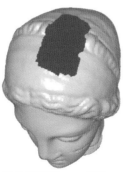

（b）局部缺损的 Venus 模型 M

（c）M 的基曲面 M'

（d）M 的几何细节转化为 M' 上的几何灰度值

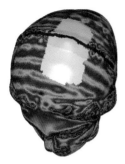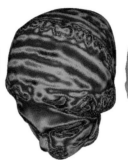

(e) 用户在修复好的基曲
面上给出一曲线用于引导
结构修复，黄色区域为最先
需要修复的重要结构区域

(f) 以用户指定的区域为
样本修复结构纹理

(g) 对其他区域采用约束
化纹理修复方法进行修复

(h) 几何重建的结果

图 7.5　基于结构引导的几何修复

(a) 初始聚类

(b) 优化过的均匀
聚类

(c) 重叠区域较小的
区域生长结果，其中
绿色部分为重叠区域

(d) 重叠区域较大的
区域生长结果

(e) 基于(d)图中聚类
划分结果而获得的最
终纹理合成结果

图 7.8　点采样模型表面的计算单元块分划

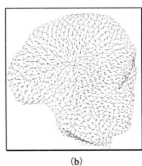

(a)　　　　　　　　　　　(b)　　　　　　　　　　　(c)

图 7.9　三维点采样模型表面纹理方向场的建立

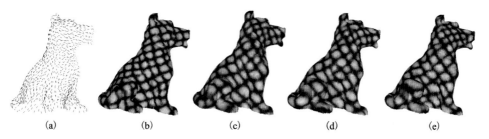

(a)   (b)   (c)   (d)   (e)

图 7.14 基于流控制的点采样模型表面纹理合成效果

(a) Venus 模型 (b)将(a)图参数化到圆盘上 (c) Venus 模型脸部分 (d) 将(c)图参数化到正方形区域上

图 8.2 点采样模型的快速参数化结果

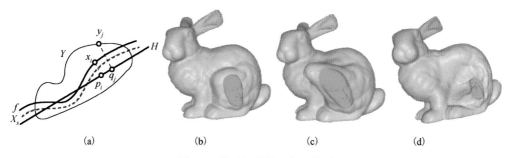

(a)   (b)   (c)   (d)

图 8.7 模型细节的切割和粘贴

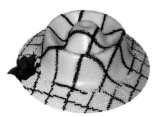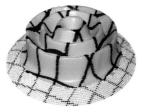

(a) 原始模型 (b) 对(a)图采用自由变形算法编辑的结果 (c) 对(a)图采用自由变形算法编辑的结果

图 8.12 点采样模型自由变形算法编辑

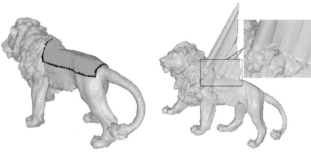

(a) 红线为分割线，绿色为编辑区域 (b) 翅膀从狮子模型中抽出 (c) (b)图的不同视点方向

图 8.13 点采样模型的局部拾取和编辑

(a) 原始图像   (b) 图像的高频细节   (c) 经高频提升后的(a)图，
其中图像的细节部分得到了增强

图 8.14 图像的高频提升

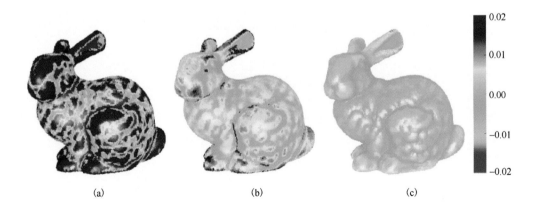

(a)   (b)   (c)

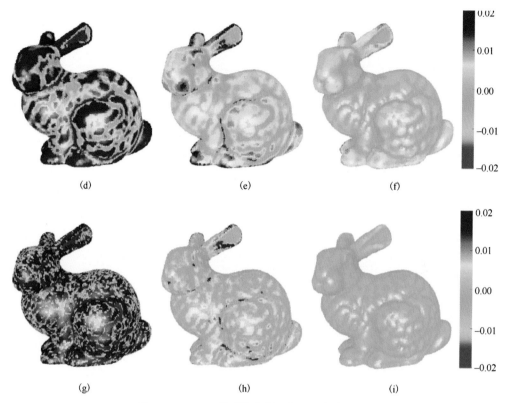

(d)　　　　　　　　　　(e)　　　　　　　　　　(f)

(g)　　　　　　　　　　(h)　　　　　　　　　　(i)

图 8.17　Bunny 模型的高频几何细节颜色映射

(a) Bunny 模型　　　(b) Bunny 模型的曲率分布　　　(c) Bunny 模型的光顺基曲面

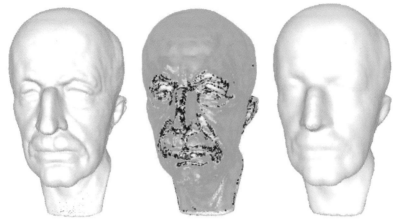

（d）Max-Planck 模型　　（e）Max-Planck 模型的曲率分布　（f）Max-Planck 模型的光顺基曲面

图 8.21　平衡曲率流方法得到的基曲面

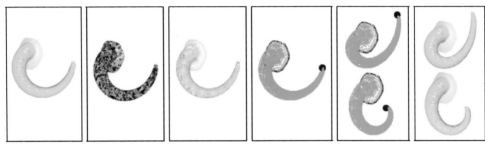

| （a）原始点采样模型 | （b）点采样模型的分片 | （c）点采样模型的简约采样点提取 | （d）点采样模型的简约采样点编辑预处理 | （e）点采样模型的简约采样点编辑结果 | （f）点采样模型的保高频细节编辑结果 |

图 8.24　点采样模型保高频细节编辑流程图

（a）Tentacle 模型　　　（b）Tentacle 模型的曲率分布　　　（c）Tentacle 模型的分片　　　（d）Tentacle 模型的简约采样点集及局部放大

(e) Horse 模型　　　(f) Horse 模型的曲率分布　　　(g) Horse 模型的分片　　　(h) Horse 模型的简约采样集点和局部放大

图 8.25　点采样模型的简约采样点集

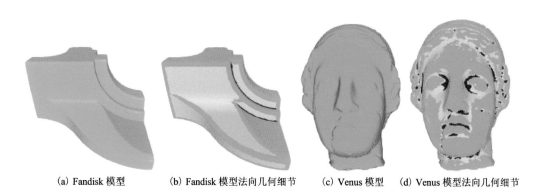

(a) Fandisk 模型　　　(b) Fandisk 模型法向几何细节　　　(c) Venus 模型　　　(d) Venus 模型法向几何细节

(e) Armadillo 模型　　　(f) Armadillo 模型法向几何细节　　　(g) Dog 模型　　　(h) Dog 模型法向几何细节

图 9.1　法向几何细节颜色映射

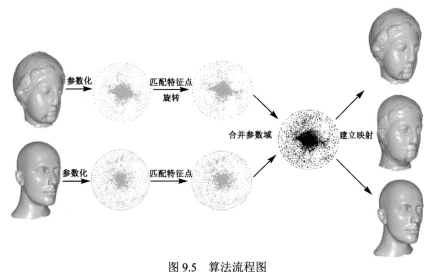

图 9.5　算法流程图

参数域中绿色的点为边界点，合并参数域中红色点为源模型的参数点，绿色的点为目标模型的点

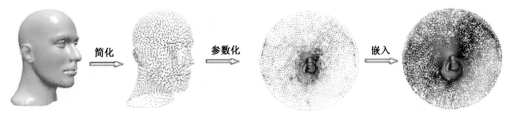

(a) 原始模型为 98250 个点　　(b) 简化模型为 8856 个点　　(c) 简化模型参数化结果　　(d) 快速参数化的结果

图 9.6　点采样模型的快速参数化